William Cookson

Die Jagd nach den Genen

© VCH Verlagsgesellschaft mbH, D-69451 Weinheim (Bundesrepublik Deutschland), 1996

Vertrieb:

VCH, Postfach 10 11 61, D-69451 Weinheim (Bundesrepublik Deutschland)

Schweiz: VCH, Postfach, CH-4020 Basel (Schweiz)

Großbritannien und Irland: VCH (UK) Ltd., 8 Wellington Court,
    Cambridge CB1 1HZ (England)

USA und Canada: VCH, 220 East 23rd Street, New York, NY 10010–4606 (USA)

Japan: VCH, Eikow Building, 10-9 Hongo 1-chome, Bunkyo-ku, Tokyo 113 (Japan)

ISBN 3-527-29374-4

William Cookson

Die Jagd nach den Genen

übersetzt von
Kurt Beginnen

Weinheim · New York · Basel · Cambridge · Tokyo

William Cookson: The Gene Hunters. Adventures in the Genome Jungle
© Copyright 1994 by William Cookson
This edition published by arrangement with the original publisher, Aurum Press Ltd., London.

Das vorliegende Werk wurde sorgfältig erarbeitet. Dennoch übernehmen Autor, Übersetzer und Verlag für die Richtigkeit von Angaben, Hinweisen und Ratschlägen sowie für eventuelle Druckfehler keine Haftung.

Lektorat: Eva Schweikart
Übersetzer: Dr. Kurt Beginnen
Redaktion: Dr. Burkhard Neuß
Herstellerische Betreuung: Dipl.-Wirt.-Ing. (FH) Hans-Jochen Schmitt

Die Deutsche Bibliothek – CIP-Einheitsaufnahme
Cookson, William:
Die Jagd nach den Genen / William Cookson. [Übers.: Kurt
Beginnen]. – Weinheim ; New York ; Basel ; Cambridge ;
Tokyo : VCH, 1996
    ISBN 3-527-29374-4

© VCH Verlagsgesellschaft mbH, D-69451 Weinheim (Bundesrepublik Deutschland), 1996

Gedruckt auf säurefreiem und chlorfrei gebleichtem Papier

Umschlaggestaltung: Grafik-Design Schulz, D-67136 Fußgönheim
Satz: Graphik & Text Studio Dr. Wolfgang Zettlmeier – Hubert Kammerer, D-93164 Laaber-Waldetzenberg
Druck: strauss offsetdruck GmbH, D-69509 Mörlenbach
Bindung: Großbuchbinderei J. Schäffer, D-67269 Grünstadt
Printed in the Federal Republic of Germany

Den Frauen in meinem Leben
(in der Reihenfolge ihres Auftretens):
Fiona, Caroline, Hannah und Alice

„Ülkiger und ülkiger!", schrie Alice

Vorwort

In nur fünf Jahren wird ein Code, der seit dem Ursprung des Lebens auf unserer Erde im Verborgenen existiert hat, erstmals vollständig bekannt sein. Es handelt sich um die DNA-Sequenz, die dem Aufbau und dem Fortbestehen des Menschen zugrunde liegt. Die Entschlüsselung des Codes wird es ermöglichen, daß Krankheiten wie Schizophrenie, Asthma und Krebs besser behandelt und womöglich verhindert werden können, und wird einigen Wenigen in der biotechnologischen Industrie zu Reichtum verhelfen. Wir werden mehr über die erstaunliche Vielfalt der menschlichen Gene lernen und wie diese sich den oft strengen und ständig wechselnden Umwelteinflüssen angepaßt haben. Möglicherweise erfahren wir dadurch aber auch manches, das wir lieber nicht wissen möchten, zum Beispiel über unsere Sexualität, unsere Persönlichkeit oder über Krankheiten, die uns vielleicht in dreißig Jahren befallen. An solchen Informationen könnten auch Versicherungsgesellschaften und Arbeitgeber interessiert sein und sie gegen unseren Willen in Erfahrung bringen. Die „Neue Genetik" ruft deshalb in der Öffentlichkeit neben Hoffnungen auch Unbehagen und Angst hervor. Doch Angst kann den bereits jetzt schon enormen Informationsfluß, den die Erforschung des menschlichen Genoms ausgelöst hat, nicht aufhalten. Ein Grundverständnis der „Neuen Genetik" ist für die breite Öffentlichkeit der einzige Weg nach vorn; nur so können Wissenschaftler und Laien gezielt über den verantwortlichen Umgang mit genetischem Wissen diskutieren. Mein Anliegen ist es, mit dem vorliegenden Buch einen Beitrag in dieser Richtung zu leisten.

William Cookson
Oxford, im Februar 1996

Danksagung

Dieses Buch erhebt nicht den Anspruch, etwas Besonderes zu sein. Ich verbinde mit ihm jedoch die Hoffnung, einiges von dem weitergeben zu können, was ich von vielen anderen lernen durfte. Mein Dank gilt den zahlreichen Männern und Frauen, die für die Wissenschaft gearbeitet haben, die auch mich in ihren Bann gezogen hat, sowie all denen, die so darüber geschrieben haben, daß meine Aufmerksamkeit geweckt wurde. Verzeihung erbitte ich von all denen, die glauben, ihr Beitrag werde hier nicht gebührend gewürdigt. Ich verspreche, solche Versehen sofort zu korrigieren, wenn mich die Betreffenden benachrichtigen. Hilfreich für meine Arbeit an diesem Buch waren insbesondere Artikel von A. Sorsby (über Gregor Mendel im *British Medical Journal* 1965; 1: 333–338), P. Froggatt und N. C. Nevin ("The 'Law of Ancestral Heredity' and the Mendelian-Ancestrian controversy in England, 1889–1906", *Journal of Medical Genetics* 1971; 8: 1–36), A. G. Cock ("William Bateson's rejection and eventual acceptance of chromosome theory", *Annals of Science* 1983; 40: 19–59), die Berichterstattung der Zeitschrift *Science* über die Erstellung der Genkarte (Leslie Roberts in *Science* 1987; 238: 750–752) sowie über den Wettlauf um das Gen für die cystische Fibrose (Leslie Roberts in *Science* 1988; 240: 141-144 und 282–285), ferner die Beiträge von Anne Gibbons über sexuelle Selektion bei Primaten (*Science* 1992; 255: 329-330), Alison Turnbul ("Woman enough for the Games", *New Scientist*, 15. 9. 1988); Leslie Roberts ("Zeroing in on a breast cancer susceptibility gene", *Science* 1993; 259: 622-625), Jean Marx (*Science* 1989; 245: 923-925) und P. S. Harper und Mitarbeitern ("Anticipation in myotonic dystropy: new light on an old problem", *American Journal of Human Genetics* 1992; 51: 10-16). Wesentliche Informationen bezog ich aus M. R. Haydens Monographie *Huntington's Chorea* (Springer Verlag, Berlin, 1981), William Poundstones Buch *Prisoner's Dilemma* (Oxford University Press, 1993), George Kleins Geschichten über die 48 Chromosomen und das „Kuckucksei" der Onkogene in seinem Buch *The Atheist and the Holy City* (MIT Press, 1990), Robin McKies Zeitungsartikel "Test for Alzheimer's disease may wreck lives" im *Observer* vom 1. 1. 1994, D. W. Forrests Biographie *Francis Galton: The Life and*

Work of a Victorian Genius (Paul Elek, London, 1974), Robert Plomins Artikel "The role of inheritance in behaviour" (*Science* 1990; 248: 183-188), John C. Greenes Buch *Science, Ideology and the World View* (University of California Press, 1981), Jean Marx' Bericht "Cell death studies yield cancer clues" (*Science* 1993; 259: 760–761) sowie Sir Peter Medawars Werk *Pluto's Republic* (Oxford University Press, 1984), aus dem so viel gesunder Menschenverstand spricht.

Darüber hinaus möchte ich meiner Agentin Sara Menguc danken. Sie hat mich ermutigt, dieses Buch in Angriff zu nehmen, und mir bei der Arbeit den nötigen Rückhalt gegeben. Zu guter Letzt danke ich meinem englischen Verleger Piers Burnett für seine äußerst wertvollen Ratschläge zum Manuskript. Für sämtliche verbliebenen Fehler trage allein ich die Verantwortung.

Inhaltsverzeichnis

Prolog

Viele Tiere sind neugierig. Unsere eigene Spezies – schlaue Affen, die voller Energie in jedem Winkel, jeder Ritze unseres Planeten und sogar außerhalb unseres Erdballs herumschnüffeln – verzehrt sich vor Neugier. Unsere Neugier hat etwas Narzißtisches: Immer schon wollten wir wissen, warum wir existieren und welche Rolle wir in der erhabenen Ordnung des Weltalls spielen. Konfrontiert mit Geheimnissen, die sie nicht begreifen konnten, sahen die ersten Menschen darin das Werk von Gottheiten: Götter des Blitzes, Flußgötter, Sonnengötter. In unseren kultivierteren Zeiten wenden wir uns an die Gottheit Wissenschaft, wenn wir verstehen wollen, wer wir sind. In einer Zeit, in der die Wissenschaft den genetischen Code entschlüsselt, hoffen oder fürchten wir, daß eines Tages all unsere Geheimnisse offenbar werden.

Doch da werden wir eine Enttäuschung erleben. Denn wir sind mehr als nur die Summe unserer Gene. Die Wissenschaft ist keine Gottheit, sondern nur formalisierte Neugier. Tief in ihrem Herzen sind wahre Wissenschaftler wie spielende Kinder, die alles auseinandernehmen, schütteln, befühlen und daran riechen, um zu verstehen, was sie vor sich haben und wie es funktioniert. Auch ich wollte als kleiner Junge immer wissen, wie alles funktioniert. Mehr als einmal habe ich dafür bezahlt, daß ich ein Tonband oder Radio auseinandergenommen habe. Selbst als erwachsener Wissenschaftler fasziniert mich nach wie vor, wie alles zusammengesetzt ist. Deshalb habe ich auf den folgenden Seiten zu zeigen versucht, wie phantastisch das Genom, die Summe all unserer Gene und unserer DNA, arbeitet. Ich hoffe daher, außer über die Gene selbst, auch etwas über Wißbegierde und Wissenswertes erzählen zu können.

Es bereitet unserer Spezies großes Vergnügen, Dingen einen Namen zu geben. Daran habe auch ich mich gehalten und in diesem Buch die exakten genetischen Begriffe benutzt. Wen das abschreckt, der findet am Ende des Buches ein kurzes Glossar.

Wissenschaft bleibt unverständlich, solange man nicht versteht, wie Wissenschaftler arbeiten. Hat ein Wissenschaftler einen guten oder schlechten Charakter, hilft ihm das zu bestimmten Zeiten und behindert ihn in anderen. Ich habe deshalb versucht, soweit wie möglich im Guten wie im Schlechten die menschlichen Seiten der Wissenschaftler aufzuzeigen.

Große Teile dieses Buchs befassen sich mit der Jagd nach den Genen – räuberische Streifzüge in unbekannte Genombereiche, die helfen sollen, die Ursachen menschlicher Krankheiten aufzudecken. Im ersten Kapitel stelle ich eine Theorie über den Ursprung des Lebens vor. Sie ist nur eine Fabel. Ich erzähle sie, um die Grundstruktur und -funktion von DNA, RNA und Proteinen zu erklären und um zu zeigen, wie fremdartig und schön das Genom in Wahrheit ist. Das darauf folgende Kapitel schildert Abenteuer, die sich in den Köpfen von Genetikern abgespielt haben, und erzählt, wie sich die Wissenschaftler im letzten Jahrhundert bei ihren Auseinandersetzungen über Chromosomen, Genkarten und Gene verbündet und zerstritten haben.

In den ersten Kapiteln werden Krankheiten wie Muskeldystrophie, cystische Fibrose oder die Huntington-Krankheit beschrieben, bei denen jeweils nur ein Gen defekt ist. Dann folgen – wie es sich für solch ein wichtiges Thema gehört – zwei Kapitel über Sex. Im ersten geht es darum, Sex und die Art, wie er sich entwickelt hat, biologisch zu begründen. Dieses kurze Kapitel ist komplizierter als die anderen Abschnitte des Buches; man kann es jedoch getrost überspringen, ohne den Faden zu verlieren. Die evolutionäre Entwicklung des Sex verlief jedoch so wunderbar und bizarr, daß ich nicht darauf verzichten wollte, sie in meine Geschichte mit aufzunehmen. Im anschließenden Kapitel geht es darum, wie es Wissenschaftlern gelungen ist, die Unterschiede zwischen Mann und Frau auf ein winziges Gen auf dem Y-Chromosom zurückzuführen.

Anschließend werden komplexere Erbkrankheiten vorgestellt, bei denen zahlreiche Gene und jeweils unterschiedliche Umweltfaktoren zusammenwirken. Zu diesen Krankheiten gehören Krebs, Diabetes und Schizophrenie. Auch über mein eigenes Forschungsgebiet, Asthma, habe ich geschrieben. Ich habe versucht zu verdeutlichen, mit wieviel Unwägbarkeiten wissenschaftlicher Fortschritt zu kämpfen hat.

In Büchern und anderen Medien wird viel Sensationelles über Genetik verbreitet, das öffentliches Interesse erregt. In dieser Sensationslust spiegeln sich die großen Erwartungen wider, die dadurch geweckt wurden, daß wir in der Lage sind, unsere Gene zu entschlüsseln und zu verändern. Auf diese Weise entsteht jedoch leider ein verzerrtes Bild von der Wirklichkeit; denn auf den „Durchbruch", die Isolation eines Krankheitsgens, folgen nur langsam und unter großen Mühen auch erste Fortschritte in der Therapie und bei der Vorbeugung der jeweiligen Erbkrankheit. Gegen Ende des Buches habe ich deshalb versucht, die zahlreichen Schwierigkeiten aufzuzeigen, die noch überwunden werden müssen, bis es möglich ist, mit Hilfe der Genetik das Los von Kranken zu erleichtern.

Die Kehrseite des medizinischen Fortschritts besteht darin, daß genetisches Wissen auch Schaden anrichten kann. Genetische Tests auf Krankheitsgene sowie auf erwünschte Eigenschaften wie Männlichkeit, Weiblichkeit oder Intelligenz werfen zahlreiche schwerwiegende ethische Fragen auf. Ich habe versucht, diese Probleme in den letzten drei Kapiteln anzusprechen – in der Regel, ohne mir anzumaßen, darüber zu entscheiden, was richtig und was falsch ist. Letztlich muß die Öffentlichkeit entscheiden, wie unser genetisches Wissen verwendet werden soll. Meine Aufgabe sehe ich einzig und allein darin, möglichst ausführlich über die Möglichkeiten zu informieren.

Kapitel 1

DNA

Wir wollen ganz von vorne anfangen und einmal annehmen, daß das Leben in einem Tümpel in der Nähe des Äquators begann. Am Tage war es sehr heiß, und die von der noch dünnen Atmospäre kaum abgeschirmte Sonne brachte das Wasser fast zum Kochen. Nachts kühlte es wieder ab. Die in der Erdkruste reichlich vorhandenen Elemente hatten sich im Wasser dieses und zahlreicher ähnlicher Tümpel gelöst. Kohlenstoff, Sauerstoff, Wasserstoff und Stickstoff lagerten sich zu einfachen Molekülen wie Säuren, Zuckern oder Alkoholen zusammen.

Einige Moleküle in diesen Tümpeln bildeten dabei neue kompliziertere Strukturen. Immer wenn die Sonne schien und den Tümpel aufheizte, brachen die Moleküle auseinander, nur um sich, wenn es abends wieder kühler wurde, in anderer Form neu zusammenzufügen. Stabile Moleküle brachen seltener auf als instabile und reicherten sich deshalb in dieser Ursuppe an. Mit der Zeit veränderte sich so die Suppe im Tümpel, und es entstanden recht komplizierte Moleküle. Trotzdem stellte sich schließlich eine Art Gleichgewicht zwischen allen möglichen Verbindungen ein: Die Entwicklung kam zum Stillstand.

Ein paar Tümpel unterschieden sich von den anderen. Sie enthielten relativ hohe Konzentrationen von vier oder fünf recht ähnlichen Molekülen. Diese bestanden aus Kohlenstoff- und Stickstoffringen mit Seitenarmen, die ihnen Stabilität verliehen. Diese Moleküle waren mit Molekülen identisch, die man in den Kernen lebender Zellen findet. Sie werden deshalb heutzutage als „Nucleotide" bezeichnet und heißen Thymin, Adenin, Cytosin und Guanin – oder kurz T, A, C und G.

Die Säure- und die Salzkonzentration in den Tümpeln haben möglicherweise eine stabile Verbindung dieser Nucleotide mit einem Zucker namens Desoxyribose gefördert. Winzige Mengen Phosphat in der Lösung führten dazu, daß sich die Desoxyribose-Moleküle zusammenlagerten und lange Ketten bildeten. Das Rückgrat dieser Kette bestand aus der Desoxyribose; dabei ragten die Nucleotide T, A, C und G wie die Füße eines Tausendfüßlers nach außen. Kühlte der Tümpel ab, wuchsen diese Ketten und brachen, weil sie recht stabil waren, auch am nächsten Tag nicht wieder auseinander. Es gab natürlich trotzdem vereinzelt Brüche, so daß sich die Reihenfolge der Nucleotide in der Kette unter Umständen jeden Abend änderte.

Dann passierte etwas Außergewöhnliches. Denn nicht nur die Zucker klebten aneinander, sondern auch die Nucleotide: C hing an G und A an T. Dabei paßte C aufgrund einer glücklichen Fügung der Strukturen nur zu G, und A ausschließlich zu T. Die Tendenz der Nucleotide, sich zusammenzulagern, führte dazu, daß die Ketten leicht Paare bildeten. Dabei lagen die Zuckerketten auf der Außenseite, während sich die zueinander passenden Nucleotide in der Mitte wie die Zähne eines Reißverschlusses trafen. Diese Struktur bezeichnet man heute als DNA.

Welche Bedeutung hat dieser Reißverschluß? Lebendig konnte man das Molekül noch nicht nennen, obwohl es dem unendlichen Kreislauf aus Sonnenhitze und Nachtkälte unterlag. Wurde der Tümpel morgens aufgeheizt, begann das seltsame, lange, doppelsträngige Molekül auseinanderzubrechen. Da jedoch die Verbindungen innerhalb des Desoxyriboserückgrats stärker waren als zwischen den Nucleotidzähnen, zerfiel das Molekül nicht wieder in seine Einzelteile; statt dessen trennten sich die beiden Ketten und drifteten auseinander. Wenn die Nacht hereinbrach und es kühler wurde, konnten sich herumstreunende Nucleotide an die beiden ursprünglichen Ketten anlagern, und C mit G und A mit T paaren. Stück für Stück entstanden so zwei völlig neue Ketten. Am nächsten Morgen waren es zwei Paare mit vier Ketten. Einen Tag und eine Nacht später waren es bereits acht und nach der folgenden Nacht sechzehn Ketten. Gegen Ende eines Monats gab es 1 000 000 000 identische Ketten mit komplementären Partnern. Das war der Zeitpunkt, an dem das Leben begann; denn zum ersten Mal war ein Molekül in der Lage, sich selbst endlos immer weiter zu vermehren.

In den verschiedenen Tümpeln gab es unterschiedliche Nucleinsäurestränge mit jeweils einer anderen Reihenfolge der As, Cs, Ts und Gs. Eine solche Anordnung der Nucleinsäuren in einer DNA-Kette wird als Sequenz bezeichnet. Die dazu passende Abfolge auf einem anderen Strang nennt man die komplementäre Sequenz. Die Nucleinsäuresequenz enthält letztlich sämtliche Instruktionen für das Leben auf der Erde.

In den meisten Tümpeln dürfte es Milliarden verschiedener Stränge gegeben haben, die sich fleißig selbst kopierten. An irgendeinem Punkt der Entwicklung müssen bestimmte Stränge stabiler als andere gewesen sein; sie konnten sich daher effizienter vermehren. Waren schließlich alle Zucker und Nucleinsäuren der Suppe in Ketten eingebaut, überlebten die stabileren Moleküle auf Kosten der weniger stabilen. Die erfolgreichen DNA-Moleküle können ringförmig gewesen sein oder auch sich Haarnadeln gleich zurückgefaltet haben. Selbst stabilere DNA-Formen veränderten sich permanent, da sie nicht exakt kopiert wurden oder weil sich andere Moleküle an einem bestimmten Punkt an der DNA zu schaffen machten.

Daß kleine Veränderungen möglich waren, bedeutete, daß die DNA-Struktur verbessert werden konnte, ohne daß bereits vorhandene Vorteile aufgegeben werden mußten. Solche Verbesserungen waren unter Umständen noch stabiler, es konnte aber auch sein, daß das Molekül leichter und genauer kopiert werden konnte als andere Konformationen.

Wenn wir uns die DNA an diesem Punkt einmal als Lebewesen vorstellen, so haben wir ein sehr ehrgeiziges Molekül vor uns, das sich links, rechts und in der Mitte auf Kosten anderer Moleküle vermehrt. Seinem Ehrgeiz waren allerdings Grenzen gesetzt. Denn alles, was es tun konnte, war, sich zu teilen und zu verdoppeln. Durch andere Moleküle, die sich im Teich befanden, erhielt die DNA allerdings eine Chance, ihren Einfluß auszuweiten. Dies waren vor allem Moleküle, die ebenfalls dazu neigen, lange Ketten zu bilden. Solche Moleküle waren die RNA und die Aminosäuren.

Das Rückgrat der RNA besteht wie das der DNA aus Zuckern und nach außen gerichteten Nucleotiden. Beim Zucker gibt es allerdings leichte Unterschiede: Dabei handelt es sich um eine Ribose, die ein Wasserstoff- und ein Sauerstoffatom mehr als der DNA-Zucker, die Desoxyribose, enthält. Darüber hinaus unterscheidet sich die RNA von der DNA dadurch, daß sie anstelle von T die Nucleotidbase Uracil (U) enthält. Weil U aber genauso an A bindet wie T, kann die RNA sowohl einen komplementären Strang zur DNA als auch zwei zueinander passende RNA-Stränge bilden. In fortgeschrittenen Lebensformen liegt die RNA jedoch einzelsträngig und ungepaart vor. Einsträngige RNA unterscheidet sich von der DNA vor allem in einem entscheidenden Punkt: Sie kann kompliziertere Formen wie die eines vierblättrigen Kleeblatts oder eines Tropfens annehmen und deshalb auch als Enzym wirken. Enzyme sind Moleküle, die etwas bewirken können. Enzyme im Waschpulver sorgen beispielsweise dafür, daß Flecken herausgelöst werden. Bestimmte RNA-Moleküle im Teich waren in der Lage, andere Moleküle oder sogar sich selbst zu zerschneiden und neu zu strukturieren.

Wir wissen heute, daß viele Formen von RNA solche enzymatischen Eigenschaften besitzen und sich hochspezifisch selbst zerschneiden und neu verknüpfen können. Es entstand daher die Hypothese, daß nicht die DNA das erste Molekül des Lebens war, sondern die RNA. Ich persönlich bin nicht dieser Ansicht, weil die RNA so zerbrechlich ist. Man braucht sie nur von der Seite anzusehen und – es bricht einem das Herz – sie verschwindet; das können viele Forscher, die mit ihr arbeiten, bestätigen. DNA ist dagegen so unverwüstlich wie ein Paar alte Stiefel. „Molekulararchäologen" können noch aus mehrere tausend Jahre alten Knochen oder aus zehntausend Jahre alten Pflanzen DNA extrahieren und identifizieren. Man findet DNA sogar, wenn auch weitgehend abgebaut, noch in Insekten, die vor dreißig Millionen Jahren in Baumharz eingeschlossen wurden, oder in fossilen Fischen aus der Zeit des Jura. Ich setze deshalb auf die DNA. Um in einem kochenden Teich zu bestehen, konnte das Leben nur mit einem derart robusten Molekül wie der DNA beginnen.

Es gab also im Teich die gute alte, zähe DNA; am Ende eines heißen Tages lag sie meist einsträngig vor. Im Laufe der kühlen Nacht entstand dann entlang der DNA die zarte RNA und kopierte sie, so gut es ging. In der Hitze des nächsten Tages trennte sich die RNA von der DNA und konnte, einmal freigesetzt, als Enzym wirken. Doch – einmal von der DNA getrennt – zerfiel sie schließlich in ihre Bestandteile. Übrig blieb nur die DNA, die am folgenden Tag wieder genau das gleiche RNA-Molekül erzeugen konnte. So kontrollierte die DNA immer mehr die RNA: Die RNA wurde ihre erste Sklavin.

Zwar bildeten sich im Zusammmenspiel von DNA und RNA immer komplexere RNA-Stukturen, doch ihr Lebensraum beschränkte sich vorläufig immer noch auf den Teich. Um ihn zu verlassen, brauchten sie einen dritten Partner. Erst als die DNA auf die Aminosäuren traf, fand sie eine Möglichkeit, sich über den Teich hinaus auszubreiten.

Aminosäuren sind ebenfalls einfache Moleküle. Sie bestehen im wesentlichen aus denselben Atomen wie Nucleotide und Zucker. Wie DNA und RNA können sie Ketten bilden und sind, trotz vieler unterschiedlicher Spielarten, alle in der Lage, sich auf ähnliche Weise mit anderen Aminosäuren zu verbinden – etwa so, wie Legosteine verschiedenster Formen und Farben auf die gleiche Weise ineinandergesteckt werden können. Aminosäureketten sind sperriger als DNA und RNA. Aufgrund des großen Spektrums an Aminosäuren können sich diese Ketten auf tausenderlei Arten falten und verdrehen. Dieser riesigen Variationsbreite der Ketten entsprechen ebenso viele potentielle chemische und physikalische Eigenschaften.

Die Aminosäureketten bezeichnet man als Proteine. Wir alle sind aus Proteinen aufgebaut: Unsere Haut und unsere Muskeln bestehen aus Protein, unsere Knochen aus Protein und Calcium. Manche Proteine können sich öffnen und schließen, sich winden und entwinden, verlängern oder verkürzen, je nachdem, mit welchen anderen Molekülen sie zusammentreffen. Proteine sorgen dafür, daß das Herz in unserer Brust schlägt, Proteine regulieren den elektrischen Strom, den wir zum Denken brauchen, wenn wir diesen Abschnitt lesen und uns darauf vorbereiten, die Seite umzublättern. In der Tat werden nahezu all die zahllosen Funktionen, die unsere Zellen fit und gesund halten, von Proteinen ausgeführt.

Die RNA im Teich konnte verschiedene Formen und Größen annehmen und daher mit Aminosäuren reagieren. Dabei war entscheidend, daß bestimmte kurze RNA-Sequenzen bevorzugt an speziellen Aminosäuren hängen blieben. Die RNA-Sequenzen konnten jedoch nicht sämtliche Aminosäuren aufnehmen; deshalb nutzen die Organismen heute nur etwa zwanzig Aminosäuren. Eine DNA-Sequenz ergab also durchweg eine bestimmte RNA und diese wiederum war immer mit denselben Aminosäuren verbunden. So herrschte die DNA letztlich auch über die Aminosäuren: Sobald sich eine neue DNA-Sequenz bildete, fischte die RNA eine bestimmte Aminosäure aus dem Teich und hielt sie fest. RNA-Moleküle, die Aminosäuren tragen, werden heute als Transfer-RNA oder t-RNA bezeichnet.

Transfer-RNAs bestehen aus einer einzigen RNA-Kette. Da sich einige Sequenzen innerhalb der Kette miteinander paaren, faltet sich die RNA zu einer Kreuzstruktur. Die vier Arme der Kreuzes bestehen jeweils aus zwei komplementären Strängen; nur an der Spitze sowie an den Seitenarmen des Kreuzes hat die RNA offene Schlingen; sie ähnelt deshalb einem dreiblättrigen Kleeblatt. Die freie Bindungsstelle für die Aminosäure befindet sich an dem nach unten gerichteten Stamm des Kreuzes beziehungsweise am Stengel des Klees. Die nach oben gerichtete t-RNA-Schlaufe besteht aus sieben Nucleotiden, von denen die drei mittleren aus dem Molekül herausragen. Bei der Ur-t-RNA war diese offene Schlinge entscheidend: Sie konnte an eine DNA oder RNA binden, die eine zu den drei Nucleotiden komplementäre oder passende Sequenz besaß.

Die t-RNA konnte damit über zwei Bereiche mit anderen Molekülen reagieren: An der Basis des Kreuzes konnte sie eine Aminosäure aufnehmen, und über die offene Schlaufe an der Spitze konnte sie eine bestimmte Abfolge von drei Nucleotiden binden. Diese Nucleotidsequenz war so über die t-RNA mit einer bestimmten Aminosäure verknüpft. Damit dehnte die DNA ihre Macht mit Hilfe der t-RNA auch auf die Aminosäuren, die Bausteine der Proteine, aus.

Die Beziehung zwischen einem Nucleotid-Triplett der DNA und einer Aminosäure bildet die Grundlage für den genetischen Code. Die vier Nucleotide C, A, T und G können 64 „Worte" aus je drei Buchstaben bilden: CCC, CAC, CTC, CGC, CAT und so weiter. Solche Worte mit drei Buchstaben bezeichnet man als Codons. Für die zwanzig an t-RNA-Schwänze gebundenen Aminosäuren reichen 64 Codons völlig aus. Die DNA-Sequenz, an der sich die erste t-RNA bildete, kann man als das erste Gen ansehen, als den ersten raffinierten Einsatz einer Sequenzinformation, um etwas zu erzeugen, das direkt auf die Umwelt einwirkt.

Sobald die DNA in der Lage war, t-RNAs herzustellen, die Aminosäuren binden konnten, konnte eine Reihe weiterer Sequenzen bestimmen, in welcher Reihenfolge sich die t-RNAs und ihre jeweiligen Aminosäuren anordneten. Die t-RNAs reihten sich nicht entlang der DNA auf, sondern an einem RNA-Strang, der als Boten-RNA (*messenger-RNA*) oder kurz m-RNA bezeichnet wird. Bringt man die m-RNA mit t-RNAs und Aminosäuren zusammen, sorgt sie dafür, daß die Aminosäuren so angeordnet werden, wie die m-RNA von der DNA abgelesen wird. Da ein Protein einfach aus einer Reihe von Aminosäuren besteht, verfügt die DNA damit über einen primitiven Apparat, um Proteine herzustellen. Mit seinen 64 Triplettcodons und nur zwanzig Aminosäuren hat der genetische Code Redundanzen; außerdem gibt es viele Codons, die keiner Aminosäure entsprechen. Einige von ihnen haben keine Bedeutung, andere, wie die „Start"- oder „Stoppcodons", markieren Anfang oder Ende eines Proteins.

Die Formel „DNA macht RNA macht Protein" wird als das „Zentrale Dogma der Genetik" bezeichnet. Alles, was solch einem großen Namen hat, hat auch seine

Schwachstellen. Über die Fälle, in denen das Zentrale Dogma nicht gilt, werden wir später mehr erfahren; meist hat es jedoch seine Berechtigung.

Zurück zum Teich: Sobald die DNA die Proteine kontrollieren konnte, gab es für sie kein Halten mehr. Sie konnte sich mit Hilfe der Proteine in eine Membran hüllen, um sich vor schädigenden Chemikalien zu schützen; auf diese Weise entstand die einfachste Form einer lebenden Zelle. War die Sonne nicht zu heiß, konnte die DNA in der Zelle Enzyme herstellen und sich mit deren Hilfe vermehren. Die DNA konnte Proteine erzeugen, die Energie auf andere Proteine übertrugen, solche, mit denen sich die Zelle fortbewegen konnte, oder andere, die unterschiedliche Zellen aneinanderkoppelten, bis – um es kurz zu machen – letztlich das Leben entstand, wie wir es heute kennen.

Da wir schlau sind, und sich unser Bauplan nach der DNA richtet, neigen wir zu der Vorstellung, daß die DNA ebenso clever ist wie wir. Das ist jedoch nicht wahr. Die DNA hat überhaupt nichts Schlaues, sie ist nur zäh. Die Sequenzen, die etwas codieren, sind nur zufällig entstanden. In der Ursuppe führte einfache Chemie zur Bildung von DNA und RNA. In einem Tümpel oder Tausenden von Tümpeln mit Milliarden zufälliger DNA- und RNA-Sequenzen bildeten sich relativ häufig t-RNA-artige Moleküle. Wahrscheinlich kam es auch ständig zu Wechselwirkungen zwischen Aminosäuren und einfachen Proteinen. Sicher hat es sehr viel länger gedauert, bis auf diese Weise endlich brauchbare Proteine entstanden. Dafür bedurfte es eines glücklichen Zufalls: So wie Mönche in einem Kloster unendlich viele Mahlzeiten an ihrem gemeinsamen Tisch einnehmen müssen, bis eines Tages die Anfangsbuchstaben ihrer Namen reihum gelesen dem Namen des Gewinners eines bestimmten Pferderennens entsprechen. So einen Zufall gibt es nicht alle Tage, und es kann Tausende von Jahren dauern, bis sich aus einer anderen Sitzordnung der Mönche der Name eines anderen Pferdes ergibt. Die Sequenz einer Nucleinsäure, die ein Protein codiert, wird allgemein als das allererste Gen angesehen. Streng genommen lieferten die ersten Gene jedoch kein Protein, sondern eine RNA.

Es würde Jahrmillionen dauern, um per Zufall aus den Initialen der Mönche genügend Pferdenamen für ein ordentliches Rennprogramm zusammen zu bekommen. Ähnlich war es im Teich: Auch hier ergab sich in der DNA erst nach Millionen von Jahren die richtige Konstellation, um eine lebende Zelle zu erzeugen. Charakteristisch für eine Zelle ist eine Membran, die DNA, RNA und ihre Proteine wie eine Cellophanhülle von der Außenwelt abschirmt. Die Urzellen besaßen verschiedene grundlegende Funktionen. Die erste wird als Replikation bezeichnet und ist ein Vorgang, bei dem sich die DNA selbst kopiert. Eine wichtige Rolle spielen dabei Enzyme, die dafür sorgen, daß der Prozeß effizienter und weniger anfällig für Kopierfehler ist.

Die primitive Zelle enthielt nicht viele voneinander getrennte DNA-Stränge mit jeweils ein oder zwei Genen; sämtliche Gene befanden sich vielmehr auf einem einzigen Strang. Auf diese Weise konnten alle Gene gleichzeitig repliziert werden. Damit der lange DNA-Strang nicht beschädigt wurde, hatte er eine kompakte Form. Man nennt diese DNA-Bündel Chromosomen. Die ersten Zellen enthielten nur ein Chromosom, höhere Organismen wie die Tiere besitzen dagegen mehrere Chromosomen, die man unter dem Mikroskop erkennen kann. Die gesamte DNA einer Zelle bezeichnet man als Genom. Hat eine Zelle nur ein Chromosom, sind Genom und Chromosom identisch. Gibt es mehrere Chromosomen, besteht das Genom aus all diesen Chromosomen. In einem vielzelligen Organismus wie einer Pflanze oder einem Tier wird das Genom in jeder Zelle repliziert. Man kann deshalb von „dem Maus-Genom" oder „dem menschlichen Genom" sprechen.

In den ersten Zellen gab es auch noch Gene für andere Funktionen: Sie kontrollierten Zellteilung und Stoffwechsel oder entzogen der Umgebung Energie, um damit zelluläre Prozesse anzutreiben. Die nächsten noch lebenden Verwandten der ersten Zellen sind die Bakterien; nach wie vor sind sie die häufigsten Organismen auf der Erde. Heute, Milliarden von Jahren später, besitzen wir für den Stoffwechsel und die DNA-Replikation immer noch dieselben grundlegenden Mechanismen wie sie.

Gewöhnlich lernen wir in der Schule, daß sich die höheren Lebensformen aus diesen einfachen Zellen entwickelt haben und daß für den Evolutionsprozeß Mutationen verantwortlich sind. Ein Gen stellt mit Hilfe einer RNA ein Protein her. Für jedes Protein steht ein eigenes Gen zur Verfügung. Änderungen in der DNA-Sequenz eines Gens werden als Mutationen bezeichnet. Verändert eine Mutation ein bestimmtes Triplettcodon, findet man auch eine andere Aminosäure in dem Protein, das zu diesem mutierten Gen gehört. Da eine Änderung der Aminosäure auch zu einer Veränderung des Proteins führt, können genetische Mutationen auch die Funktion eines Proteins beeinflussen. Sorgt ein Protein für rote Haare, können die Haare aufgrund einer Mutation blond werden. Gehört das Protein zu einem Muskel, kann eine Mutation Muskeldystrophie auslösen.

Mutationen sind in der Regel schädlich. Richten sie besonders großen Schaden an, geht die für diese Mutation verantwortliche DNA verloren, da der Organismus, den sie kontrolliert, stirbt. Es ist äußerst selten, daß eine Mutation einen Vorteil bringt - etwa, indem ein Protein dafür sorgt, daß jemand stärkere Muskeln oder blaue Augen bekommt. Da Mutationen zufällig sind, kann man sich vorstellen, daß es endlos gedauert hätte, wenn sich sämtliche Gene, die bei den verschiedenen Lebewesen eine Rolle spielen, aus dem Nichts hätten entwickeln müssen. Daß die Entwicklung der Gene schneller beendet war, liegt daran, daß die DNA einige Abkürzungen fand.

Die wichtigste Abkürzung ist die Verdopplung. Damit ist einfach gemeint, daß die DNA, wenn sie sich selbst kopiert, hier und da einen großen Fehler macht. Dann kopiert sie auf demselben Strang der neuen DNA gleich zwei Exemplare eines Gens direkt hintereinander. Dadurch stehen der DNA stets zwei Gene für dasselbe Protein zur Verfügung. In Zukunft kann sie daher möglicherweise doppelt soviel Protein produzieren. Das zweite Gen könnte aber, während das erste Gen seine normalen Aufgaben erfüllt, genausogut zu etwas anderem und Sinnvollem mutieren.

Je mehr Gene man entdeckt, desto deutlicher wird, wieviele Sequenzen in unserer DNA verdoppelt wurden. Oft findet man ganze Familien von Genen, die einander alle ähneln. Obwohl sie heute völlig verschiedene Funktionen haben, haben sie sich allesamt aus einem einzigen Vorfahren entwickelt. Manchmal hocken die Mitglieder einer solchen Genfamilie auf einem Chromosom zusammen wie die Hühner auf der Stange. Ein anderes Mal verteilen sie sich bis in die entlegensten Ecken des Genoms.

Manchmal werden ganze Chromosomen verdoppelt. Unsere eigene Spezies verdankt ihre augenblickliche Chromosomenzahl einer Reihe von Verdopplungen und Vervierfachungen, begleitet von gelegentlichen Verlusten. Einige menschliche Chromosomen ähneln sich untereinander immer noch stark in ihrer Struktur sowie der Art und Anordnung ihrer Gene. Bei höheren Säugern ist in der Regel jede Veränderung in der Chromosomenzahl tödlich, oder nahezu tödlich. Pflanzenchromosomen sind dagegen weniger reglementiert; sie enthalten recht häufig zwei, vier oder acht Chromosomensätze. Darüber hinaus sind sie völlig promiskuitiv. Sie mischen sich munter miteinander, paaren sich mit Chromosomen anderer Spezies und bilden so Hybride mit vollkommen neuen Formen und Eigenschaften.

Einige dieser verdoppelten Gene haben ihre Funktion ganz verloren. Diese sogenannten „Pseudogene" sind nur noch Genruinen. Sie sehen zwar noch wie Gene aus, und ihre Sequenz ergibt auch noch über weite Strecken Sinn; sie werden jedoch von Nonsense-Mutationen unterbrochen oder enden an eigenartigen Stellen. Solche Pseudogene können schlicht Fehler der Natur sein. Es kann aber auch sein, daß sich die Evolution dieser Gene bemächtigt hat: Die DNA experimentiert mit neuen Proteinen, ohne die alten ganz abzuschaffen.

Außer der Verdopplung hat die DNA noch einen anderen Trick auf Lager: die Konservierung. Das heißt, die Gene für die meisten grundlegenden Funktionen des Lebens ähneln sich in der Mehrzahl der Lebewesen. Solche Gene haben sich selbst in den am höchsten entwickelten Lebewesen erhalten. So haben Bakterien und Kühe sehr ähnliche Gene für ihre Energieversorgung oder die Kontrolle ihrer DNA- und Proteinsynthese. Die Gene, die die frühesten Prozesse in der Entwicklung der Fruchtfliege steuern, findet man auch beim Menschen. In höheren Säugern ist diese Konservierung besonders stark ausgeprägt: 90 Prozent der menschlichen Gene entsprechen denen der Maus und 99 Prozent denen eines Schimpansen. Diese Ähnlichkeit erkennt man schon in den Chromosomen: Bei vielen Säugern findet man dieselben Gengruppen in der gleichen Reihenfolge auf ähnlichen Chromosomen. Unsere Chromosomen stimmen beispielsweise zu 78 Prozent mit denen der Katze und zu 82 Prozent mit denen des Schafs überein. Andererseits ähneln wir nur zu 38 Prozent der Maus; Mauschromosomen unterscheiden sich deshalb stark von den Chromosomen des Menschen. Trotzdem bräuchte man die Mauschromosomen nur vierzig Mal zu schneiden und erneut aneinanderzukleben, um die Gene in die Reihenfolge zu bringen, in der sie auf unseren Chromosomen angeordnet sind.

Je mehr wir in den letzten zehn Jahren über die DNA-Struktur gelernt haben, desto sonderbarer erscheint sie uns. In meiner medizinischen Ausbildung habe ich noch gelernt, mir die Gene als Perlen auf einer Schnur vorzustellen. Eine Perle, ein Gen, ein Protein, alles sehr einfach und geradlinig. Leider besteht die DNA aus zwei Strängen, die, da sie komplementär sind, nicht identisch sein können. Deshalb besteht die Möglichkeit, daß ein Gen auf einem Strang in die eine Richtung verläuft und ein anderes auf dem komplementären Strang in entgegengesetzter Richtung abgelesen wird. In der Tat findet man solche äußerst verwirrenden Fälle.

Die Sache wird dadurch noch komplizierter, daß in großen Genen kleine Gene enthalten sein können. Oder es gibt Gene mit variabler Länge. Solche Gene codieren mehr als ein Protein, je nachdem, in welchem Gewebe – ob im Muskel oder im Gehirn – sie arbeiten; möglicherweise ist ein Protein völlig normal, ein anderes jedoch nicht.

Offensichtlich wurde es in dem Maße, in dem die DNA immer komplexere Proteine erzeugte, immer wichtiger, Gene an- und abschalten zu können. Die Genregulation ist in jedem höheren Lebewesen von atemberaubender Komplexität. Die 100 000 Gene des Menschen werden nicht alle gleichzeitig angeschaltet. Viele von ihnen spielen eine Rolle in der Entwicklung, wenn aus einer einzelnen befruchteten Eizelle ein Kind heranwächst. Möglicherweise werden sie nur wenige Stunden zu Beginn des Lebens angeschaltet und bleiben dann für unbestimmte Zeit inaktiv. Werden sie zur falschen Zeit aktiviert, kann das den Tod der Zelle bedeuten oder unkontrolliertes Zellwachstum und damit Krebs auslösen.

Man nennt den Prozeß, bei dem ein Gen in die Boten-RNA (m-RNA) übersetzt wird, Transkription. Zur „rechten" Zeit setzt sich ein Enzym am Beginn des Gens auf die DNA, bewegt sich auf ihr entlang und schreibt sie dabei in die Form einer m-RNA um. Am Anfang des Gens befinden sich, oft ein wenig „strangaufwärts", DNA-Sequenzen, die man als „Promotoren" bezeichnet. Einige Promotoren liegen auch strangabwärts. Es ist nicht bekannt, wie Promotoren arbeiten. Ohne sie würden jedoch viele normale Gene keine m-RNA und damit auch kein Protein erzeugen; das heißt, sie wären so gut wie nutzlos.

Wahrscheinlich regulieren Gene einander über ihre Promotoren. Wird ein Gen abgeschaltet, sitzt ein Protein auf dem Promotor wie ein Schutzmann einen Demonstranten in Schach hält. Erst wenn der Polizist verschwunden ist, kann der Demonstrant sein Anliegen vorbringen bzw. das Transkriptionsenzym das Gen dazu bringen, m-RNA zu produzieren.

Damit ein Protein synthetisiert werden kann, muß die Reihenfolge der Buchstaben in der DNA einen Sinn ergeben. Befindet sich eine „Nonsense-Mutation", ein Element des Codes, das keiner Aminosäure zugeordnet ist, in der Mitte eines Gens, so verhindert sie, daß das Gen in ein normales Protein übersetzt wird – etwa wie bei einem Fehler im Computerprogramm. Das Ende des Gens markiert dann ein „Stoppcodon", ein Wort aus drei Buchstaben, das dem Enzym mitteilt, daß es aufhören soll, DNA in RNA zu übersetzen. Entsteht fälschlicherweise aufgrund einer Mutation in der Mitte eines Gens ein Stoppsignal, wird nur die Hälfte des Proteins synthetisiert.

DNA-Bereiche, die Sinn ergeben und ein Protein abrufen, werden als „offene Leseraster" bezeichnet. Vor 1977 glaubte man, jedes Gen bestünde aus einem einzigen offenen Leseraster und enthielte von Anfang bis Ende eine Botschaft. Bei Bakterien ist das auch so. Als man allerdings Viren untersuchte, die Menschen infizieren, entdeckte man, daß die m-RNA nicht immer mit der DNA übereinstimmt, von der sie abstammt. Man erkannte, daß für die Unterschiede unsinnige Bereiche im offenen Leseraster des Gens verantwortlich sind. Diese sinnlosen Bereiche bezeichnet man heute als „Introns", die sinnvollen Abschnitte als „Exons". 1993 erhielten Richard Roberts und Philip Sharp für die Entdeckung der Introns den Nobelpreis für Medizin.

Eine solche Anordnung entspricht einem Computerprogramm, das jede Menge Unsinn enthält. Auf den ersten Blick erscheint es sehr unwahrscheinlich, daß ein solches Gen ein Protein codieren kann. Doch das ganze Gen wird tatsächlich mit sämtlichen unsinnigen Sequenzen von der DNA in die m-RNA übersetzt. Dort werden die sinnlosen Introns von einem RNA-Enzym herausgeschnitten, und die verbliebenen Exons so miteinander verknüpft, daß ein einziges offenes Leseraster und ein komplettes Gen übrig bleibt.

Diese Mischung aus Introns und Exons findet man mit Ausnahme der Bakterien in allen Organismen. Man kann deshalb mit Sicherheit davon ausgehen, daß sie einen bestimmten Zweck erfüllen. Möglicherweise handelt es sich bei den Exons um früheste kleine Proteine. P. Green hat sie deshalb „alte konservierte Regionen" (*ancient conserved regions*, ACRs) getauft. Man nimmt an, daß die ACRs als Bausteine für komplexere Proteine gedient haben. Die Exon-Intron-Struktur der Gene war für die Evolution von Vorteil, denn sie ermöglichte es, verschiedene ACR-Exons auszutauschen und neue Proteine zu erzeugen. J.-M. Claverie hat in Bethesda im amerikanischen Bundesstaat Maryland die Proteinstruktur eines breiten Spektrums von Lebewesen (von Bakterien, Pflanzen, Pilzen, Schleimpilzen, Wirbeltieren, Insekten und Würmern) analysiert und dabei herausgefunden, daß es nur etwa 550 grundlegende Proteinmotive gibt, aus denen sich dann die meisten anderen Proteine zusammensetzen. Die Mehrheit von ihnen hatte eine Länge von etwa 80 Aminosäuren. Diese sehr geringe Zahl von ACRs reicht gerade aus, um erklären zu können, wie die Evolution in dem Zeitraum, in dem unser Planet bewohnt ist, ihren gegenwärtigen Stand erreichen konnte.

Die Exons werden jedoch nicht nur im Rahmen der Evolution ausgetauscht. Die Gene, die in den weißen Blutkörperchen die Antikörper bilden, werden als „springende Gene" bezeichnet. Bei diesen Genen werden verschiedene Exons absichtlich vermischt und miteinander kombiniert, damit das große Repertoire an Antikörpern entstehen kann, das erforderlich ist, um mit jeder Infektion fertig zu werden.

Mit Ausnahme der Gene scheint ein Großteil unserer DNA Unsinn zu enthalten. Es ist noch nicht bekannt, ob dieser Unsinn irgendwelchen geheimen Zwecken dient oder ob es sich nur um Schrott handelt. Doch selbst dieser Schrott enthält noch zahlreiche Sequenzwiederholungen: Überall im Genom findet man eine Fülle von Kopien. Die beiden häufigsten Arten von Kopien heißen LINES und SINES; beide sind in der Tat äußerst merkwürdig.

LINES steht für „lange verstreut liegende Sequenzabschnitte" (*long interspersed sequences*). Etwa vier Prozent der gesamten Säuger-DNA besteht aus solchen LINES. Seltsamerweise ist die LINES-Struktur verwandt mit einer Klasse von Viren, die als Retroviren bekannt sind. Retroviren sind Anarchisten, die sich nicht an das Zentrale Dogma – „DNA macht RNA macht Protein" – halten. Ganz besonders hinterhältig an ihnen ist, daß sie sich die DNA-Maschinerie unterwerfen und rückwärts laufen lassen. Sie selber besitzen nur drei oder vier Gene, von denen eines das Enzym „Reverse Transkriptase" codiert. Dieses Enzym kopiert die Virus-RNA zurück in menschliche DNA. Die DNA wird aktiv, erzeugt Virusproteine und damit neue Viren. Nach der reversen Transkription wird die virale Sequenz in die DNA der infizierten Zelle integriert. Fortan enthalten sämtliche Nachkommen der betreffenden Zelle diese gefährliche DNA.

Glücklicherweise geht die infizierte Zelle normalerweise zugrunde, möglicherweise aufgrund einer Immunreaktion. Mit ihr stirbt auch das Virus. Fand die reverse Transkription allerdings in einem Spermium oder einer Eizelle, den sogenannten Keimbahnzellen, statt, wird die Virus-DNA in jede Zelle eines Kindes eingebaut, das sich nach der Befruchtung mit diesem Spermium entwickelt. Dann werden die viralen Gene von Generation zu Generation weitergegeben.

Die LINES wirken wie ganz primitive Retroviren. Sie produzieren zwar kein Protein, können jedoch dadurch, daß sie in der Lage sind, sich in andere Teile des Genoms zu integrieren, gelegentlich normale Gene auseinanderreißen und so Krankheiten auslösen. In unserem Genom gibt es zwischen 20 000 und 50 000 LINE-Sequenzen. Obwohl sie keine Funktion haben, verhalten sich diese DNA-Bereiche aufgrund der Replikation wie „egoistische Gene": Sie kümmern sich nur um sich selbst. Auf die egoistischen Gene werden wir später noch zurückkommen.

SINES, „kurze verstreut liegende Sequenzabschnitte" (*short interspersed sequences*), sind eine weitere Art egoistischer Gene. Man findet sie überall im Genom. Welche Rolle sie spielen, ist noch unbekannt; sie sind jedoch so erfolgreich, daß sie drei Prozent unseres Genoms ausmachen. Viele von ihnen bilden Familien, und es sieht so aus, als hätten sie früher alle zu einem weit verbreiteten Gen gehört, das ein RNA-Enzym für die Transkription liefert. Es verwirrt die Genjäger nicht, daß sich SINES und LINES als Gene ausgeben; es kann jedoch große technische Probleme geben, wenn – was oft vorkommt – ein Forscher versucht, irgendwo im Genom ein komplementäres DNA-Stück zu finden. Enthält sein DNA-Stück eine Wiederholungssequenz, paßt es einfach überall.

LINES sind möglicherweise mit DNA-Elementen verwandt, die im Genom herumirren, ohne je den Kern zu verlassen; man nennt sie „transponierbare genetische Elemente" oder kurz „Transposons". Die Pflanzengenetikerin Barbara McClintock hat als erste die Existenz solcher Elemente postuliert. Sie wurde im Jahre 1902 geboren und machte sich sehr früh durch mikroskopische Studien an Pflanzenchromosomen einen wissenschaftlichen Namen. 1945 war sie Präsidentin der Amerikanischen Genetischen Gesellschaft, allgemein geachtet für ihre wissenschaftliche Arbeit und eine beliebte Dozentin.

1942 wechselte sie ans Cold Spring Harbor Laboratory in New York. Wie viele andere Pflanzengenetiker interessierte sie sich vor allem für den Mais. Die Indianer, die sich vom Mais ernährten, liebten die zahlreichen Farben der Maiskörner und bauten daher eine Vielzahl verschiedener Maisarten an. Diese Farben konnte man neben anderen Eigenschaften benutzen, um das Verhalten der Maisgene zu studieren. Da McClintock eine äußerst gewissenhafte Beobachterin war, gelang es ihr, Pigmentierungsmuster zu unterscheiden, die darauf hinwiesen, daß bestimmte Gene in unregelmäßiger Folge an- und abgeschaltet wurden. Sie erkannte richtig, daß dieses Verhalten von „Kontrollelementen" ausgelöst wird, die sich im Maisgenom bewegen können.

Das geschah, bevor man Gene kannte, geschweige denn wußte, daß das genetische Material aus DNA besteht. McClintocks Konzept eines dynamischen Genoms war daher für nahezu alle Genetiker unbegreiflich. Ihre Entdeckungen wurden ignoriert und – schlimmer noch – verspottet. Diese Reaktionen auf ihre Arbeit waren für McClintock so schmerzhaft, daß sie es ablehnte, ihre Arbeiten weiter zu veröffentlichen. Ihre wichtigsten Experimente wurden deshalb nur in der Hauszeitschrift ihres Instituts veröffentlicht, deren Leserkreis lediglich aus einer Handvoll ihr nahestehender Kollegen bestand. Mitte der 60er Jahre entdeckte man Transposons in der DNA von Bakterien, in den 70er Jahren in Pflanzen-DNA und in den 80ern auch bei Säugern. 1983 erhielt Barbara McClintock den Nobelpreis. Sie war damals 81 Jahre alt und immer noch wissenschaftlich erfolgreich. 1993 entdeckte man, daß die Recklinghausen-Krankheit, eine menschliche Erbkrankheit, die Haut und Nerven befällt, von einem Transposon ausgelöst wird.

Barbara McClintock war und ist für junge Wissenschaftler ein Vorbild: Außergewöhnlich präzise beobachtete sie Phänomene, die andere als Artefakte oder als unbedeutend abtaten. Sie erkannte die wahre Bedeutung ihrer scheinbar trivialen Beobachtungen. Aus Liebe zu ihrem Versuchsobjekt setzte sie ihre Arbeit auch gegen starken Widerstand fort. So war sie die erste Wissenschaftlerin, die einen Eindruck von der außergewöhnlichen Struktur des Genoms bekam.

Man hat den Begriff des „blinden Uhrmachers" geprägt, um die Rolle der Evolution bei der Entstehung der Gene zu beschreiben. Wir verstehen das Genom besser, wenn wir uns vor Augen führen, wie es wohl einem Blinden ergeht, der Uhren zusammensetzt. In Wirklichkeit ähnelt das Genom keineswegs einer ordentlich tikkenden Uhr, sondern eher einem surrealen Schrottplatz: Alle Teile der Uhr befinden sich irgendwo auf dem Platz, aber weder der Sekunden- oder der Minutenzeiger noch die Haupttriebfeder sind greifbar. Darüber hinaus hat der Uhrmacher völlig vergessen, daß er sechs Rädchen zum Aufziehen gemacht hat, von denen allerdings nur noch zwei funktionieren. Trotzdem laufen die hunderttausend beweglichen Teile der Uhr vollkommen ruhig, und die Uhr zeigt die Zeit richtig an.

Das Genom ist ein heilloses Durcheinander. Denn im Gegensatz zu den Werken Shakespeares entstand das Buch des Lebens durch eine Folge von Zufällen, so als ob Millionen von Affen auf ihren Computern herumgehämmert hätten, um Hamlet zu schreiben. Tatsächlich ist nur ein Zehntel vom Buch des Lebens verständlich. Die Kapitel haben keine bestimmte Reihenfolge, und selbst die einzelnen Absätze werden streckenweise noch von Kauderwelsch unterbrochen. Man kann das Buch vorwärts und rückwärts lesen. Dabei kann derselbe Abschnitt in einer wie auch in beiden Richtungen unterschiedliche Gene codieren.

Das Genom ist folglich ein ziemlich befremdlicher Ort. Durch dieses bizarre Gelände müssen sich Genjäger durchschlagen, wenn sie ihre Beute aufspüren wollen.

Kapitel 2

Den Genen auf der Spur

Nach vier Milliarden Jahren Evolution hat die DNA ihren Weg aus dem Tümpel zu uns gefunden. Die Gene in unserer DNA haben uns mit soviel Neugier und Intelligenz ausgestattet, daß wir herausfinden wollen, wie sie über uns bestimmen. Bis zum Jahre 2010 wird das menschliche Genom, unsere gesamte DNA, sequenziert sein; dann wird das unter der Bezeichnung „Human Genome Project" bekannte internationale Programm abgeschlossen sein. Für diese Sequenzierung müssen drei Milliarden Buchstaben unseres genetischen Codes von A bis Z entziffert werden. In dieser Menge von Buchstaben verbergen sich über hunderttausend Gene.

Es ist jedoch ein Trugschluß zu glauben, wir könnten aus der DNA-Sequenz des Genoms direkt ablesen, wie das Genom funktioniert. Die Sequenzierung des Genoms ist ein technischer Kraftakt, aber nicht viel mehr. Am Ende werden wir sämtliche Sequenzen unserer Gene kennen, doch diese Information wird bei weitem nicht ausreichen. Unser Wissen könnte man dann eher damit vergleichen, als lägen sämtliche Teile eines Düsenjägers bis zur letzten Mutter, Schraube und Niete für die Inspektion bereit. Es ist dann ganz einfach, die Teile aufzulisten und sie nach Größe und Form oder danach, ob sie Löcher besitzen oder nicht, zu sortieren. Etwas ganz anderes ist es jedoch, zu verstehen, wofür die einzelnen Teile gebraucht werden oder wie man sie zusammensetzen muß, damit der Jet fliegt. Es wird deshalb nach Abschluß des Genomprojekts noch vierzig oder fünfzig Jahre dauern, bis wir die Funktion der meisten Gene kennen.

Für die Kranken sind jedoch fünfzig Jahre zu lang. Wir kennen heute etwa 3 500 Erbkrankheiten; sie werden durch Mutationen ausgelöst, welche die Funktion der Gene verändern oder zerstören. Bis vor kurzem weckten Erbkrankheiten nicht viel mehr als akademisches Interesse. Man empfand sie als rätselhafte Leiden, die zu absonderlichen Behinderungen führen. Bestenfalls gelang es einem daran arbeitenden Wissenschaftler, einem Syndrom seinen Namen zu geben. Die Therapie bestand nur darin, die Eltern darüber aufzuklären, inwieweit für sie eine Gefahr bestand, ein weiteres an diesem Leiden erkranktes Kind auf die Welt zu bringen.

1973 wurde die Klonierungstechnik erfunden. Mit ihrer Hilfe kann man Gene und genetisches Material in einem Reaktionsgefäß beliebig verändern. Fast gleichzeitig gelang es, Gene zu sequenzieren und damit ihren genetischen Code zu entschlüsseln. Mit Klonierung und Sequenzierung veränderten sich vollkommen die Methoden, mit denen man Krankheiten wissenschaftlich erforschen kann. Die neue Genetik ergab sich aus der Möglichkeit, Gene klonieren zu können; sie erlaubte es jetzt zumindest theoretisch, mit Hilfe der sogenannten „reversen Genetik" oder „Positionsklonierung" den Fehler aufzuspüren, der die jeweilige Erbkrankheit auslöst.

Bei der reversen Genetik macht man Jagd auf Gene. Man nimmt sich ein Genom vor und sucht darin nach einem bestimmten Gen. Bisher wurden erst 500 der 100 000 Gene des Menschen isoliert und kloniert. Der bei weitem größte Teil der DNA-Welt ist noch unerforscht. Diese Welt enthält Kontinente, in denen es Urwälder, fremdartig anmutende Ruinen und wilde, reißende Tiere gibt. Nur wenigen Glückspilzen, die diese Genomwelt betreten, werden Schätze, Ruhm und grenzenloser Reichtum zuteil. Andere stoßen auf Geheimnisse, Gefahren, Verzweiflung und Erniedrigung. Einige Forscher brechen gut vorbereitet zur Expedition auf, mit Wagen voller Vorräte und Waffen. Andere begeben sich nur mit einer Flinte bewaffnet in die Wildnis. Ob sie Erfolg haben, hängt ebenso von einer guten Ausrüstung ab wie von einer gehörigen Portion Glück.

Die Genjäger haben die Gene für die häufigsten „einfachen" Erbkrankheiten bereits gefunden. Ihre größten Erfolge waren die Entdeckung der Gene für Muskeldystrophie und für die cystische Fibrose. Die cystische Fibrose oder Mukoviszidose zerstört bei einem von 400 Kindern die Lungen und die Bauchspeicheldrüse; die Muskeldystrophie macht einen von 1 000 Knaben zum Behinderten. Beide Krankheiten führen zum vorzeitigen Tod ansonsten vollkommen normaler Kinder. Bevor die Gene entdeckt wurden, wußte man nicht, wodurch diese Krankheiten ausgelöst werden. Heute ist es erstmals möglich, die Therapie gezielt auf eine bekannte Ursache hin zu entwickeln; ehrlicherweise muß man allerdings gestehen, daß es in nächster Zeit noch keine Aussicht auf Heilung gibt.

Man kennt noch zahlreiche andere Erbkrankheiten, bei denen nur ein Gen mutiert ist. Die häufigsten sind bereits gefunden. An den wichtigsten verbliebenen Krankheiten werden wahrscheinlich viele von uns irgendwann im Laufe ihres Lebens erkranken. Man weiß, daß Krankheiten wie Krebs, Diabetes, Bluthochdruck, Asthma und Schizophrenie zumindest teilweise durch Fehler oder Veränderungen in den Genen ausgelöst werden. Welche Rolle die Gene dabei spielen oder wieviele Gene beteiligt sind, ist noch vollkommen unklar. Da nicht bekannt ist, wie es zu diesen Krankheiten kommt, gelten sie allesamt als „komplex". Das ist in diesem Zusammenhang ein Euphemismus, um nicht „zu schwer zu erklären" sagen zu müssen. Wie dem auch sei, in Anbetracht der weiten Verbreitung dieser Krankheiten wäre es für die Genetiker am schönsten, wenn man endlich herausbekommen würde, wie diese Krankheiten entstehen.

Die Suche nach einem Gen ist in erster Linie ernsthafte wissenschaftliche Arbeit. Bei allen erfolgreichen Genjagden haben sich große Arbeitsgruppen von Wissenschaftlern einen furiosen Wettstreit geliefert. Die Forschung ist äußerst kostspielig. Die Reagentien, die man für die Experimente braucht, die Zutaten für eine so exotische Kochkunst wie die Molekularbiologie kosten immens viel Geld. Ausstattung und Gehälter treiben die Rechnung zusätzlich in die Höhe. Damit nicht genug: Bei der Suche nach dem Gen für die cystische Fibrose wurden über 1 000 Familien getestet. Das heißt, über 4 000 Menschen mußten befragt und gründlich auf die Krankheit hin untersucht werden, bevor ihre DNA im Labor überhaupt erst analysiert werden konnte. Für komplexere Krankheiten müssen möglicherweise zehnmal so viele Menschen gefunden werden. Trotzdem hat der Glaube, die Genetik könne früher unlösbar erscheinende medizinische Probleme lösen, dazu geführt, daß die genetische Forschung großzügig gefördert wird, selbst, wenn andere Forschungsgebiete in ihrer Förderung drastische Einschnitte hinnehmen müssen.

Jede Jagd nach einem Gen beginnt damit, daß man nach einer genetischen Kopplung sucht, dem Beweis, daß das jeweilige Krankheitsgen auf einem bestimmten Chromosom lokalisiert ist. Die meisten Zellen des menschlichen Körpers besitzen 46 Chromosomen; diese bilden 23 Paare. Obwohl sie unterschiedlich groß sind, enthalten sie im Durchschnitt 4 000 Gene oder 120 Millionen Buchstaben des genetischen Codes. Ist ein Gen verändert und löst es eine Krankheit aus, weil sich, wie das meist der Fall ist, ein falscher Buchstabe in den Code eingeschlichen hat, dann läßt sich die Suche nach diesem einen veränderten Buchstaben mit der Suche nach einem bestimmten Menschen auf dieser Erde vergleichen.

Ist eine genetische Kopplung nachgewiesen, so ist das so, als lebe der Gesuchte in England oder Kalifornien: Statt nach einem Menschen unter drei Milliarden zu suchen, muß man ihn jetzt nur noch unter 50 Millionen finden! Stellen Sie sich vor, Sie seien ein Außerirdischer von Alpha Centauri und auf die Erde gekommen, um eine bestimmte Person, die Ihre Schwester in Schwierigkeiten gebracht hat, zur Rede zu stellen. Um diese Person ausfindig zu machen, brauchen Sie Hilfe. Karten und Telefonbücher sind dann Ihre wichtigsten Hilfsmittel.

Kapitel 3

Die Karte

Um die Genkarte des Menschen zu verstehen, stellen Sie sich vor, Sie würden mit einem Fallschirm über dem tropischen Regenwald abgeworfen und würden sich da nicht auskennen. Wie würden Sie sich orientieren? Sie würden wahrscheinlich auf den nächsten Hügel klettern und sich umsehen. Karten gehen von erkennbaren Punkten im Gelände aus, von Stellen, an denen man sich von der Wildnis ein Bild machen kann. Forschungsreisende können von diesen Punkten ausgehen und auch wieder zu ihnen zurückfinden. Die ersten Orientierungshilfen in der Welt der Gene waren die Chromosomen. Ein Chromosom ist ein DNA-Paket, eine lange Kette von Genen, die man sogar unter dem Mikroskop erkennen kann. Verschiedene Arten von Tieren und Pflanzen haben unterschiedlich viele Chromosomen. Der Mensch besitzt 22 Chromosomenpaare und als 23. Paar noch die Geschlechtschromosomen X und Y.

Im Jahre 1973 – also vor gar nicht so langer Zeit – traf sich eine Gruppe von Wissenschaftlern an der Küste von Connecticut, an der Yale-Universität in New Haven. Sie wollten zusammentragen, was alles über die Genkarte des Menschen bekannt war. Das Verzeichnis, das sie erstellten („DATA1"), enthielt sämtliche Gene, deren Position auf den Chromosomen man bereits kannte. Da man die DNA dieser Gene noch nicht isolieren und sequenzieren konnte, war man darauf angewiesen, die Gene aufgrund ihrer Wirkungen, ihrer jeweiligen "Phänotypen", zu erschließen. Das Verzeichnis enthielt 27 sogenannte „Mendelsche Marker". Bei diesen handelte es sich hauptsächlich um bekannte Korrelationen zwischen Krankheiten und bestimmten Chromosomen. Darüber hinaus enthielt das Verzeichnis noch 57 „in vitro-Marker". Das sind Stellen auf den Chromosomen, die für die Produktion bestimmter Proteine in unserem Blut entscheidend sind. Jeder Mensch besitzt dort eine andere DNA-Sequenz, wie sich aus kleinen Unterschieden innerhalb der Proteinprodukte ergab. Damals konnte man lediglich vermuten, daß Krankheiten und Unterschiede in den Proteinen auf einer genetischen Veränderung bestimmter Chromosomen beruhen; diese Vermutung hat sich später als richtig erwiesen. 84 Bezugspunkte sind nicht gerade viel, um eine Welt mit 100 000 Genen zu vermessen. Die Chromosomen 4 und 5 konnte man nicht unterscheiden, und für die Chromosomen 3, 8 und 9 gab es überhaupt keine Marker. Die Wissenschaftler nannten ihr Meeting „Human Gene Map-

ping 1" und beschlossen, sich regelmäßig wieder zu treffen, um die Fortschritte weiter
zu verfolgen.

Im Jahre 1989 nahm ich als Neuling auf dem Gebiet der Genetik an der zehnten
Genkartierungskonferenz („HGM10") teil. Wie HGM1 wurde auch HGM10 in New
Haven abgehalten. New Haven ist eine Universitätsstadt. Sie wirkt wie Oxford oder
Cambridge, lediglich nach Connecticut versetzt – nur mit dem Unterschied, daß hundert Yards vom Campus der Universität entfernt alles schnell sehr schäbig aussieht
und zweihundert Yards entfernt geradezu besorgniserregend wirkt. Die Straßen waren
voller Bauarbeiter, die Schutzhelme trugen. Nachts mischte sich – ganz wie im Film
– das Geräusch schwerer Maschinen mit dem Dröhnen hochtouriger Trucks und
dem Heulen von Polizeisirenen. Die meisten Delegierten wohnten im Studenten-
wohnheim. Ich war mir nicht sicher, ob ich beim Anblick der Revolver, die an den
Hüften der Wächter auf dem Campus baumelten, alarmiert oder beruhigt sein sollte.
Vielleicht schlafen die Studenten ja besser, wenn sie wissen, daß das College-Tor gut
bewacht ist; aber das glaube ich kaum.

Etwa 700 Delegierte nahmen an dem Meeting teil. Wir Europäer staunten über
die Großzügigkeit und Warmherzigkeit der amerikanischen Gastgeber. Ich glaube
nicht, daß ich jemals wieder solche Berge von Lebensmitteln gesehen habe. Ich fiel
mit einer schrecklichen Meute vom St. Mary's aus London dort ein und stellte an
mehreren Abenden fest, daß in Budweiser mehr steckt, als sein Geschmack vermuten
läßt. Tagsüber wurden in den Vorträgen die Erfolge der Genkartierung präsentiert;
außerdem fanden Meetings der Chromosomenkomitees statt.

Das HGM-Meeting war so bedeutend, daß sogar Jim Watson da war. Jim hatte
herausgefunden, wie die DNA die Geheimnisse des Lebens konserviert. Wir alle waren
nur in New Haven, weil das Jim und Francis Crick gelungen war. Bei einem Strandfest
am dritten Abend der Tagung war Jim allgegenwärtig – ein exzentrischer Wissenschaftler wie er im Buche steht. Da, wo er hinkam, stürzten sich die Leute auf ihn
und wollten mit ihm photographiert werden. Er sagte nie nein, lächelte gutmütig
und schüttelte Hände, wenn das Blitzlicht aufflammte. Dann war sein Konterfei erneut für einen Ehrenplatz in einem weiteren fremden Familienalbum abgelichtet.
Vielleicht hat er diese Erfahrung sogar genossen; aber ich bin mir da nicht sicher.
Bestimmt hatte er mehr Freude an diesem Fest als die wunderbar frischen Hummer,
die der glühend heißen Grillkohle zu entkommen suchten. Ich aß in dieser Nacht
nichts, ging aber glücklich schlafen, weil mich Jim's Mantel im Vorbeigehen gestreift
hatte.

Die eigentliche Arbeit bei dieser Konferenz fand größtenteils hinter verschlosse-
nen Türen statt. Dort sichteten und verglichen die Komitees die gesammelten Daten.
Ihr Ziel war es, eine Karte zu erstellen, die veröffentlicht werden konnte. Jeder, der
in den nächsten beiden Jahren Gene in einer bestimmten Region kartieren wollte,
sollte auf diese Liste kartierter Marker Bezug nehmen können.

Zum Zeitpunkt von HGM10 war die Genkarte bereits so dicht geworden und die Datenmenge derart rasant angewachsen, daß man die Karten für die einzelnen Chromosomen auf verschiedene Komitees aufgeteilt hatte: Jedes Chromosom wurde von einem eigenen Komitee betreut. Die meiste Zeit wurde dafür verwendet, Computer zu installieren und die Daten so zu ordnen, daß sie in einen zentralen Speicher eingegeben werden konnten. Zwei Jahre später in London, beim HGM11, konnte die Datenmenge schon nicht mehr von einem einzigen Meeting bewältigt werden. Man beschloß deshalb, daß die einzelnen Chromosomen-Komitees zukünftig ihre eigenen internationalen Konferenzen abhalten sollten.

Die Abschlußkarte beim HGM10 umfaßte 4 362 DNA-Abschnitte, die jeweils bestimmten Chromosomen zugeordnet werden konnten. 1 886 davon waren für die Kartierung geeignet. Sechs Jahre zuvor beim HGM7 hatte es erst 319 solcher Abschnitte gegeben, von denen nur 130 für die Kartierung geeignet waren. Insgesamt wurden in den ersten zehn Jahren der HGM-Meetings 231 neue Punkte auf der Karte entdeckt; in den nächsten sechs Jahren waren es bereits 4 043. Das Projekt Genkarte war angelaufen.

Obwohl uns heute die Idee einer Genkarte selbstverständlich erscheint, waren ihre Anfänge ganz bescheiden. Selbst die Bedeutung der Chromosomen wurde erst mit der Zeit erkannt. Da die Chromosomen extrem lang und dünn sind, sind sie meist unsichtbar und liegen wie ein Haufen chinesischer Glasnudeln im Zellkern. Kurz bevor sich die Zelle teilt, verkürzen sich die Chromosomen jedoch drastisch und verdicken sich zu Stäbchen. In dieser komprimierten Form kann man sie leicht unter dem Mikroskop erkennen; am besten sieht man sie in schnell wachsenden Geweben wie Pflanzenwurzeln oder der Darmschleimhaut. 1855 hatte sich die Erkenntnis durchgesetzt, daß die Chromosomenstruktur im Laufe der Generationen erhalten bleibt. In den frühen 70er Jahren des 19. Jahrhunderts entdeckte man, daß ihre Anzahl in jeder Spezies konstant ist. Doch obwohl diese Tatsachen unstrittig waren, konnte sich keiner vorstellen, welche Funktion die Chromosomen haben sollten. Man hielt sie lediglich für ein interessantes Phänomen. Nach der Jahrhundertwende wurde ihre Bedeutung jedoch sehr schnell klarer. 1900 war das Jahr, in dem die Mendelschen Gesetze wiederentdeckt wurden.

Johann Mendel war der Begründer der Genetik; wir sollten uns deshalb etwas ausführlicher mit ihm befassen. Er war das mittlere von drei Kindern und wurde im Jahre 1822 als Sohn einer mährischen Bauernfamilie geboren. Mähren war damals ein Teil Österreichs; heute gehört es zur Tschechischen Republik. Mit 21 Jahren wurde Mendel feierlich als Novize eingekleidet; als Mönch nahm er den Namen Gregor an. Da er sich als ungeeignet für die praktische Seelsorge erwies, legte man ihm eine Ausbildung zum Lehrer nahe. Er fiel jedoch bei den Prüfungen an der Wiener Universität durch und blieb deshalb bis zu seinem 44. Lebensjahr Hilfslehrer. Seine spät einsetzende Entwicklung sollte all denen eine Lehre sein, die versuchen, unter Berufung auf die Genetik diskriminierende Äußerungen über angeborene Anlagen zu rechtfertigen.

Im Alter von 34 Jahren begann Mendel, Gartenerbsen zu züchten. Mitte des 19. Jahrhunderts wußten Pflanzenzüchter, wie man unterschiedliche Pflanzen miteinander kreuzen oder „hybridisieren" konnte. Ihre Kreuzungen entbehrten jedoch jeder wissenschaftlichen Grundlage oder einer Theorie, mit der man ihren Ausgang vorhersagen konnte. Sie folgten dem Motto: „Probieren geht über studieren!". Als erstes beobachtete Mendel, daß bei Kreuzungen zweier verschiedener Pflanzenarten mit „überwältigender Regelmäßigkeit" hybride Nachkommen vom selben Typ entstanden. Kreuzte er dagegen dieselben Pflanzenarten, waren die Nachkommen immer gleich. Dies scheint trivial zu sein; doch Mendel schloß daraus, daß die Vererbung konstanten und meßbaren Regeln folgt. Vor Mendel war darauf noch niemand gekommen, und es sollte noch 50 Jahre dauern, bis irgend jemand anders diese brillante Idee auch nur annähernd verstand.

Mendel kreuzte bei seinen Experimenten 34 Erbsenarten. Die

ausgesuchten Erbsenformen zeigten Unterschiede in der Länge und Färbung des Stengels, in der Größe und Gestalt der Blätter, in der Stellung, Farbe und Größe der Blüten, in der Länge der Blütenstiele, in der Farbe, Gestalt und Größe der Hülsen, in der Gestalt und Größe der Samen, in der Färbung der Samenschale und des Albumens.

Mendel bemerkte, daß bei einigen dieser „Merkmale" keine „scharfe und sichere Trennung" möglich war, da „der Unterschied auf einem oft schwer zu bestimmenden ,mehr oder weniger' beruht". Deshalb wählte er für seine Versuche nur „Merkmale, die an den Pflanzen deutlich und entschieden" hervortraten.

Die Entscheidung, nur „deutliche und entschiedene" Merkmale zu untersuchen, war für den Erfolg seiner Experimente ausschlaggebend. Auf die Bedeutung dieser Entscheidung komme ich bald noch einmal zurück. Für seine Hybridisierungen wählte er sieben Charakteristika aus: die Form der Samen und der reifen Hülsen, die Farbe des Endosperms, der Samenschale und der unreifen Hülsen sowie die Stellung der Blüten und die Länge des Stengels.

Mendel kreuzte Erbsen, die unterschiedliche Merkmale besaßen, etwa Erbsen mit runzeligen und solche mit runden Samen. In der nächsten, der zweiten Generation zählte er dann, wieviele Pflanzen welche dieser Eigenschaften aufwiesen. Anschließend kreuzte er diese Tochtergeneration untereinander und zählte erneut die Anzahl der Pflanzen mit den entsprechenden Merkmalen. Dann wiederholte er die Kreuzung mit der dritten Generation und zählte wieder, wieviele Nachkommen entsprechende Charakteristika aufwiesen. Diesen Prozeß setzte er solange fort, bis er sich seiner Ergebnisse sicher war. Insgesamt dauerten die Versuche acht Jahre.

Mendel besaß keine wissenschaftliche Ausbildung. Die penible Art, mit der er seine Experimente durchführte und seine Ergebnisse protokollierte, war damals ungewöhnlich und entsprach überhaupt nicht der Arbeitsweise eines Forschers aus dem frühen 19. Jahrhundert.

Seine Ergebnisse zeigten, daß einige „Merkmale", etwa runde Erbsen, dominant waren: Waren sie in der Stammpflanze vorhanden, traten sie auch in der nächsten Generation in jeder zweiten Pflanze auf. Andere Eigenschaften, etwa runzlige Erbsen, waren rezessiv: Das heißt, sie verschwanden in der zweiten Generation, tauchten jedoch bei jeder vierten Erbse der dritten Generation erneut auf. Mendel erkannte darüber hinaus, daß die Eigenschaften unabhängig voneinander vererbt wurden.

Aus all diesen Beobachtungen schloß er, daß die Merkmale der Pflanzen bereits in irgendeiner Weise in den Ei- und Pollenzellen enthalten sein müssen. In den Ei- und Pollenzellen eines Pflanzenhybrids mit zwei verschiedenen Merkmalen waren beide Formen gleich häufig.

Damit hatte Mendel entdeckt, daß jede Eigenschaft einer Pflanze en bloc, also als Ganzes, vererbt wird. Darüber hinaus hatte er herausgefunden, daß von jeder dieser Vererbungseinheiten zwei Kopien vorhanden sind. Er wußte nichts von der Existenz der DNA oder der Chromosomen und konnte sich unmöglich die winzigen Größenordnungen vorstellen, in denen sich die molekularen Ereignisse abspielen, die die Größe und Form seiner Erbsen bestimmen. Trotzdem erkannte Mendel aufgrund seiner einfachen Versuche die wahre Natur der Gene.

Wissenschaft kommt meist nur langsam voran, oft indem gleich mehrere Personen an verschiedenen Orten etwa zur selben Zeit dieselben Schlüsse ziehen. Mendels Entdeckung war jedoch beispiellos; sie kam wie ein Blitz aus heiterem Himmel.

Im Februar und März des Jahres 1865 trug Mendel die Ergebnisse seiner Versuche auf zwei Sitzungen des Naturforschenden Vereins in Brünn vor. Anschließend veröffentlichte er seine Arbeiten. In dieser Monographie stellte er einfache mathematische Regeln für die Vererbung auf, die noch heute nahezu unverändert in den Lehrbüchern der Genetik zu finden sind. Die Abhandlung wurde in den „Verhandlungen des Naturforschenden Vereins in Brünn" unter dem Titel „Versuche über Pflanzenhybriden" veröffentlicht und an alle größeren Bibliotheken in Europa verschickt. Sie fand keinerlei Resonanz, denn niemand, der sie las, ahnte auch nur im entferntesten, was das alles bedeutete. Die Verwendung mathematischer Formeln war den Biologen der damaligen Zeit vollkommen fremd. Man hielt Mendel für einen unbedeutenden Provinzler, von dem kaum etwas Wichtiges zu erwarten war.

Mendel schrieb eine Reihe höflicher Briefe an Carl von Nägeli in München, einen führenden Biologen seiner Zeit. Darin erläuterte er ausführlich seine Theorien. Von Nägeli antwortete herablassend; Mendel war jedoch schon damit zufrieden, daß der große Mann überhaupt geruhte, seine Briefe zu beantworten. Von Nägeli schlug Mendel vor, sich einer anderen Pflanze zuzuwenden, dem Habichtskraut. Die Versuche führten jedoch aufgrund von Besonderheiten im Lebenszyklus dieser Pflanze, die erst in diesem Jahrhundert erkannt wurden, zu keinem Ergebnis. Mendel veröffentlichte nie wieder einen wissenschaftlichen Artikel.

Als Mendel Prior in seinem Kloster wurde, gab er seine Versuche auf – wie viele Akademiker, die mit administrativen Aufgaben überlastet sind. Liebenswürdig und bescheiden, wie er war, hat er wahrscheinlich selbst seinen eigenen Ergebnissen keine allzu große Bedeutung beigemessen. Im Jahre 1884 starb Mendel nach „langer, schwerer und schmerzhafter Krankheit" an Nierenversagen.

Im Jahre 1900 wurde Mendels Schrift wiederentdeckt. Zu dieser Zeit widmeten sich die Botaniker erneut der Frage, wie verschiedene Eigenschaften übertragen werden. Unter denen, die Mendels Arbeit lasen, war auch William Bateson, ein großartiger Botaniker und um die Jahrhundertwende eine herausragende Persönlichkeit unter den britischen Biologen. Er erfand den Begriff „Genetik" – der Begriff „Gen" wurde erst 1909 geprägt. Von seinen eigenen Untersuchungen her wußte Bateson, daß die Eigenschaften der Pflanzen vererbt werden. Deshalb stieß Mendels Arbeit bei ihm sofort auf Verständnis. Mit missionarischem Eifer veröffentlichte Bateson Mendels Ergebnisse.

Es folgte eine gewaltige Kontroverse – die erste, aber sicher nicht die letzte Zerreißprobe, die die neue Wissenschaft Genetik überstehen mußte. Das Problem bestand darin, daß viele Eigenschaften von Menschen und Pflanzen nicht so klar abgegrenzt vererbt werden wie Form und Farbe der Erbsen. Wir sind beispielsweise nicht nur groß oder klein, dick oder dünn. Mendel selber hatte viele Eigenschaften seiner Erbsen nicht berücksichtigt, weil er sie nicht präzise zuordnen konnte. Das war eine geniale Entscheidung: Um komplexe Zusammenhänge zu verstehen, beginnt man am besten da, wo man sich auskennt. Seine Kritiker sahen darin jedoch Spezialfälle, die ihrer Meinung nach für die Genetik insgesamt ohne Bedeutung waren.

Francis Galton (Kapitel 14, S. 187–193) wurde im selben Jahr wie Mendel geboren. Er war noch gegen Ende des Jahrhunderts wissenschaftlich aktiv und einflußreich. Galton hatte alles, was am Menschen meßbar war, vermessen und versucht, anhand dieser Messungen Gesetze für die Vererbung aufzustellen. Seine Arbeit begründete die biometrische Schule der Genetik, deren führender Kopf nach Galton der Mathematiker Pearson wurde. Dieser erfand viele statistische Methoden, die noch heute in der Wissenschaft gebräuchlich sind. Galton, Pearson und ihr Freund Weldon glaubten, daß solche Dinge wie Größe und Gewicht oder berühmt-berüchtigt Intelligenz und Talent bei der Vererbung neu miteinander vermengt würden. Diese Theorie wurde als das „Gesetz der biometrischen Vererbung" und seine Anhänger als die Biometriker bekannt.

Die Einzelheiten dieser Diskussion sowie die Intrigen und die Arroganz, die damals die Komitees der Royal Society beherrschten, interessieren uns hier nicht. Die folgende öffentliche Äußerung Batesons vermittelt jedoch einen Eindruck von dem Ton, in dem die Debatte damals geführt wurde: „Die imposante Korrelationstabelle, in die der biometrische Prokrustes seine Massen nicht analysierter Daten preßt, ist kein Ersatz für eine normale Auswertung durch ein geschultes Urteil". Und wir hören Weldons Zorn, wenn er von dem „schwerfälligen und nicht nachweisbaren Mechanismus der Keimzellen, auf dem Mendels Hypothese beruht" schreibt.

Ein solches Verhalten zeigt beispielhaft das Unvermögen von Wissenschaftlern, neue Ideen zu akzeptieren oder ihre Theorien neuen Erkenntnissen anzupassen. Pearsons Hauptinteresse galt der Statistik: Überall sah er statistische Verteilungen vererbter Eigenschaften wie Größe oder Schädelvolumen. Er setzte deshalb ganz auf den biometrischen Ansatz und wollte ihn auf keinen Fall aufgeben. Bateson andererseits hatte 1894 sein Buch „*Material for the Study of Variation*" geschrieben; es wurde nicht gut aufgenommen. Er betonte darin, daß Merkmale in einzelnen Einheiten vererbt werden und wurde deshalb von den Darwinisten heftig angegriffen. Mendels Versuche zeigten, daß Bateson recht hatte; deshalb setzte sich Bateson für Mendels Werk ein.

Der Streit und die sich daraus ergebende Spaltung in zwei gegnerische Lager warf die Genetik um mehrere Jahre zurück. Erst 1918 zeigte der Statistiker Fisher aus Cambridge, daß man die biometrische und die Mendelsche Schule vollkommen in Einklang miteinander bringen konnte. Heute ist klar, daß die Körpergröße nicht als einzelnes Merkmal vererbt wird, sondern auf dem Zusammenwirken vieler Gene beruht. Die Kontrahenten dieser Debatte zeigten jedoch kein Interesse daran, ihre unvereinbar scheinenden Theorien zu einer überzeugenden Synthese zu verschmelzen.

Mendels Sicht bekam enormen Auftrieb, als Garrod im Jahre 1901 die angeborene Krankheit Alkaptonurie beschrieb. Bei dieser seltenen Stoffwechselstörung verfärbt sich der Urin schwarz. Die Betroffenen entwickeln etwa in der Mitte ihres Lebens eine progressive Arthritis. Garrod behauptete, die Alkaptonurie trete besonders häufig in Familien mit Fällen von Inzucht auf. Bateson und Edith Saunders lasen diese Beschreibung im Jahre 1902. Aus der Tatsache, daß Kinder von Vettern und Basen ersten Grades von der Krankheit betroffen waren, schlossen Bateson und Saunders, daß wahrscheinlich beide Elternteile dasselbe krankmachende Gen besaßen. Das bedeutete, daß Alkaptonurie rezessiv vererbt wird. Das war das erste Beispiel einer nach den Mendelschen Regeln vererbten menschlichen Krankheit.

Nachdem Mendels Theorie akzeptiert war, war es nur noch ein kleiner Schritt, sie mit den Chromosomen in Einklang zu bringen. Boveri zeigte im Jahre 1902, daß nicht alle Chromosomen dasselbe genetische Material enthalten. 1903 entdeckte Sutton, daß Chromosomen immer paarweise auftreten, und daß eines der beiden Chromosomen vom Vater und das andere von der Mutter vererbt wird. Nur die Geschlechtschromosomen bilden da eine Ausnahme. Frauen besitzen zwei X-Chromosomen, Männer nur eines. Erst später wurde das Y-Chromosom entdeckt, das bei Männern mit dem X-Chromosom assoziiert ist. Im Samen und in der Eizelle fand man genau die Hälfte des normalen Chromosomensatzes. Sutton vermutete, daß die

Chromosomen „die physikalische Grundlage für die Mendelschen Vererbungsgesetze bilden".

Man wußte also nun, daß von jedem Gen zwei Kopien vorhanden sind – jeweils eine von jedem Elternteil – und daß sich die Gene auf den Chromosomen befinden. Batesons Rang und seine Zuhörerschaft wuchsen durch seine Kontroverse mit den Biometrikern, die die neue Chromosomentheorie der Vererbung heftig und vollkommen zu Unrecht bekämpften.

Der amerikanische Genetiker Thomas Hunt Morgan trieb die Chromosomentheorie weiter voran. Noch um 1900 bekämpfte er Mendels Theorie. Bateson mochte ihn deshalb nicht und nannte ihn einen „Dickschädel". Doch bis zum Jahre 1910 hatte Morgan die Mendelschen Regeln akzeptiert und sich der genetischen Untersuchung der Fruchtfliege zugewandt. Er hatte erkannt, daß Fruchtfliegen für genetische Studien ideal waren, denn sie durchlaufen pro Jahr mehrere Generationen und haben Hunderte von Nachkommen. Noch heute verdanken wir eben dieser Fruchtfliege entscheidende Einblicke in die Gene und ihre Funktion.

Morgan suchte nach Fliegen mit Anomalien und studierte deren Vererbung. Er prägte den Begriff der „Mutante". Bei den Fruchtfliegen kann man Mutanten mit einem zusätzlichen Flügelpaar, langem Körper oder zwei Köpfen problemlos unter einem Vergrößerungsglas erkennen. 1910 fand Morgan eine Fliege, deren Augen weiß statt rot waren. Das Gen für das rote Augenpigment mußte demnach in dieser Fliege mutiert oder zerstört sein. Das Besondere an den weißen Augen war, daß diese Mutation nur bei Männchen auftrat. Morgan folgerte daraus, daß die Mutation „weißes Auge" auf dem X-Chromosom lokalisiert ist. Man fand sie nur bei Männchen, weil diesen das zweite X-Chromosom fehlt, das den Fehler im Gen für die Augenfarbe kompensieren kann. Etwas Ähnliches kannte man bereits vom Menschen; dort tritt die erbliche Farbenblindheit normalerweise nur bei Männern auf.

Morgan schloß, daß die Gene für Geschlecht und Augenfarbe zusammen vererbt werden. Er erklärte sich das damit, daß beide Merkmale im genetischen Material benachbart sind. Deshalb suchte er weiter nach geschlechtsgekoppelten Mutationen. Wie die meisten erfolgreichen Wissenschaftler zog auch Morgan junge talentierte Leute in seinen Bann, die mit ihm arbeiten wollten. Unter ihnen sind besonders drei brillante junge Wissenschaftler namens Bridges, Sturtevant und Muller hervorzuheben. In späteren Jahren schrieb E. B. Wilson scherzhaft an den englischen Genetiker Darlington: „Die drei größten Entdeckungen Morgans waren Bridges, Sturtevant und Muller".

Da weitere geschlechtsgekoppelte Mutationen gemeinsam vererbt wurden, kam die Vorstellung auf, daß sie sich alle auf dem gleichen Chromosom befanden. Mutationspaare wurden jedoch manchmal auf ihrem Weg durch die Generationen auseinander gerissen. Dafür machte man einen Genaustausch zwischen den beiden Partnern eines Chromosomenpaars verantwortlich. Man hatte beobachtet, daß sich die

Chromosomen der Keimzellen, aus denen sich Eizellen und Spermien entwickeln, umeinanderwickelten, bevor sich die Zellen teilten. Das mußte der Moment sein, in dem die Chromosomen genetisches Material austauschen. Da die Mikroskope damals noch sehr primitiv waren, konnte man nur Vermutungen über das Verhalten der Chromosomen anstellen. Bateson verabscheute die Mikroskopie, da er die Technik nicht beherrschte und ritt deshalb besonders auf dieser Schwachstelle in der Erklärung für Morgans Befunde herum.

Noch als Student in Morgans Labor entdeckte A.H. Sturtevant, daß einige Mutationspaare öfter voneinander getrennt wurden als andere. Er erkannte, was das bedeutete: Offenbar lagen einige Gene nahe zusammen und andere dagegen waren weiter voneinander entfernt; daraus konnte man die Reihenfolge der Gene auf dem Chromosom ableiten. Damit hatte er die Genkarte erfunden.

Bis zum Jahre 1916 hatten Morgan und seine Mitarbeiter eine halbe Million Fliegen gekreuzt und dabei mehr als 100 Mutationen gefunden. Sie hatten entdeckt, daß man die Mutationen in den Genen in vier Gruppen zusammenfassen konnte. Das heißt, sie fanden vier Gruppen, in denen die Mutationen jeweils miteinander gekoppelt vererbt werden. Glücklicherweise stimmte die Zahl vier mit der Chromosomenzahl der Fruchtfliege überein.

Morgan und seine drei Mitstreiter schrieben das Buch „*The Mechanism of Mendelian Heredity*". Ein boshafter Herausgeber der Zeitschrift *Science* überließ es Bateson, das Buch zu besprechen. Die Besprechung ging über sieben Seiten. Ihr Ton war ironisch und spöttisch, aber nie vollkommen abwertend. Bateson griff die Chromosomentheorie an:

> Wir wissen jedoch, daß die Zahl der genetischen Faktoren in verschiedenen Lebensformen... die Anzahl der Chromosomen bei weitem übersteigt.... An diesem Punkt stossen wir auf die erste der weitreichenden Anregungen Morgans...

Im weiteren Verlauf der Besprechung griff Bateson Sturtevant an, weil er eine lineare Anordnung postulierte:

> Ohne zu sehr auf diesem Punkt insistieren zu wollen, läßt sich der Hinweis nicht vermeiden, daß dieses komplexe theoretische Gespinst so außerordentlich elastisch ist, daß es auch einem System cytologischer Fakten angepaßt werden kann, dem Gegenteil dessen, wofür es geschaffen wurde.

Dann bemängelte er die Daten des Buches:

> Die Zahlen scheinen so undurchsichtig, daß man manchmal zu zweifeln beginnt, ob dieser Bericht hier nicht auf einem radikalen Mißverständnis dessen beruht, was der Autor wirklich mitteilen wollte.

und hinterfragt die Interpretation weiterer Ergebnisse:

> Das hier entworfene System ist so außerordentlich perfekt; es wird auch mit unbequemen
> Fällen im Handumdrehen fertig.

In Wahrheit handelt es sich bei den Erklärungen dieser „unbequemen Fälle" um elegante und richtige Interpretationen schwieriger genetischer Phänomene. Am Ende
der Besprechung lobte Bateson jedoch

> den enormen Gewinn an genetischem Wissen, den Morgans Arbeit erbracht hat. Er
> übersteigt bei weitem jede andere Versuchsreihe seit Mendels eigenen Experimenten.

Warum ist es wichtig, Batesons Kommentar nach so vielen Jahren noch einmal
zu lesen? Zwei Gründe geben den Ausschlag: Zum einen ist Batesons Motivation –
eine grundlose Voreingenommenheit gegenüber einer neuen und komplizierten
Theorie – auch heute immer noch aktuell. Zweitens zeigt es, wie schwer es neue Ideen
manchmal haben, sich durchzusetzen. Zum Zeitpunkt einer neuen wissenschaftlichen Entdeckung sind sich oft nicht einmal die beteiligten Wissenschaftler sicher,
ob sie recht haben. In der Tat kann es Jahre dauern, bis ihre Thesen entweder bestätigt
oder korrigiert werden.

Morgans Name ist in der Einheit der genetischen Entfernung, dem „Centimor-
gan", verewigt, während Bateson weitgehend in Vergessenheit geraten ist. Seit Morgan
wurden über viele Jahre hinweg sorgfältig Kopplungskarten von Mutationen der
Fruchtfliege zusammengestellt.

Eine solche Arbeit ist furchtbar öde. Nach und nach muß man jede Fliege mit
einer neu entdeckten Mutation mit allen Fliegen kreuzen, deren Mutation bereits
bekannt ist. Dann zählt man bei den Nachkommen beide Mutationen aus, um die
Kopplung beider Merkmale bestimmen zu können.

Dieses einfache Rezept, jemanden in den Wahnsinn zu treiben, übernahmen die
Mausgenetiker und kreuzten mutierte Mäuse mit anderen Mausmutanten. Vielleicht
muß man es als Reaktion auf die Monotonie dieser Versuche verstehen, daß es in
der Literatur der Mausgenetik von exotischen Namen für diese Mutanten nur so
wimmelt. „Satin" (samten) und „frizzy" (kraus) sind ja noch recht einfach und be-
ziehen sich vermutlich auf die Beschaffenheit des Fells; „shaker" (Schüttler) oder
„short-ear" (kurzes Ohr) passen vielleicht zu Figuren aus Tolkiens Romanen, Eigenschaften wie „umbrous", „mottled agouti" oder „varitint-waddler" übersteigen jedoch
unsere Vorstellungskraft.

Da das Mausgenom sehr viel größer ist als das der Fruchtfliege, muß man eine
Mausmutante möglicherweise mit hundert anderen Maustypen kreuzen, bevor man
ein Gen einem bestimmten Punkt auf einem der Chromosomen zuordnen kann. Ist
diese Art von Experimenten bei Mäusen schon schwierig, so ist sie beim Menschen
schlicht unmöglich.

Beim Menschen lassen sich die Krankheiten am einfachsten kartieren, die – wie
bei der Fruchtfliege die Augenfarbe – geschlechtsgekoppelt sind und von denen man

daher weiß, daß sie von einer Mutation auf dem X-Chromosom ausgelöst werden. Die bekanntesten Beispiele geschlechtsgekoppelter menschlicher Krankheiten sind Hämophilie und Muskeldystrophie.

Das X-Chromosom enthält allerdings nur wenige Prozent aller menschlichen Gene und ist deshalb auch nur für wenige menschliche Krankheiten verantwortlich. Andere Erbkrankheiten erkennt man an der Anomalie eines Chromosoms. Das Down-Syndrom beispielsweise läßt sich darauf zurückführen, daß drei statt wie gewöhnlich zwei Exemplare vom Chromosom Nummer 21 vorhanden sind. Bei der Muskeldystrophie fehlen häufig Bereiche des X-Chromosoms. Falls vorhanden, kann diese Art von Information sehr nützlich sein. Unglücklicherweise sind bei den meisten Fehlern in den Genen nicht ganze Chromosomenstücke abgebrochen; sie beruhen vielmehr meist nur auf Veränderungen in einem oder zwei Buchstaben des genetischen Codes. Es bedurfte deshalb eines sehr viel flexibleren Verfahrens, um die Stellen in den Genen zu finden, die für menschliche Krankheiten verantwortlich sind.

Kapitel 4

Noch eine Karte

Einer unter amerikanischen Genetikern verbreiteten Legende zufolge wurde die Technik für die Kartierung menschlicher Gene von David Botstein erfunden, als dieser an seinem Wintersportort in Utah eine Eingebung hatte. Botstein ist noch so ein äußerst fähiger Amerikaner: Ein großer Mann mit schwarzen buschigen Augenbrauen, der durch ein nicht enden wollendes Feuerwerk von Fragen, Ideen und Antworten die Aufmerksamkeit aller im Raum auf sich zieht. Zur Zeit seines Skiausflugs arbeitete Botstein am legendären Massachusetts Institute of Technology, einer Kultstätte moderner Wissenschaft, an der die brillantesten Wissenschaftler Amerikas arbeiten.

Botstein erkannte in den Bergen, daß man kleine Unterschiede in der DNA verschiedener Personen als Markierungen für eine Karte verwenden kann. 1980 schrieb er mit Ray White und Mark Skolonik von der Universität von Utah sowie Ronald Davis aus Stanford einen Artikel. Darin entwarfen die vier eine Strategie, wie man eine solche Karte erstellen konnte. Allerdings wird man auf unserer Seite des Atlantik das Gefühl nicht los, daß Botstein nicht als einziger die Möglichkeiten eines solchen Verfahrens erkannt hatte. Walter Bodmer und Ellen Solomon hatten bereits im Jahre 1979 eine ähnliche Karte vorgeschlagen. Wie auch immer, Botstein und seine Coautoren erläuterten mit erstaunlichem Weitblick die Grundregeln und die Methodik, mit denen eine umfassende Genkarte angefertigt werden konnte.

Die Ziele, die sich die Wissenschaftler in diesem Artikel setzten, waren bescheiden. Die Karte sollte für die genetische Beratung verwendet werden; außerdem reichten nach Ansicht der Autoren 150 Marker aus, um alle Chromosomen abzudecken. Von der Idee, Krankheitsgene mit Hilfe der Karte aufzuspüren, war noch keine Rede. Die Forscher konnten sich kaum die Tausende von Markern vorstellen, die die Karte bereits 15 Jahre später überziehen sollten. Sie wußten noch nicht einmal, ob sie die 150 Marker, die sie für eine erste Karte benötigten, finden würden.

Die Marker, die Botstein und die anderen für ihre Karte nutzen wollten, waren RFLPs; das ist eine Abkürzung für „Restriktionsfragment-Längenpolymorphismus".

Das muß näher erläutert werden, denn Polymorphismen sind der Schlüssel zur Genetik und zur Jagd nach den Genen. Der Begriff bedeutet schlicht „verschiedene Formen annehmen". Sehr viele genetische Merkmale sind polymorph: die Farbe der

Haut und der Haare, die Körpergröße oder die Form der Nase. Die offensichtlich unterschiedliche Ausprägung dieser Merkmale beruht auf Unterschieden in den Genen, die diese Eigenschaften kontrollieren. In Anzahl und Organisation sind Ihre Gene sowie die Ihres Zugnachbarn identisch; die Gene selbst zeigen jedoch kleine Unterschiede. So hat Ihr Nachbar beispielsweise andere Gene für die Muskelgröße als Sie. Die Unterschiede sind nicht groß, und die Proteine, die sie codieren, sind einander sehr ähnlich. Doch im letzten Exon eines seiner Gene gibt es etwas, das bestimmt, daß seine Muskeln überdurchschnittlich groß werden; und ein anderer genetischer Polymorphismus hat irgendwo dafür gesorgt, daß er dieses unselige Zukken im Gesicht hat.

Ein Blick auf die enorme Vielfalt der menschlichen Rasse macht klar, wie polymorph viele unserer Gene sein müssen. Wie sehr ein Gen im Lauf der Evolution variieren kann, hängt von seiner Funktion ab. Einige Gene, die für unsere Entwicklung besonders wichtig sind, beispielsweise die, die in einem heranwachsenden Embryo aktiv sind, zeigen überhaupt keine Polymorphie; sie unterscheiden sich noch nicht einmal von Spezies zu Spezies. Bei anderen Genen hat die Natur freies Spiel – zumindest, solange sie Genvarianten hervorbringt, die zu etwas Funktionstüchtigem führen.

In den riesigen DNA-Bereichen, die keine Gene enthalten, sind die Beschränkungen für Polymorphismen noch geringer. Evolutionär ist es zwar ein Nachteil, wenn ein Gen durch eine Mutation vollkommen zerstört wird, aber im nichtcodierenden Bereich bleibt das normalerweise ohne Konsequenzen. Deshalb findet man in diesem DNA-Bereich sehr viel häufiger Mutationen und Polymorphismen. Die meisten Polymorphismen betreffen nur eine Base oder ein Nucleotidpaar des DNA-Doppelstrangs. Diese überall in der DNA vorhandenen Punktpolymorphismen wollten Botstein und seine Coautoren als Marker nutzen.

Sie schlugen vor, die Polymorphismen mit Hilfe von „Restriktionsenzymen" aufzuspüren. Restriktionsenzyme sind Chemikalien, die Molekularbiologen und Genetiker verwenden, um DNA zu schneiden. Die DNA-schneidenden Enzyme werden von Bakterien produziert, die ja überhaupt ein erstaunliches Spektrum toxischer Verbindungen ausschütten. Ein Teil dieser Toxine kann bei Menschen Krankheiten auslösen. Die Giftstoffe sind Teil des Waffenarsenals, mit dem sich Bakterien untereinander einen Kampf auf Leben und Tod um den Raum und die Nahrung liefern, die sie für ihre Vermehrung brauchen. Restriktionsenzyme gehören zum Rüstzeug, mit dem Bakterien fremde DNA zerschlagen.

Einige Restriktionsenzyme schneiden DNA nur dann, wenn sie auf eine bestimmte Sequenz, z.B. etwa TGCA, treffen. Diese Spezifität verhindert, daß die Bakterien ihre eigene DNA zerstören. Einige Enzyme erkennen eine Sequenz von vier, andere eine von sechs oder mehr Basenpaaren. Ein Enzym, das eine Vierer-Sequenz erkennt, findet diese im Schnitt alle 256 Basen und schneidet die DNA jeweils an dieser Stelle.

Ist eine der Restriktionsschnittstellen polymorph oder mutiert, etwa wenn aus einem TGCA ein TGAA geworden ist, dann schneidet das Restriktionsenzym nicht. Aufgrund dieses RFLPs und des dann fehlenden Schnitts hat das entsprechende Fragment nach einer Enzymbehandlung eine andere Länge. So erklärt sich der Ausdruck „Restriktionsfragment-Längenpolymorphismus".

Schneidet man genomische DNA, entstehen Milliarden von Fragmenten. Deshalb muß man einen RFLP von einer ganz bestimmten Stelle auf einem bestimmten Chromosom isolieren. Man findet diesen RFLP mit Hilfe einer Sonde, einem Stück DNA, das einzig und allein zu dieser Sequenz auf dem in Frage kommenden Chromosomenabschnitt paßt. Eine solche Sonde findet zielsicher immer dieselbe Stelle auf demselben Chromosom. Sie ist damit ein genetischer Marker, von denen es, wie wir sehen werden, noch viele andere gibt.

Sobald sich Ray White sicher war, daß das menschliche Genom mit RFLPs ausgeschildert werden kann, begann er, in Salt Lake City ein Team von Genkartierern um sich zu scharen. Welchen Erfolg er dabei hatte, läßt sich daran ablesen, wie berühmt heute einige der Leute sind, die er damals ausgebildet hat: Lathrop, Nakamura und auch Lalouel haben sich alle in der internationalen Genetik einen Namen gemacht.

Die Kartierung des menschlichen Genoms folgt ganz genau denselben Prinzipien wie die Genkartierung von T. H. Morgans Fruchtfliegen. Morgan und sein Team sammelten Mutationen. Sie beobachteten, wie die Mutationen relativ zueinander vererbt wurden. So wurden beispielsweise die Mutationen „Y", „W", „V", „M", „R" und „Br" durchweg so oft zusammen vererbt, daß das kein Zufall sein konnte. Morgans Team erkannte vier Gruppen von Mutationen, die jeweils einen Teil des Erbes trugen. Diese „Kopplungsgruppen" führten sie richtig auf die physikalische Position der mutierten Gene auf den vier Chromosomen der Fruchtfliege zurück. Je häufiger zwei Mutationen zusammen vererbt werden, umso stärker sind sie miteinander gekoppelt. Daraus kann man auf den Abstand beider Gene schließen: Es liegt nahe, daß schwach gekoppelte Gene auf dem Chromosom weiter voneinander entfernt sind als stark gekoppelte Gene. Morgans Team war darüber hinaus in der Lage, auf dem jeweiligen Chromosom die Reihenfolge der mutierten Gene abzuleiten. War beispielsweise W mit Y und V eng, Y und V jedoch nicht eng miteinander gekoppelt, lag es nahe, daß W zwischen den beiden anderen Genen lokalisiert war. Anstelle von Mutanten sammelte Whites Team RFLPs und begann, daraus eine Karte der 23 menschlichen Chromosomen zusammenzustellen.

Da es undenkbar ist, menschliche Populationen für Kartierungsexperimente zu kreuzen, muß eine Genkartierung auf die nächstbeste natürliche Möglichkeit zurückgreifen: Das sind sehr große Familien. Die ideale Familie für eine Kartierung besteht aus Vater und Mutter, etwa acht Kindern und allen vier Großeltern. Außer in Utah, der Heimat der Mormonen, findet man kaum noch solche großen Familien. Da Ray

White und seine Mitarbeiter in der Hauptstadt von Utah arbeiteten, kamen sie auf 50 Familien.

Für die meisten Experimente am Menschen verwendet man die DNA von weißen Blutkörperchen. Alles, was man braucht, ist eine Spritze voll Blut. Whites Team isolierte für die eigenen Arbeiten DNA aus diesen Familien und schickte Leukocyten an das CEPH, das Centre d'Étude de Polymorphisme Humaine. Dessen Zentrale liegt in der Nähe des Hôpital St. Louis in Paris, fernab von allen Touristen. Hier im wahren Paris gibt es Cafés, in denen man bereits morgens um sieben Alkohol trinken kann; man hört das Rumpeln der Metro, die Geschäfte sind vollgestopft mit Nahrungsmitteln, man sieht einen malerischen Kanal, und alle paar Meter ziehen sich Rinnsale von Hundeurin quer über das Trottoir.

Das CEPH wird von Jean Dausset, einem Nobelpreisträger, geleitet. Sein Ziel ist es, von großen Familien DNA sowie Informationen zur Kartierung zu sammeln und weiterzugeben. Dadurch ist jeder Wissenschaftler, der beabsichtigt, einen bestimmten Abschnitt des Genoms zu kartieren, in der Lage, dieselben Familien wie alle anderen auch zu untersuchen. Der Vorteil besteht darin, daß man so jeden beliebigen Marker in Relation zu den anderen einordnen kann. Ohne solche Referenzfamilien wäre eine Kartierung äußerst ineffektiv, denn dann müßten Wissenschaftler, die neu in die Kartierung einsteigen, zur Orientierung zunächst sämtliche bereits kartierten Marker an ihren Versuchsfamilien austesten.

Nachdem Ray Whites Gruppe mit der Kartierung begonnen hatte, bekam sie unerwünschte Konkurrenz. Collaborative Research, eine Biotechnologie-Firma aus Massachussetts, wollte mit dieser aufregenden Möglichkeit, krankheitsauslösende Gene zu finden, Geld verdienen. Wissenschaftlich wurde die Firma von Helen Donis-Keller geleitet, einer etablierten Genetikerin, die zu Recht einen guten Ruf genoß. Früher einmal war sie mit David Botstein verheiratet gewesen.

Als Collaborative Research ein großes Kartierungsprojekt aufzog, hatten die Wissenschaftler der Firma freien Zugang zu dem Material aus den CEPH-Familien. In den Jahren 1984/85 war Collaborative Research tief in einen Skandal um das Gen für die cystische Fibrose verstrickt; doch davon später mehr. Er zeigte jedoch deutlich, daß bei Collaborative Research die kommerziellen Beweggründe im Vordergrund standen und die Firma sich über die üblichen wissenschaftlichen Usancen hinwegsetzte. Die Beziehungen zwischen Collaborative Research und Ray White wurden immer angespannter. In der Zwischenzeit hatten beide Gruppen bei der Kartierung enorme Fortschritte gemacht; während jedoch Ray White seine Ergebnisse Chromosom für Chromosom veröffentlichte, bewahrte Collaborative Research aus kommerziellen Interessen Stillschweigen.

Im Oktober 1987 brach Collaborative Research das Schweigen und veröffentlichte einen Artikel in *Cell*, einer hoch angesehenen Zeitschrift. Die nicht gerade bescheidene Überschrift der Arbeit lautete „A genetic linkage map of the human genome"

(„Eine genetische Kopplungskarte des menschlichen Genoms"). Als Autoren firmierten 33 Wissenschaftler, von denen 28 für Collaborative Research arbeiteten. Der Artikel wurde groß angekündigt. Er beschrieb 404 Marker; 306 davon hatte Collaborative Research gefunden. Wollte man den Autoren glauben, deckten diese 95 Prozent des Genoms ab.

Ray White und sein Team reagierten verärgert auf diese Arbeit und auf die Pressekonferenz, in der die Ergebnisse vorgestellt wurden. *Science*, eine andere führende Zeitschrift, schrieb voll Schadenfreude über die „Aufregung um die Karte". Ray White behauptete, die Karte von Collaborate Research sei unvollständig. 60 der 306 Marker von Collaborate Research befänden sich auf Chromosom 7; in dieser Tatsache spiegele sich der fehlgeschlagene Versuch der Firma wider, auf diesem Chromosom das Gen für die cystische Fibrose zu finden und patentieren zu lassen. Auf Chromosom 14 gebe es dagegen lediglich zwei Marker und nur je fünf auf den Chromosomen 19, 21 und 22. Die Karte enthielte zahlreiche Lücken, Bereiche ohne jeden Marker. Ray White wies darauf hin, daß seine Gruppe 470 Marker 60 Familien zugeteilt hatte – im Vergleich zu den 21 Familien, auf die sich Collaborative Research stützte.

Diese Argumente klingen zunächst nach einem typisch akademischen Streit: In Wahrheit ging es jedoch um viel mehr als den Vorrang in der Wissenschaft. Eigentlich drehte sich die Auseinandersetzung darum, welches Motiv Collaborative Research für diese Veröffentlichung hatte, sowie um den ganzen Wirbel, der darum gemacht wurde. Collaborative Research war ein Raubtier im Genomdschungel. Die Firma hatte nur eines im Sinn: Geld. Ihre Wissenschaftler rückten Sonden nur heraus, wenn die Forscher einen bindenden Vertrag unterschrieben. Die Gruppe aus Utah dagegen stellte jedem ihre Marker beziehungsweise die passenden Sonden frei zur Verfügung. Collaborative Research hoffte, Wissenschaftler, die nach Genen suchten, würden ihre Marker verwenden und jedes gefundene Gen würde auch in der Bilanz von Collaborative Research seinen Niederschlag finden. Der Präsident der Firma, Thomas Osterling, hatte in der Vergangenheit davon gesprochen, Patentanträge „für die Sonde sowie für jede andere Sonde zwischen unserer Sonde und dem Gen" zu stellen. Berüchtigt wurde der Ausspruch des geschäftsführenden Direktors, Orrie Friedman: „Chromosom 7 gehört uns!". Es stand zu erwarten, daß diese Propaganda die Kurse für die Aktien von Collaborative Research kräftig in die Höhe treiben würde, selbst wenn die Firma nie ein kommerziell interessantes Gen finden würde.

Der Konflikt zwischen kommerziellen Interessen und akademischer Wissenschaft hat in der Geschichte der genetischen Forschung immer wieder für Diskussionen gesorgt. Im Jahre 1987 kündigte Walter Gilbert von Genome Corporation den ehrgeizigen Plan an, jeden Teil des Genoms patentieren zu lassen, den Wissenschaftler seiner Firma sequenzieren würden. Zur Rechtfertigung bemühte man „das Verhältnis von Geld und Moral". 1991 gab es einen großen Krach, als Harvard und die National Institutes of Health Genfragmente in Form von c-DNA patentieren ließen, die sie zufällig sequenziert hatten. Die Institute beanspruchten die Rechte auf sämtliche Gene, deren Sequenz sie veröffentlicht hatten; und das, obwohl manche Sequenzen unvollständig waren oder nur einen Teil des Gens enthielten und obwohl die Wissenschaftler keine Ahnung von der Funktion der Gene hatten. Der Medical Research Council in Großbritannien folgte widerwillig diesem Verfahren, um seine eigenen Ergebnisse zu schützen.

Glücklicherweise wurde das c-DNA-Patent nicht erteilt. Bis heute hatte noch keines dieser ehrgeizigen und nur vom finanziellen Gewinn diktierten Patentvorhaben Erfolg. Sollte es einmal soweit kommen, wird dies zu einer Katastrophe führen. Nicht deshalb, weil es eine Sünde ist, mit Forschung Geld zu verdienen, sondern weil kommerzielle Interessen den freien Fluß der Information blockieren, wenn sie nicht kontrolliert werden. Ob Wissenschaft höchstes Niveau erreicht, hängt wesentlich davon ab, daß Informationen schnell verbreitet werden; in der Genetik bedeutet das, daß man Material wie beispielsweise die Sonden weitergibt. Es kann sein, daß Ergebnisse bis zu einem Jahr nach ihrer ersten Entdeckung nicht veröffentlicht werden. Diese Verzögerung liegt zum Teil daran, daß die Ergebnisse überprüft und ergänzt werden müssen, zum anderen aber auch daran, daß Verleger und Gutachter sich Zeit lassen. Etwas zu patentieren, dauert nicht lange. Die Firmen wollen aber ihre Investitionen aus kommerziellen Interessen schützen, indem sie sich einen Vorsprung gegenüber ihrer Konkurrenz sichern. Sie sind dann schon einen Schritt weiter, wenn die Konkurrenten zum erstenmal die Ergebnisse erfahren.

Wenn jedes Forscherteam glaubt, seine Ergebnisse so lange wie möglich geheim halten zu müssen, leiden darunter nicht nur ihre Konkurrenten, sondern auch potentielle Mitarbeiter. Wenn ich gerade ein bestimmtes Gen auf Chromosom 1 kartiere und jemand in Deutschland kartiert ein anderes, nicht weit davon entferntes Gen, ist es sinnvoll, daß wir unsere Ergebnisse sowie sämtliche Marker, die wir besitzen, austauschen. Ein erfahrener Wissenschaftler, der ein Jahr benötigt, um eine Serie neuer Punkte auf einer Karte einzuordnen, kann seinen Kollegen dieses Jahr ersparen, wenn er ihnen seine Marker zugänglich macht. Als Lohn für diese Art von Altruismus wird man bestenfalls Coautor auf dem Paper des Kollegen, in den meisten Fällen erhält man allerdings nur eine Danksagung. Gewinnsucht und Patente haben jedoch zur Folge, daß jegliche Zusammenarbeit entfällt; davon hat keiner etwas.

Glücklicherweise ändert sich die Technologie in der Genetik so rasch, daß Gruppen, die sich streiten, häufig den kürzeren ziehen. So hatte sich die Aufregung um die Collaborative Research-Karte kaum gelegt, als die RFLPs bereits durch bessere Marker ersetzt worden waren.

RFLPs haben einen schwerwiegenden Nachteil. Sie sind zwar weit verbreitet, es gibt sie jedoch nur in zwei Zuständen: Entweder sind sie da, oder sie sind nicht da. Das kann man sich am besten mit den Zahlen 1 und 2 vor Augen führen. Selbst wenn die Hälfte einer Bevölkerung 1 wäre und die andere Hälfte 2, würden doch viele Paare heiraten, bei denen beide entweder 1 oder 2 sind. Dann wären aber auch die RFLPs ihrer Kinder alle entweder 1 oder 2. Deshalb gibt es in vielen Familien kein Muster, anhand dessen man die Vererbung anderer Punkte auf der Karte vergleichen könnte.

Gäbe es neben den Polymorphismen der Form 1 und 2 auch noch die Formen 3, 4, 5, 6 und so weiter, brauchte man weniger Familien und Marker zu untersuchen. Eine neu entdeckte Klasse „hypervariabler" (HVR)-Marker enthält sehr viel mehr Polymorphismen als die einfachen RFLPs.

In einem hypervariablen Marker wiederholt sich eine DNA-Sequenz von etwa 30 Nucleotiden mehrere hundertmal. Diese sich wiederholenden Sequenzen bezeichnet man als VNTRs (*variable numbers of tandem repeats*, d.h. „variable Anzahl von unmittelbar hintereinander angeordneten Wiederholungen").

Es kann sein, daß innerhalb dieser repetitiven Einheiten zwischen den Chromosomen Crossover- oder Rekombinationsprozesse stattfinden. Um das zu verstehen, stellen wir uns am besten zwei Ketten mit Plastikperlen vor. Die beiden Ketten reißen etwa in der Mitte, und die beiden gegenüberliegenden Bruchstücke werden ausgetauscht. Die sich ständig wiederholende VNTR-Einheit entspricht dabei einer Perle. Manchmal ist die Anzahl der Perlen, die ausgetauscht werden, nicht gleich; dann haben die Ketten nach vielen Tauschaktionen eine unterschiedliche Länge. Auch VNTRs sind unterschiedlich lang; statt nur einer oder zwei gibt es zehn oder mehr Varianten. Das ist ideal für jeden, der Gene kartieren will, denn Ehepartner besitzen fast immer eine unterschiedliche Anzahl von Wiederholungen.

Einige dieser hochvariablen Bereiche fand man in der Nähe gut charakterisierter Gene. Ein solches Gen gehörte zu einem Teil des Hämoglobins, des Blutfarbstoffs, der Sauerstoff transportiert. Ein anderes war das Gen für Myoglobin, ebenfalls ein sauerstoffspeicherndes Pigment, das man in Muskeln findet. Alec Jeffreys von der Universität von Leicester untersuchte die repetitiven Sequenzen des Myoglobin-VNTR. Aus Neugier überprüfte er, ob es anderswo im Genom noch etwas ähnliches gab. Dabei stieß er auf etwas Wunderbares und Aufregendes.

Jeffreys hatte mit raffinierten Kochkünsten eine Sonde hergestellt, die den Kernbereich einer repetitiven Sequenz des Myoglobin-VNTR erkannte. Zu seiner Überraschung fand er eine ganze Familie ähnlicher VNTRs sowie weitere VNTR-Familien. Jede Familie bestand aus zahlreichen Mitgliedern, die über das gesamte Chromosom verteilt waren. Innerhalb einer solchen VNTR-Familie besaßen alle Mitglieder dieselbe sich wiederholende Kernsequenz; diese war jedoch von Familie zu Familie unterschiedlich. Mit Hilfe von Jeffreys' Sonde sowie anderer Sonden, die unterschiedliche repetitive Sequenzen erkannten, konnte man deshalb in einer einzigen DNA-Probe zahlreiche VNTRs sichtbar machen. Jeffreys konnte mit seinen Sonden ein Muster von DNA-Banden ähnlich dem Strichcode im Supermarkt erzeugen. Jede Bande stammte von einer völlig anderen Stelle auf einem ganz anderen Chromosom.

Das Besondere an diesem Code war, daß nie zwei Personen dasselbe Bandenmuster besaßen.

Jeffreys begriff sofort, daß er damit eine Möglichkeit gefunden hatte, Individuen anhand ihrer DNA zu identifizieren. Diese Identifizierung war tausendmal präziser als es ein Fingerabdruck eines Verbrechers sein konnte. Jeffreys prägte deshalb für diese Technik den Begriff des „genetischen Fingerabdrucks". Darüber hinaus konnte er aus der DNA ablesen, ob zwei Personen miteinander verwandt waren oder nicht; denn beim genetischen Fingerabdruck steuert, ebenso wie bei den Genen eines Kindes, jedes Elternteil eine Hälfte bei.

Diese Entdeckung veränderte schlagartig die Gerichtsmedizin. Läßt ein Verbrecher bei seiner Tat DNA zurück – und sei es nur ein einzelnes Haar – kann man anhand des genetischen Fingerabrucks herausfinden, vom wem dieses Haar stammt, und so den Verbrecher überführen. Deshalb kann man heute in Fällen, in denen das früher unmöglich war, Vergewaltiger und Mörder eindeutig identifizieren.

Zwischen 1986 und 1992 wurden in Großbritannien 100 000 dieser Tests durchgeführt. Darunter waren Vaterschaftstests an 20 000 Jahre alten Mumien; außerdem wurden die Überreste des 1976 verstorbenen Joseph Mengele sowie die im Jahre 1918 ermordete Zarenfamilie identifiziert.

Der genetische Fingerabdruck hat die Entscheidung bei Einwanderungsverfahren wesentlich verändert. Bevor diese Methode angewandt wurde, wurde normalerweise Angehörigen asiatischer Bürger Großbritanniens die Einreise verweigert, weil sie ihre Blutsverwandtschaft mit britischen Bürgern nicht nachweisen konnten. Die Verantwortlichen nahmen stets an, daß die Bewerber falsche Angaben machten. Heute, nur wenige Jahre nach Einführung des genetischen Fingerabdrucks, ist die Zahl der Einwanderer stark zurückgegangen – nicht deshalb, weil alle aufgrund des Fingerabdrucks als Lügner entlarvt wurden, sondern es hat sich im Gegenteil gezeigt, daß die meisten die Wahrheit sagten. Die Zahlen fallen einfach, weil mittlerweile die Warteschlange abgearbeitet worden ist.

Ein Motto der Genetiker lautet „*Pater semper incertum est*": Man ist nie sicher, wer der Vater ist. In dem Maße, in dem RFLP-Untersuchungen und genetischer Fingerabdruck immer breitere Anwendung finden, ist offensichtlich geworden, daß bei den meisten Populationen ein gleichbleibender Anteil der Kinder nicht von ihrem vermeintlichen Vater stammt. Immerhin fünf Prozent von uns sind das Ergebnis einer nicht zugegebenen Liaison! Vielleicht verdanken wir das letztlich einer DNA, der jedes Mittel recht ist, um ihre Gene immer wieder neu kombinieren zu können. Moralisch gesehen ist es tröstlich, daß sich auch andere scheinbar monogame Spezies so verhalten. Konrad Lorenz geriet zwar immer ins Schwärmen über die Treue der Wildgänse, die ihre Partner fürs Leben wählen. Leider zeigt der genetische Fingerabdruck, daß sie nachts genauso häufig im falschen Nest landen wie wir Menschen.

Bei gerichtlichen Auseinandersetzungen geriet der genetische Fingerabdruck vor allem in den Vereinigten Staaten zunehmend unter Druck. Die Angriffe richteten sich zum Teil gegen die statistische Deutung der Ergebnisse. Für eine Jury ist es verständlicherweise problematisch, die Frage, ob jemand schuldig ist oder nicht, mit Hilfe der Statistik entscheiden zu müssen. Reicht beispielsweise eine Wahrscheinlichkeit von 1 000 zu eins aus, um jemanden lebenslänglich ins Gefängnis zu schicken? Beim genetischen Fingerabdruck ist die Wahrscheinlichkeit häufig sehr viel größer als 1 000 zu eins; dennoch kann ein guter Anwalt der Verteidigung in Verbindung mit einem sympathischen geschickten Zeugen jede noch so kleine Unsicherheit ausnutzen. Andererseits wird der genetische Fingerabdruck sicher zu Recht kritisiert, wenn der Test nicht korrekt durchgeführt wurde. Der Strichcode kann verschmiert sein, oder es werden Banden als identisch angesehen, die einander nur ähnlich sind. Hier führt die Wissenschaft Richter und Jury hinters Licht und sorgt letztlich für ungerechte Entscheidungen.

Jeffreys hat, als er die Technik des Fingerabdrucks weiter verbesserte, beide Schwierigkeiten bedacht. Am elegantesten ist es, wenn das Ergebnis des Fingerabdrucks in Form eines binären Codes ausgegeben wird. Dann gleicht er einer riesigen Zahl, die für jeden Menschen einzigartig ist, wobei immer noch jeweils eine Hälfte der Zahl vom Vater und der Mutter stammt.

Jeffreys ursprüngliche Sonden identifizierten überall im Genom Banden. Nachdem er die Basenfolge rechts und links der repetitiven Kernsequenz entdeckt hatte, konnte er aus diesen Banden Marker ableiten, die für bestimmte Chromosomen charakteristisch sind. So hilfreich diese Sonden auch für die Genkartierung sind, es gibt von ihnen nur wenige Exemplare. Man fand aber andere repetitive Sequenzen und andere Arten einer hypervariablen Region (HVR). Ein brillanter japanischer Molekularbiologe, Yusuke Nakamura, entwickelte ein Verfahren, um systematisch neue HVRs zu finden. Er arbeitete fünf Jahre bei Ray White in Salt Lake City und wurde in dieser Zeit zu einer Legende der Genkartierung. Es gibt das Gerücht, er habe im ersten Jahr pro Woche nur fünfzehn Stunden geschlafen. Seine Arbeitswut war mit einem unglaublichen Organisationstalent gekoppelt; diesem Eifer verdanken wir Hunderte der besten Marker im Genom. Die bisher letzten Marker, die entdeckt wurden, sind repetitive Sequenzen aus den Mikrosatelliten. Auch in ihnen wiederholt sich eine bestimmte Gensequenz sehr häufig – sie besteht jedoch nur aus zwei bis drei Basen. Die häufigsten Basen sind C und A, zehn- bis dreißigmal hintereinander. Mikrosatelliten sind extrem weit verbreitet: Etwa 60 000 von ihnen gibt es im Genom. 1993 erstellte Mark Lathrop, ein früherer Mitarbeiter von Ray White, zusammen mit Jean Weissenbach aus 800 Mikrosatelliten eine Karte der „zweiten Generation". Bis Ende 1993 war diese Zahl auf einige Tausend angewachsen. Mittlerweile braucht man nur noch ein paar neue Marker, um die Lücken zu füllen. Damit kann man sagen, daß die Genkarte fast fertig ist.

Das bedeutet jedoch nicht, daß bereits das gesamte Genom erforscht wäre. Selbst 1994 waren erst 4000 der 100000 menschlichen Gene bestimmten Chromosomen zugeordnet. Die Zahl der lokalisierten Krankheitsgene ist noch wesentlich geringer: Erst etwa 900 Krankheiten konnten auf einem bestimmten Chromosom kartiert werden; und nur bei 150 sequenzierten Genen stieß man auf Mutationen. Das ist nicht viel, wenn man bedenkt, daß 3500 Erbkrankheiten bekannt sind.

Die Karte ist dann fertig, wenn man jede Stelle im Genom von einem bekannten Punkt der Karte aus erreichen kann und alle Chromosomen kontinuierlich abgedeckt sind. Praktisch bedeutet das, daß dann jedes Gen oder jede Erbkrankheit auf seinem Chromosom richtig lokalisiert werden kann. Damit kann die große Jagd auf Gene beginnen.

Bevor wir uns auf die Reise ins Genom begeben, sollten wir noch verstehen lernen, wie Molekulargenetiker ein Gen in einem Reaktionsgefäß isolieren. Sie machen das, indem sie das Gen klonieren. Schriftsteller benutzen dieses Verfahren meist, um ganze Heerscharen finsterer Gestalten, von Dinosauriern bis zu Nazi-Größen, wieder auferstehen zu lassen. Obwohl das Klonieren bei weniger furchterregenden Lebensformen angewandt wird, ist es ein faszinierender Vorgang.

Die Klonierungstechnik wurde vor nur 20 Jahren in San Francisco erfunden. Sie steht in einer Reihe mit wissenschaftlichen Leistungen, die eine zukünftige Geschichtsschreibung veranlassen werden, Parallelen zwischen dem Kalifornien der zweiten Hälfte dieses Jahrhunderts und England zur Zeit der industriellen Revolution zu ziehen. Damals ergaben sich aus technischen und wissenschaftlichen Entwicklungen Veränderungen, die das Schicksal der Menschheit für immer verändert haben.

Zwei unterschiedliche Forschungsrichtungen führten zur Klonierung. Die erste entwickelte sich aus Untersuchungen an Bakterien. Das erste Antibiotikum, das eingesetzt wurde, um Infektionen zu bekämpfen, war Penicillin: Das war 1941 im Radcliffe-Krankenhaus in Oxford. Nach dem Krieg wurde es überall auf der Welt üblich, Antibiotika einzusetzen, und augenblicklich scheint es so, als würde die Menschheit die Schlacht gegen bakterielle Infektionen gewinnen. Da sich Bakterien in ihrer Empfindlichkeit gegenüber Antibiotika unterscheiden, haben Ärzte Tests auf bakterielle Resistenzen entwickelt. Diese Resistenz ist eine genetische Eigenschaft; sie ist in den Genen dieser Bakterien verankert. Mikrobiologen lassen Bakterien infizierter Patienten routinemäßig auf Platten mit einem festen Nährmedium wachsen. Die Bakterien werden ausgestrichen, so daß sie sich überall auf der Platte vermehren. Dann tropft man ein Antibiotikum auf die Platte und mißt die Empfindlichkeit daran, ob sich um den Tropfen herum eine klare bakterienfreie Zone bildet. Der

Mikrobiologe kann dann den Arzt beraten, wie er seinen Patienten am besten behandeln soll.

Bakterien besitzen nur ein Chromosom. Man nahm deshalb an, man würde sämtliche Bakteriengene in diesem einzigen DNA-Knäuel finden. Bei der Untersuchung von Infektionen ergab sich dann jedoch, daß Bakterien ihre Antibiotikaresistenz auf andere Bakterien übertragen können. Sie benutzen dafür jedoch nicht die übliche Art, Gene auszutauschen, die bei uns besser unter dem Begriff Sex bekannt ist. Es war ein großes Geheimnis, wie die Gene von einem Bakterium zum anderen gelangen.

Durch die Entdeckung der Plasmide wurde das Rätsel gelöst. Anfänglich bezeichnete man diese DNA-Ringe als R- oder Resistenz-Faktoren. Sie enthalten nur zwei oder drei Gene und sind vollkommen unabhängig von den Genen auf dem Chromosom des Bakteriums. Ein Bakterium besitzt zwar nur ein Chromosom, kann aber zahlreiche Plasmide enthalten. Sind die Bakterien geschädigt oder gestreßt, ist es für Plasmide recht einfach, in sie einzudringen. Sie bieten so den Bakterien eine einfache Möglichkeit, ihre Gene für die Antibiotikaresistenz weiterzugeben.

Stanley Cohen arbeitete Anfang der 70er Jahre an der Medical School der Universität von Stanford, als er einen mutierten R-Faktor entdeckte, der seine Resistenz gegenüber dem gebräuchlichen Antibiotikum Tetracyclin verloren hatte. Mit elektronenmikroskopischen Aufnahmen konnte Cohen zeigen, daß das Gen für die Tetracyclinresistenz auf dem Plasmid von einem DNA-Stück unterbrochen wurde, das entgegengesetzt orientiert war. Das veranlaßt ihn zu weiteren Experimenten, bei denen er versuchte, andere DNA-Stücke in die Plasmide einzusetzen oder daraus zu entfernen. Unglücklicherweise gab es nur eine einzige Methode, DNA zu zerstückeln: Er mußte sie buchstäblich zerschlagen und mit einer Art Mixer in kleine Stücke hakken. Manchmal gelang es Cohen, aus dem dabei entstandenen Gewirr von Bruchstükken Plasmide mit interessanten Eigenschaften zu rekonstruieren; das Verfahren war jedoch äußerst ineffektiv.

Im nahegelegenen Medical Centre von San Francisco untersuchte Herb Boyer Restriktionsenzyme, dieselben Enzyme, mit denen man später die RFLPs für die Genkarte herstellte. Boyer analysierte gerade ein Enzym aus dem Darmbakterium *Escherichia coli* – auch kurz *E. coli* genannt. Dieses Bakterium produziert zahlreiche Restriktionsenzyme. Boyer interessierte sich jedoch für das erste, das gefunden wurde, das sogenannte *Eco*RI. 1972 benutzten Boyer und sein Team eine äußerst primitive Form der DNA-Sequenzierung, um herauszubekommen, wo *Eco*RI die DNA schneidet. Sie konnten zeigen, daß *Eco*RI immer dieselbe Sequenz schneidet; vorwärts gelesen lautete sie TGAATTCT.

Da die DNA aus zwei zueinander komplementären Strängen besteht, in denen jeweils die Basen T und A sowie C und G gepaart sind, lautet die Sequenz, die *Eco*RI auf dem anderen Strang schneidet, ACTTAAGA. Beide Stränge zusammen ergeben folgendes Bild:

...TGAATTCT...
...ACTTAAGA...

Auf dem Gegenstrang bedeutet „vorwärts" natürlich, daß man in die entgegenge-setzte Richtung gehen und anstatt von links nach rechts von rechts nach links lesen muß. Liest man dementsprechend den zweiten Strang von rechts nach links, lautet die Sequenz AGAATTCA; ihre mittleren sechs Buchstaben stimmen mit denen des oberen Stranges überein: Um mit Boyers Worten zu sprechen, die er und seine Mit-arbeiter bei der Veröffentlichung ihrer Ergebnisse benutzten: „Das Hervorstechendste an dieser Sequenz ist ihre Symmetrie".

War die Symmetrie schon interessant, so war doch das Faszinierendste die Stelle, an der das Enzym schnitt, nämlich zwischen G und AATT:

...TG*AATTCT...
...ACTTAA*GA...

Die beiden geschnittenen Enden sahen dementsprechend folgendermaßen aus:

...TG   AATTCT...
...ACTTAA   GA...

Bei dieser Art zu schneiden entstanden zwei Fragmente mit jeweils komplemen-tären Sequenzen aus As und Ts, die jedoch jeweils auf einem der beiden Stränge un-gepaart blieben. Diese „klebrigen Enden" konnten erneut aneinander oder an irgend-ein anderes DNA-Stück binden, welches mit demselben Enzym geschnitten worden war. Seit 1973 wurden außer *Eco*RI noch zahlreiche andere Restriktionsenzyme ge-funden. Viele schneiden ähnlich und erkennen auf beiden DNA-Strängen palindro-mische Sequenzen.

Ein Jahr später veröffentlichten Boyer und Cohen den Artikel, der die genetische Revolution auslöste: Sie öffneten mit Hilfe von *Eco*RI Plasmidringe. Da dieses Enzym das Plasmid nur einmal schneidet, wurden die Ringe dadurch linearisiert.

Sich selbst überlassen schlossen sich die beiden klebrigen Enden wieder zu einem Ring. Boyer und Cohen schnitten jedoch auch die DNA anderer Organismen mit *Eco*RI und erzeugten so zahlreiche Fragmente verschiedener Größe mit jeweils zwei klebrigen Enden. Im Durchschnitt waren die Fragmente alle groß genug, um ganze Gene zu enthalten. Mischten die Wissenschaftler die Bruchstücke mit den offenen Plasmiden, wurde manchmal eines der Fragmente in den Plasmidring eingebaut. Solch ein künstliches Plasmid mit einem Gen neu zusammengesetzter, „rekombinier-ter" DNA wurde als Chimäre oder Hybrid bezeichnet.

In der griechischen Sagenwelt war die Chimäre ein Monster mit dem Kopf eines Löwen, dem Körper einer Ziege und dem Schwanz einer Schlange. Als Hybrid bezeichnete man ursprünglich einen Mischling, der von einem Hausschwein und einem wilden Eber gezeugt worden war. Ich persönlich ziehe es vor, mir den Genom-Dschungel mit exotischen und schreckenerregenden Chimären bevölkert vorzustellen als mit kräftigen Schweinen.

Von seinen früheren Arbeiten her wußte Cohen, daß Plasmide leicht in undichte Bakterien eindringen können. Man konnte sie ganz einfach durchlässig machen, indem man sie erhitzte oder in eine Salzlösung pipettierte. Boyer und Cohen gelang es, im Reagenzglas erzeugte chimäre Plasmide erneut in lebende Bakterien einzuführen. Befand sich das Plasmid erst wieder in einem Bakterium, verdoppelte es sich wie ein normales Plasmid und stellte zahllose Kopien von sich her.

EcoRI schnitt Cohens Plasmid zufällig im Gen für die Tetracyclinresistenz. Bakterien, die chimäre Plasmide enthielten, verloren daraufhin ihre Resistenz gegenüber dem Antibiotikum. Daran konnte man sofort erkennen, welche Bakterien rekombinante Moleküle und welche nur das ursprüngliche Plasmid enthielten.

Unter idealen Bedingungen – also in der Wärme eines Inkubators und wenn sie in einer Nährlösung geschüttelt werden – verdoppeln sich Bakterien alle paar Minuten. In einem Bakterium werden so aus fünf Kopien eines chimären Plasmids in fünf Minuten zehn Kopien; in zehn Minuten sind es bereits zwanzig, in fünfzehn vierzig, in dreißig 320, in einer Stunde 20 000 Kopien und so weiter. Am nächsten Morgen enthalten die Bakterien in der Nahrlösung Milliarden identischer chimärer Plasmide.

Man kann die Plasmide aus dieser Bakterienbrühe einfach abtrennen und das Gen aus dem chimären Plasmid mit *Eco*RI herausschneiden. Auf diese Weise gelang es zum ersten Mal, ein Gen in einem Reaktionsgefäß zu isolieren, es in gewünschtem Umfang zu vermehren und zu ernten.

Boyer und Cohen hatten die Maschinerie des Lebens in ihren Dienst gestellt und die Klonierung erfunden. Die ersten Gene, die in einem Plasmid künstlich vermehrt wurden, waren ribosomale Gene. Sie sind für die Produktion der Zellproteine erforderlich und wurden für die Klonierung ausgewählt, weil sie häufig in Zellen vorkommen und deshalb einfach zu isolieren sind. Weitere Gene sollten bald folgen.

Bei der Gentechnik werden klonierte Gene verändert. Cohens Plasmid war sehr einfach. Es enthielt das Gen für die Tetracyclinresistenz sowie eine Sequenz, die es dem Plasmid ermöglichte, sich wie ein normales Plasmid zu verdoppeln – das war's im wesentlichen. Seit 1973 wurden immer raffiniertere Plasmide gentechnisch hergestellt. Es wurden Bereiche eingesetzt, um mit Hilfe zahlreicher anderer Restriktionsenzyme klonieren zu können, und zusätzliche Gene, die anzeigen, ob ein DNA-Fragment erfolgreich eingebaut wurde oder nicht. Man kann für die Klonierung aber auch andere Arten von DNA verwenden. Sie alle werden unter dem Begriff „Vektoren" zusammengefaßt. Ein optimaler Vektor faßt soviel DNA wie nur möglich. Plasmide enthalten dagegen nur einige tausend Basenpaare. Eine andere Art von Vektoren sind die Viren, sogenannte Phagen. Sie können zehnmal soviel DNA aufnehmen wie ein Plasmid. In jüngster Zeit wurden noch komplizertere Vektoren entwickelt. Ihre Krönung sind die YACs (*yeast artificial chromosomes*) – „künstliche Hefechromosomen", in denen man bis zu einer Million Basenpaare DNA klonieren kann.

Eine wichtige Weiterentwicklung waren Vektoren, die klonierte Gene exprimieren können. Kloniert man ein Gen in einen solchen „Expressionsvektor", kann das Gen sein normales Protein herstellen. Bakterien mit solchen Vektoren gleichen einer Proteinfabrik, die von dem neu eingeführten Gen gesteuert wird.

Das erste medizinisch bedeutsame Gen, das kloniert und exprimiert wurde, war das Gen für das menschliche Insulin. Vor seiner Klonierung waren Diabetiker von einem Insulin abhängig, das aufwendig aus Bauchspeicheldrüsen von Schweinen und Kühen extrahiert werden mußte. Das Schweine- und Rinderinsulin unterscheidet sich etwas vom menschlichen Insulin. Deshalb sprachen einige Diabetiker bald gar nicht mehr darauf an oder waren dagegen allergisch, so daß das Insulin keine entsprechende Wirkung mehr zeigte. Mit der Klonierung des Gens steht nun unbegrenzt reines menschliches Insulin zur Verfügung.

Bis heute sind erst wenige menschliche Gene kloniert; noch geringer ist die Anzahl, die direkt für die Behandlung von Krankheiten benutzt wird. Diese wenigen Fälle sind jedoch spektakulär. Erythropoetin, kurz EPO, ist ein Hormon, welches die Bildung der roten Blutkörperchen anregt. Normalerweise stammt EPO aus der Niere. Menschen mit Nierenversagen leiden unter einer schrecklichen Anämie; sie fühlen sich furchtbar müde und schwach. Eine Dialyse entfernt zwar effizient Toxine aus dem Blut, verbessert den anämischen Zustand jedoch nur bedingt. Durch EPO hat sich das Leben dieser Menschen grundlegend geändert, denn EPO heilt ihre Anämie. Sein Umsatz liegt weltweit bei etwa einer Milliarde Dollar pro Jahr. Beim Wachstumshormon, das eingesetzt wird, um kleinwüchsige Kinder zu behandeln, liegen die Einnahmen bei einem Viertel dieses Betrages. TPA ist ein normales Protein, das die Auflösung von Blutgerinnseln fördert. Kloniertes TPA trägt dazu bei, die bei einem Verschluß der Herzkranzgefäße auftretenden Schäden am Herzen zu reduzieren. Darüber hinaus garantiert es den Herstellern ein Einkommen von Hunderten von Millionen Dollar pro Jahr.

Als Boyer begriff, was er gefunden hatte, feierte er seine Entdeckung in einer Bar in San Francisco. Dort traf er einen jungen Anwalt namens Robert Swanson. Beide kamen ins Gespräch, und Boyer erzählte Bob Swanson, er habe gerade die Klonierungstechnik entdeckt. Swanson fand die Idee gut und sagte, sie sei Gold wert. Daraufhin gründeten die beiden die erste Biotechnologiefirma, die heute riesige Genentech.

Das Einkommen von Genentech liegt heute bei über einer halben Milliarde Dollar pro Jahr. Die Hälfte davon steckt die Firma in Forschung und Entwicklung; ihre Wissenschaftler stehen, was die Anzahl der Veröffentlichungen in führenden wissenschaftlichen Journalen angeht, ihren Kollegen an zahlreichen Universitäten in nichts nach. Die Firmenzentrale erstreckt sich über eine riesige Fläche mit Ausblick auf die ruhige Bucht von San Francisco. Zum Wagenpark gehören zahlreiche Porsches. Am Ende der Woche findet jeweils eine „happy hour" statt, in der das Genentech-Team auf die Gründung seiner Firma anstößt.

Auf dem Genentech-Gelände liegt die Fertigungsanlage, in der aus Genen gentechnisch hergestellte Proteine gewonnen werden. Menschliche Gene lassen sich nicht gut in Bakterien exprimieren. Deshalb kloniert man sie in Hefe- oder Säugerzellen. Ein Bierbrauer würde sich in der Genentech-Anlage vollkommen zu Hause fühlen. Überall riecht es nach Hefe – ein deutlicher Fortschritt, wenn man an die Gerüche denkt, die *E. coli* früher verbreitet hat. Das ganze Gebäude ist voll von riesigen Fässern aus rostfreiem Stahl. Im jedem dieser Bottiche werden tausende Liter Nährlösung gerührt, erwärmt und von Gasen durchströmt, damit die Zellen und ihre gentechnisch hergestellten Proteine wachsen. Das ganze Areal wird hypersteril gehalten: Bei einer bakteriellen Kontamination würden Millionen Dollar im wahrsten Sinne des Wortes den Bach 'runter gehen. Am Ende wird das reine Proteinprodukt eines 10 000-Liter-Fermenters eher in Gramm als in Kilogramm gemessen. Es ist also kein Wunder, daß gentechnisch hergestellte Proteine teuer sind.

Genentech ist ein Traum, das Höchste, was Genetik zu bieten hat. Manch ein Genjäger hofft sicher zu Beginn seines Abenteuers, am Ende seiner Reise in der wärmenden Sonne Kaliforniens sein eigenes Genentech zu finden.

Kapitel 5

Die große Hatz

Zunächst erhoffte man sich von der Genkarte lediglich, die genetische Konstitution eines Menschen besser diagnostizieren zu können. Sobald sich jedoch abzeichnete, daß es möglich sein würde, eine Genkarte des Menschen zu erstellen, entstanden viel ehrgeizigere Pläne: Jetzt sollte man ein mutiertes Gen aufgrund der Kenntnis seiner Position auf der Karte orten können. Das war das Gegenteil der traditionellen Art, Krankheiten und auslösendes Gen miteinander zu verknüpfen. Normalerweise klonierte man erst ein Gen und fand dann Mutationen, auf die man die Krankheit zurückführen konnte. Der neue Ansatz wurde etwas verwirrend als „reverse Genetik" bezeichnet. Die reverse Genetik war deshalb „revers", weil man von der Krankheit in den Familien ausging, dann eine Position auf einem Chromosom ansteuerte und dort das gesuchte Gen finden konnte. Mittlerweile bezeichnet man die reverse Genetik als „Positionsklonierung"; diese Bezeichnung beschreibt besser, wie Krankheitsgene lokalisiert und isoliert werden.

Das Attraktive an der Positionsklonierung ist vor allem, daß sie vollkommen logisch ist. Über die Lokalisation der Krankheit findet man unausweichlich das entsprechende Gen, selbst wenn über das Gen vorher überhaupt nichts bekannt ist. Mit einer guten Genkarte und einer ausreichenden Anzahl von Familien läßt sich der Bereich, in dem das Gen enthalten sein muß, auf etwa eine Million Buchstaben des genetischen Codes eingrenzen. Obwohl ein Gen normalerweise aus einigen tausend Buchstaben des genetischen Codes besteht, schien es in den frühen 80er Jahren niemanden zu stören, daß keiner so recht wußte, wie man diese Basen unter den Millionen anderen Basen herausfinden sollte.

Zuerst peilte man mit der reversen Genetik folgende drei Krankheiten an: Muskeldystrophie, cystische Fibrose und die Huntington-Krankheit. Bald darauf wurde diese Liste um eine vierte Krankheit erweitert, die adulte polycystische Nierenerkrankung (APKD, *adult polycystic kidney disease*).

All diese Krankheiten zeigen familiäre Muster, wie sie Mendel in Erbsen und Morgan in seinen Fruchtfliegen gefunden hatten. An ihnen erkranken eine erhebliche Anzahl von Menschen. In den meisten Fällen kann man einfach erkennen, wenn jemand unter einer dieser Krankheiten leidet; schwieriger ist es dagegen manchmal, herauszubekommen, wer nicht erkrankt ist. Diese Krankheiten werden allgemein als

Ein-Gen-Krankheiten bezeichnet, da man annimmt, daß sie alle von einfachen Mutationen in bestimmten Genen ausgelöst werden. Keiner konnte damals ahnen, mit wie vielen zur Bescheidenheit mahnenden Überraschungen die Wirklichkeit noch aufwarten würde.

Das Zeitalter der reversen Genetik begann praktisch mit Forschungen an der Duchenne-Form der Muskeldystrophie (DMD). Diese Krankheit befällt kleine Jungen, wenn sie ihre ersten Gehversuche machen. Erste Anzeichen sind häufig, daß die Kinder nicht mehr aus der Hocke hochkommen und an der Stelle, wo sie gespielt haben, zu Boden fallen. Hält die Schwäche an, sucht der Körper dies zunächst dadurch zu kompensieren, daß seine Muskeln größer werden; diesen Prozeß bezeichnet man als Hypertrophie. Später werden die Muskeln nach und nach abgebaut. Kinder mit DMD sind intellektuell und auch sonst vollkommen normal. Deshalb ist es besonders schrecklich, daß sie ab dem zehnten bis zwanzigsten Lebensjahr völlig auf den Rollstuhl angewiesen sind. Einige Jahre später sterben sie an Lungen- oder Herzversagen.

Die Duchenne-Muskeldystrophie zeigt ein bestimmtes Vererbungsmuster: Die Jungen erkranken, ihre Schwestern dagegen übertragen zwar die Krankheit, zeigen jedoch nur schwache bis gar keine Symptome. Das bedeutet, daß DMD wie Hämophilie geschlechtsgekoppelt vererbt wird. Ein solches Vererbungsmuster tritt auf, wenn das Gen, das die Krankheit auslöst, auf dem X-Chromosom lokalisiert ist; deshalb bezeichnet man derartige Krankheiten auch als X-gekoppelt. Jungen besitzen neben ihrem Y-Chromosom nur ein X-Chromosom. Ist dieses X-Chromosom defekt, erkranken sie. Die Mädchen bleiben dagegen gesund, da sie ein zweites X-Chromosom besitzen, das den Fehler kompensieren kann.

1980 erkannte man, daß es zwei Formen der X-gekoppelten Muskeldystrophie gibt, die Duchenne- und die Becker-Form. Die letztere verläuft leichter, und diejenigen, die darunter leiden, leben jahrzehntelang relativ unbehelligt. Die klinischen Unterschiede der beiden Syndrome ließen vermuten, daß sie von zwei unterschiedlichen Genen verursacht werden.

Da die Muskeldystrophie an das X-Chromosom gekoppelt ist, konnte sich die Suche nach der Mutation ganz auf dieses Chromosom konzentrieren. Das X-Chromosom enthält weniger als vier Prozent des Genoms, was eine beträchtliche Erleichterung bedeutete. Es gab jedoch noch einen zweiten Faktor, der erheblich zur Entdeckung des DMD-Gens beitrug. Bei den Jungen, die an DMD erkrankten, fand man vereinzelt Brüche in den X-Chromosomen. Dies erlaubte den Schluß, daß die Brüche der eigentliche Auslöser dieser Krankheit waren; entweder zerstörten sie das Gen direkt oder sie kamen ihm so nah, daß sie seine Funktion beeinträchtigten.

Die Cytogenetik – der Wissenschaftszweig, der sich mit Chromosomenanomalien beschäftigt – ist beim Menschen seit zwanzig und bei Pflanzen bereits seit fünfzig Jahren gut etabliert. Man konnte daher aufgrund des Bruchmusters die Region ein-

grenzen, die das Muskeldystrophie-Gen enthalten mußte. Erste Hypothesen zur Lokalisierung dieses Gens tauchten bereits 1979 nach Untersuchungen der anomalen
Chromosomen auf; damals vermutete man das Gen auf dem kurzen Arm des Chromosoms.

In den meisten Fällen von Muskeldystrophie waren jedoch keine Chromosomenbrüche zu entdecken. Man konnte deshalb nicht einfach davon ausgehen, daß die
Krankheit durch einen bestimmten Bruch ausgelöst wurde; die Brüche konnten ebenso nur eine zufällige Begleiterscheinung sein. Um die Position des DMD-Gens ab-
zusichern, mußten zahlreiche Chromosomen auf Brüche untersucht werden. Da die
Duchenne-Muskeldystrophie jedoch nur einen von 5 000 Jungen befällt, gab es selbst
in großen Kliniken zu wenig Patienten mit anomalen Chromosomen, um die DMD
exakt lokalisieren zu können. Daher waren die Wissenschaftler gezwungen, zusam-
menzuarbeiten und für das Allgemeinwohl auf ihre üblichen Konkurrenzkämpfe zu
verzichten.

Die Untersuchung von Chromosomenbrüchen war noch eine Methode der alten
Genetik. Für die Kartierung der Duchenne-Muskeldystrophie wurden erstmalig auch
die neuen DNA-Marker und RFLPs eingesetzt. In dieser Technologie war England
1982 führend, besonders dank Kay Davies, die damals zusammen mit Bob Williamson am St. Mary's Hospital arbeitete. Später benutzte Williamson diese neue Methode
für seine Suche nach dem Gen für die cystische Fibrose. Kay beeindruckte auf ihrer
ersten großen Konferenz einen ehrwürdigen Professor mit ihren langen blonden Haaren, mit denen sie wie Alice im Wunderland aussah. Wie so oft trog der Schein auch
hier, denn Kay besitzt unter ihrem blonden Schopf einen messerscharfen Verstand.
Mittlerweile ist sie unbestritten die Königin des X-Chromosoms, und Großbritanni-
en verdankt seine Fortschritte auf dem Gebiet der Molekulargenetik nicht zuletzt
ihren Fähigkeiten.

Mit der Zeit wiesen immer mehr cytogenetische Studien und RFLP-Kartierungen
ganz offensichtlich auf die sogenannte Region Xp21 des X-Chromosoms hin. Anfang
1986 sah es so aus, als wäre die Entdeckung des Gens nur noch eine Frage weniger
Wochen. Sue Kenrick, Postdoc in Kay Davies Labor in Oxford, sprach im Juni völlig
im Ernst von „weit zurückliegenden Ereignissen aus dem Januar". Dieser Fortschritt
beruhte auf einer Zusammenarbeit. Bei der Suche nach dem Gen kam es zu einer
beispiellosen wissenschaftlichen Kooperation. Ein wichtiger Artikel in *Nature* vom
Juli 1986 brachte es auf 75 Autoren. Es wäre zynisch zu behaupten, eine solche Anzahl
von Wissenschaftlern hätte nur deshalb zusammengearbeitet, weil es nicht anders
ging. Doch keine der Gruppen verfügte über genügend Geld oder Familien, um das
Gen allein finden zu können. Ohne Zusammenarbeit war an Fortschritt nicht zu
denken. Aus welchen Motiven auch immer, die Wissenschaft profitierte enorm von
dieser Kooperation.

Im Anschluß an diesen *Nature*-Artikel geriet die Forschung jedoch offenbar in
eine Sackgasse. Die Befunde aus den Chromosomenbrüchen zeigten, daß dieselben
Symptome auch von weit entfernten Brüchen ausgelöst werden konnten. Dabei handelte es sich um eine Entfernung von zwischen zwei und fünf Millionen Basenpaaren,
während sich die meisten bekannten Gene nur über ein paar tausend Basenpaare
erstrecken. Man versuchte deshalb, dieses Phänomen mit einer Reihe höchst unwahr-
scheinlicher Ereignisse zu erklären – darunter auch mit Brüchen innerhalb von Brüchen. Keiner glaubte jedoch wirklich daran. Es war unklar, wie es weitergehen sollte.

Durch einen Bericht aus Boston wurde die Misere schlagartig beendet. Lou Kun-
kel war zwar einer der Leiter der gemeinsamen Initiative, hatte jedoch auch seine
eigenen Projekte und Ideen nicht aus den Augen verloren. In weiser Voraussicht
waren die Wissenschaftler stillschweigend übereingekommen, daß jedes Labor seine
eigenen Ziele verfolgen konnte, solange das nicht auf Kosten der anderen Gruppen
ging.

Kunkels Gruppe hatte einen anderen Ansatz gewählt, um das Gen zu finden. Tony
Monaco aus Kunkels Labor hatte eine Genbank aus Muskel-m-RNA angelegt. Die
m-RNA einer bestimmten Zelle enthält nur die aktiven Gene; all die sonderbaren
Sequenzen, die sich sonst noch in der DNA befinden, fehlen. Aus verschiedenen
Gründen wird die RNA, bevor man aus ihr eine Genbank erstellt, in die komple-
mentäre DNA (c-DNA) umkopiert. Eine Genbank besteht aus Millionen von c-DNA-
Molekülen, die alle in einzelnen Bakterien kloniert wurden. Daraus kann man ein
einzelnes Bakterium – das heißt einen einzelnen Klon – isolieren, es vermehren und
Milliarden Kopien dieses einen Gens produzieren.

Monacos Genbank enthielt deshalb vor allem Muskelgene; aber auch viele tausend
„Haushalts"-Gene. Diese sind in den meisten Zelltypen für den Grundstoffwechsel
verantwortlich. Die Schwierigkeit bestand darin, aus all diesen Genen in der Genbank
das Gen für die Muskeldystrophie zu isolieren. Monaco wußte, daß dieses Gen aus
der Region Xp21 stammen mußte und sich wahrscheinlich in seiner Genbank befand.
Doch für sich genommen reichte keine der beiden Informationen aus, um das Gen
isolieren zu können.

Die Lösung war im Prinzip einfach; sie war jedoch nur äußerst schwer umzusetzen,
da das eine geheimnisvolle molekulare Kocherei erforderte. Monaco nahm DNA-
Segmente, die aus der Muskeldystrophieregion Xp21 isoliert worden waren und suchte in seiner Muskel-Bank nach einem entsprechenden c-DNA-Klon. Er hatte Erfolg
und fand einen Klon, der zu der DNA von Xp21 paßte. Damit hatte er endlich das
Gen für die Muskeldystrophie entdeckt. Die reverse Genetik hatte ihre Feuerprobe
bestanden. Jetzt war alles möglich.

Der Klon enthielt jedoch nur einen Teil des Gens, die Gesamtstruktur mußte mühsam aus verschiedenen Genbanken und Klonen zusammengesetzt werden. Das Bild,
das dabei von dem Gen entstand, war bizzar: Es ist größer als alle bisher bekannten

Gene und hundertmal größer als die meisten normalen Gene. Es war so groß, daß sogar andere Gene darin Platz fanden. Damit war auch das Geheimnis der Karte gelöst: Muskeldystrophie kann auch von Brüchen, die zwei Millionen Basen voneinander entfernt sind, ausgelöst werden, weil sich beide immer noch innerhalb desselben Gens befinden.

Das DMD-Gen liefert ein Protein namens „Dystrophin". Kunkels Gruppe entdeckte, daß Dystrophin in den Muskeln erkrankter Jungen fehlt; bei gesunden ist es dagegen vorhanden. Dystrophin wirkt als eine Art Anker zwischen den kontraktilen Elementen der Muskelzelle und den Zellwänden. Ohne Dystrophin reißen die kontraktilen Proteine von den Wänden ab, schädigen so die Muskelzelle weiter und führen letztlich zu ihrem Tod. Interessanterweise fand man, daß das Gen außer im Muskel auch noch in anderen Geweben exprimiert wird – vor allem im Gehirn. Das läßt vermuten, daß in diesen Geweben andere Teile des Gens exprimiert werden und daß die Natur ein Gen benutzt, um mehrere Proteine herzustellen. Welche Funktion diese anderen Proteine haben, ist jedoch noch rätselhaft.

Der erste Leidtragende einer Genjagd hieß Becker. Er hatte sein Syndrom im Jahre 1957 beschrieben, lange nach Duchennes Veröffentlichung aus dem Jahre 1868. Als sich herausstellte, daß die tödliche Duchenne-Dystrophie und die leichte Form der Becker-Dystrophie nur unterschiedliche Mutationen desselben Gens waren, wurde Duchennes Name als Krankheitsbezeichnung beibehalten, der Name Becker blieb dagegen auf der Strecke.

Bevor das DMD-Gen gefunden wurde, hätte sich keiner träumen lassen, daß ein Protein wie das Dystrophin existieren oder gar ein Rolle spielen könnte. Die Suche nach dem Muskeldystrophie-Gen war die erste große Jagd auf Gene: Sie zeigte, daß das ungewöhnliche Verfahren der reversen Genetik im großen ganzen funktionierte – zumindest innerhalb der relativ sicheren Grenzen des X-Chromosoms.

Die Zukunft schien rosig. Schon erwarteten wissenschaftliche Beobachter den nächsten großen Coup der neuen Genetik, die Entdeckung des Gens für die cystische Fibrose.

Die cystische Fibrose (CF) ist eine Kinderkrankheit. Kinder mit CF sind von Geburt an unfähig, normale Sekrete zu bilden. Das betrifft zum einen ihren Schweiß, der sehr salzig ist. Ein erstes Anzeichen der cystischen Fibrose ist möglicherweise, wenn die Mutter darüber klagt, die Haut ihres Kindes „schmecke sonderbar". Auch die Sekretion der Bauchspeicheldrüse ist so beeinträchtigt, daß erkrankte Kinder ihre Nahrung nicht richtig resorbieren können und dadurch im Wachstum gestört sind. Tatsächlich nahm man ursprünglich an, die cystische Fibrose sei vor allem eine Erkrankung der Bauchspeicheldrüse. Manchmal ist der Darm der Kinder bei der Geburt blockiert. Erkrankte Männer sind normalerweise unfruchtbar. Die meisten Defekte kann man behandeln, einen jedoch nicht: Der Schleim verklebt hoffnungslos die Lungen.

In normalen Lungen sind die Atemwege wie bei einem Baum verzweigt. Da, wo die Äste des Baumes so klein werden, daß man sie kaum noch erkennen kann, münden sie in Milliarden von Luftsäckchen, die zusammen eine Fläche von der Größe eines Tennisplatzes ergeben. Dieses riesige Terrain ist nötig, um genügend Sauerstoff in den Blutstrom aufnehmen und Kohlendioxid ausatmen zu können.

Die Luft, die wir atmen, besteht nicht einfach aus einer Mischung reiner Gase. Jedes Kind, das in einem abgedunkelten Raum einen Lichtstrahl beobachtet hat, weiß, daß die Luft voller Staub ist und zahlreiche Partikel enthält. Zu den Schadstoffen, die in unseren Wohnungen am häufigsten anzutreffen sind, gehören Schuppen von Menschen und Tieren, Bakterien, Pollen sowie Teile von Milben. Selbst in der reinsten Landluft gelangen mit jedem Atemzug Millionen Teilchen in unsere Lungen.

Um mit diesen Verunreinigungen fertig zu werden, verfügen Lungen und Nase über zahlreiche Schutzmechanismen. Der wichtigste davon ist der „mucociliare Transport". Er hat zwei Komponenten: zum einen Cilien – mikroskopisch kleine Haare, die die Atemwege der Lungen auskleiden. Diese Flimmerhaare sind mit Schleim, einer komplexen Mischung aus Proteinen und Wasser, benetzt. Darüber hinaus enthält der Schleim ein spezielles Immunglobulin – einen Antikörper, der Bakterien und andere Partikel bindet, sie im Schleim hält und so die darunter liegende Lunge schützt. Die Cilien schlagen wie die Beine eines Tausendfüßlers; dabei transportieren sie den Schleim die Luftwege herauf und hinaus.

Die bewegliche Schleimschicht wirkt wie ein Förderband, das die inhalierten Teilchen von den Stellen entfernt, an denen sie Schaden anrichten können. Zu guter Letzt schlucken wir, ohne es zu merken, den Schleim, der sich in der Lunge befindet. Erst wenn wir eine Erkältung oder eine andere Infektionen haben und mehr Schleim produzieren, lernen wir diese Einrichtung zu schätzen.

Bei Kindern mit cystischer Fibrose ist der Schleim in den Lungen verdickt, viskös und zu schwer, um von den Flimmerhaaren abtransportiert zu werden. Anstatt eine fließende Oberfläche zu bilden, die die Bakterien beseitigt, staut sich der Schleim. An diesen Stellen können sich überall Bakterien vermehren – genau so wie stehendes Wasser durch Wasserlinsen erstickt werden kann, fließendes Gewässer dagegen klar und sauber bleibt. Vermehren sich die Bakterien, werden sie von anderen Abwehrkräften wie den weißen Blutkörperchen attackiert. Blutzellen und Bakterien setzen in dem Krieg, den sie miteinander führen, hochreaktive Chemikalien frei und sezernieren giftige Substanzen in den Schleim.

Dieses Gift zerstört die Schleimhäute der Atemwege und führt, wenn der Schaden irreparabel ist, zu einer irreversiblen Vernarbung und einer Umwandlung des Gewebes in Bindegewebe (Fibrose). Diese breitet sich im Laufe der Jahre über die ganze Lunge aus. In den Luftwegen bilden sich unregelmäßig sackartige Erweiterungen, sogenannte Cysten, die der Krankheit ihren Namen geben. Infektionen dieser Hohlräume greifen auch auf die noch gesunden Bereiche der Lungen über und machen sie so für häufigere und schwerere Infektionen anfällig.

Die Häufigkeit der cystischen Fibrose liegt bei einem von 2 000 Kindern. In Großbritannien werden 8 000, in den Vereinigten Staaten 30 000 und in der Europäischen Gemeinschaft 70 000 Kinder mit der Krankheit geboren. Oft sind ihre Lungen bei der Geburt noch gesund. Auf dem Röntgenbild der Brust erkennt man die Schatten der Rippen und des Rückgrats, in der Mitte das Herz und den Thymus sowie das fein angeordnete Maßwerk der Blutgefäße und die Luftwege, die sich fächerförmig bis zu den transparenten und noch makellosen Lungenfeldern ausbreiten.

Die sich wiederholenden Infektionen fordern jedoch mit der Zeit ihren Preis – egal wie gut die Behandlung ist und wie eifrig sich das Kind zweimal am Tag den Anstrengungen einer intensiven Physiotherapie unterzieht. Das Röntgenbild der Brust verändert sich. In den Lungen häufen sich weiße Narben und Schatten; aufgrund des erhöhten Drucks, mit dem das Blut durch die geschrumpften Lungen gepumpt wird, vergrößern sich Herz und Blutgefäße. Die Knochen verformen sich, damit sie zu den Lungen passen, die sie doch nicht länger beschützen können. Schließlich fallen Herz und Lunge ganz aus.

Vor nur zwanzig Jahren wurden Kinder mit cystischer Fibrose kaum älter als zehn, fünfzehn Jahre. Heutzutage ist es normal, daß sie weit über zwanzig oder gar über dreißig Jahre alt werden. Die höhere Lebenserwartung ist zum Teil darauf zurückzuführen, daß die Behandlung mit Physiotherapie und Antibiotika verbessert wurde. Entscheidend trug auch die Erkenntnis dazu bei, daß die Erkrankung der Lungen von einem Versagen der Bauchspeicheldrüse begleitet wird. Da diese nicht genügend Verdauungsenzyme ausschüttet, leiden CF-Kinder unter chronischer Unterernährung, wenn man sie nicht richtig behandelt.

Cystische Fibrose wird familiär vererbt; sie befällt Brüder und Schwestern, überspringt aber ganze Generationen. Das ist das Muster einer rezessiven Erbkrankheit: Damit sie manifest wird, muß ein Kind von beiden Eltern, die Träger dieser Krankheit sein müssen, eine fehlerhafte Kopie des Gens erhalten. Ein Viertel der Geschwister der CF-Kinder erbt ebenfalls die Krankheit. Die Hälfte der Kinder ist Überträger wie die Eltern.

Die Zahl der Krankheitsträger in der Bevölkerung ist groß: Fünf Prozent von uns besitzen ein falsches CF-Gen. Warum das Gen so verbreitet ist, ist unbekannt. Menschen afrikanischer oder chinesischer Abstammung leiden selten unter cystischer Fibrose; sie ist vor allem unter Menschen europäischer Herkunft verbreitet. Wenn sich genetische Mutationen bei einem Prozent oder mehr der Bevölkerung halten, hat das normalerweise einen Grund. Möglicherweise ist es ein Vorteil, Träger von CF zu sein. Der letzte gravierende Selektionsdruck, der auf Evolution und Genrepertoire von uns Europäern ausgeübt wurde, stammte von der Tuberkulose. Diese raffte zu

Beginn des 19. Jahrhunderts ein Drittel der Bevölkerung dahin. Vor der TB war es die Beulenpest. Möglicherweise sind Träger von CF vor diesen Krankheiten geschützt.

Andere rezessive Erbkrankheiten sind ebenfalls in bestimmten Landstrichen verbreitet, weil sie vor Infektionen bewahren. Das bekannteste Beispiel ist die Sichelzellanämie. Sie löst eine schwere Anämie sowie eine Erkrankung der Milz und der Knochen aus. Zurückführen läßt sie sich auf eine Anomalie des Gens für das Hämoglobin, den roten Blutfarbstoff, der den Sauerstoff im Blut transportiert. Das falsche Hämoglobin bezeichnet man als HbS. Den Unglücklichen, die zwei HbS-Gene besitzen, geht es sehr schlecht. Personen mit nur einem defekten Gen haben nur wenig HbS in ihren roten Blutkörperchen und sind daher kaum beeinträchtigt.

Gene, die schwere Krankheiten wie die Sichelzellanämie hervorrufen, verschwinden normalerweise aus einer Population, da die erkrankten Menschen weniger Kinder haben als Gesunde. Malariaparasiten können jedoch in roten Blutkörperchen mit HbS nur schwer überleben. Dieser Schutz spielt besonders in Regionen eine Rolle, in denen die Malaria sehr verbreitet ist. In manchen Teilen Afrikas besitzt ein Drittel der Bevölkerung das anomale Hämoglobin. Obwohl es in diesen Gegenden viele Menschen gibt, die unter einer starken Sichelzellanämie leiden, wiegen die Menschenleben, die auf diese Weise vor Malaria gerettet werden, die Anzahl der Anämieopfer wieder auf.

In den Mittelmeerländern ist eine andere Hämoglobinkrankheit verbreitet, die Thalassämie. Wie die Sichelzellanämie kann diese Krankheit tödlich enden, sie schützt jedoch ebenfalls vor Malaria – und hat sich daher in der Bevölkerung gehalten.

Rezessive Fettspeicherkrankheiten sind schwere Erkrankungen, die bereits nach wenigen Lebensjahren zum Tod führen. Am häufigsten findet man sie unter den Aschkenasim, mittel- und osteuropäischen Juden. Die weite Verbreitung dieser Krankheit unter den Nachkommen paßt zur Tuberkuloserate in ihren Heimatstädten. Offensichtlich schützen Mutationen in der Fettspeicherung vor TB.

Letztlich ist es nicht so wichtig, ob evolutionärer Druck oder ein Schicksalsschlag zu der hohen Zahl von CF-Trägern in Europa geführt hat. Entscheidend ist, daß zwei fehlerhafte CF-Gene zusammen eine verheerende Wirkung entfalten. Bevor es die reverse Genetik gab, hatte man aufgrund der beobachteten Besonderheiten im Schweiß schon diesen oder jenen Verdacht gehegt; doch trotz gewaltiger Anstrengungen blieb die Ursache von CF für die Forscher rätselhaft.

Deshalb erregten die Artikel von Botstein und Bodmer (Kapitel 4, S. 30 ff.) soviel Aufsehen bei Wissenschaftlern, die sich mit der Krankheit befaßten. Wenn es möglich sein sollte, das CF-Gen mit Hilfe der Positionsklonierung zu finden, dann lohnte sich angesichts dieser Krankheit die Mühe – egal, wie hoch der Preis sein würde. Ein Erfolg wäre gleichbedeutend mit einer Revolution in der Behandlung der cystischen

Fibrose. Auf die Entdecker warteten darüber hinaus außergewöhnliche akademische Ehren, möglicherweise gar der heilige Gral, der Nobelpreis!

An der Jagd auf das CF-Gen beteiligten sich zahlreiche Forscher aus vielen Institutionen. Geprägt wurde der Wettlauf jedoch vor allem von drei Gruppen von Wissenschaftlern.

Das Kinderkrankenhaus in Toronto liegt an der University Avenue, einem breiten und großzügig angelegten Boulevard, der durch das saubere hoch aufragende Stadtzentrum hindurch direkt zum Ontario-See führt. In diesem Krankenhaus wollte 1982 ein Postdoc die Ursache für CF finden. Sein Name war Lap-Chee Tsui.

In Salt Lake City gab es dank der Religion der Mormonen viele große Familien sowie die Sitte, Familienstammbäume peinlich genau aufzuzeichnen. Hier hatte Ray White Marker für die Genkarte gesammelt, um für genau so eine Suche vorbereitet zu sein.

Im St. Mary's Hospital in London sind die Labors für Molekularbiologie in einem viktorianischen Gebäude untergebracht. Man erreicht sie durch ein Labyrinth dunkler Korridore, die vollgestopft sind mit staubigen Schränken und 50 000 Pfund teuren Zentrifugen. Bob Williamson und Kay Davies war es am St. Mary's bereits gelungen, die Muskeldystrophie zu kartieren und zu zeigen, daß man mit RFLPs Krankheitsgene lokalisieren kann.

In jedem Land widmen sich finanzstarke Wohlfahrtsverbände und cystische-Fibrose-Gesellschaften der Suche nach einer Therapie für diese Krankheit. Sie waren bereit, Geld in jedes Projekt zu stecken, das sie diesem Ziel näher bringen konnte. Die Wohlfahrtsverbände verfügten darüber hinaus über ein Netz von Leuten, die behilflich sein konnten, die für die Suche nach dem Gen erforderlichen Familien zu finden. Viele Mitglieder engagierten sich in solchen Verbänden, weil Angehörige ihrer eigenen Familie an dieser Krankheit litten.

Es war die Biotechnologie-Firma Collaborative Research, die das Faß zum Überlaufen brachte. Collaborative Research hatte zehn Millionen Dollar ausgegeben, um bei der Genkarte mit Ray White mithalten zu können. Es war klar, daß die Firma Geld zu verdienen hoffte. Das CF-Projekt bot die Möglichkeit, satte Gewinne einzufahren, da fünf Prozent aller Menschen das Krankheitsgen besitzen. Mit Hilfe einer Untersuchung der Bevölkerung oder von Verwandten kranker Kinder sollte es möglich sein, die Anzahl derjenigen drastisch zu reduzieren, die mit dieser Krankheit geboren wurden. Für einen kommerziellen CF-Test gab es einen enormen Markt mit einem entsprechenden finanziellen Volumen. Die wirtschaftlichen Ambitionen von Collaborative Research beeinflußten die Jagd nach dem CF-Gen auf äußerst unglückliche Weise.

Als erstes standen die Wissenschaftler vor dem Problem, genügend Marker für die Kartierung des Gens zu finden. Im Gegensatz zur Muskeldystrophie fehlte bei CF so etwas wie die Chromosomenbrüche, die einen Hinweis auf die Position hätten geben können. 1983 waren erst 115 Gene kloniert, ein Tausendstel der 100 000 Gene, die sich voraussichtlich im menschlichen Genom befinden. 32 von ihnen eigneten sich als Marker für die Genkartierung. Es gab 142 RFLPs. Insgesamt besaß man damit 174 Punkte auf der Karte, um das CF-Gen ausfindig zu machen. Damals schätzte man, daß man mindestens 400 bis 500 Marker brauchte, um sämtliche Chromosomen genügend abdecken zu können. Es war daher mehr als ungewiß, ob man CF finden würde, und es gehörte schon eine gehörige Portion Optimismus dazu, sich auf die Suche zu machen.

Ray White und seine Mitarbeiter entwickelten Strategien für eine Massenproduktion von Markern. Dabei handelte es sich normalerweise um Sonden, das heißt, um Stücke klonierter DNA, die nur an eine bestimmte Stelle auf einem der Chromosomen binden. Da die Sonden kloniert waren und in Bakterien herangezogen werden mußten, kostete es viel Zeit und Geld, um sie interessierten Forschern zukommen zu lassen. Moderne Marker wie die repetitiven Sequenzen in den Mikrosatelliten können dagegen mit DNA-Synthesemaschinen hergestellt werden: Alles, was man verschicken muß, ist die DNA-Sequenz. Fax und E-mail haben heutzutage den Versand von Bakterienröhrchen ersetzt. Trotz größter Anstrengungen besaß die Gruppe von Ray White bei weitem noch keine vollständige Genkarte. Zusätzliche Sonden konnte man sich von verschiedenen anderen Labors auf der Welt schicken lassen. Es war jedoch nicht immer einfach, jemanden, den man nicht schon von Kindesbeinen an kannte, dazu zu bringen, einen Arbeitstag zu opfern, nur um eine Sonde für den Transport fertig zu machen.

Damals hatte man das Gefühl, Sonden seien etwas sehr Wertvolles und könnten – in einer Art und Weise, die noch nicht vollkommen klar war – zu Reichtum führen. Das bedeutete, daß man normalerweise eine Sonde nur verwenden konnte, wenn man einen halboffiziellen Vertrag unterschrieben hatte. Dieser legte gewöhnlich fest, daß man die Sonde nicht ohne ausdrückliche Erlaubnis für wirtschaftliche Zwecke nutzen und die Ergebnisse nur nach Rücksprache mit dem Labor, aus dem die Sonden stammten, veröffentlichen durfte. Im Klartext erhob der Vertragspartner Anspruch auf einen Teil des Erlöses beziehungsweise auf den gesamten Gewinn, der mit dieser Sonde erzielt würde – oder, falls Gelder ausblieben, zumindest darauf, als Co-Autor des entsprechenden Artikels genannt zu werden. In der Tat ist es lästig, einen Tag damit zu verbringen, eine Sonde für jemand anderen fertig zu machen; es berechtigt jedoch noch lange nicht dazu, bei der Veröffentlichung der Ergebnisse als Co-Autor genannt zu werden. Ebenso führt es wohl kaum dazu, daß ein Vermögen erzielt wird, zumindest solange kein Patent vorliegt.

In dieser Atmosphäre begannen die Gruppen mit der Arbeit. Bis 1984 hatten sie mit vereinten Kräften noch nicht einmal 50 Prozent des Genoms abgedeckt und nicht den geringsten Hinweis auf ein CF-Gen. Um neue Sonden zu finden, forcierte Collaborative Research die Auseinandersetzung mit Ray White. Ende des Jahres boten sie Lap-Chee Tsui etwa 150 Marker an, die sie hergestellt hatten. Natürlich nahm er an. Im August 1985 begann er, mit den Sonden von Collaborative Research zu arbeiten.

Dann geschah etwas, womit Lap-Chee nicht gerechnet hatte: Praktisch auf der Stelle fand er mit einer der Sonden von Collaborative Research eine genetische Kopplung. Der Lod-Wert für die Stärke der genetischen Kopplung betrug 2,8. Das bedeutete, daß die Wahrscheinlichkeit für eine genetische Kopplung bei 800 : 1 lag. Obwohl diese Wahrscheinlichkeit als zu gering angesehen wurde, um als Beweis gelten zu können, war dieser Fund doch sehr aufregend. Die Sonde befand sich jedoch nicht in unmittelbarer Nähe des CF-Gens. Die Lod-Werte ergeben sich aus einer Anzahl theoretischer Abstände zwischen einem krankheitsauslösenden Gen und einem genetischen Marker. Der Punkt auf dem Genom, an dem der Lod-Wert am größten ist, wird benutzt, um die wirkliche Entfernung zwischen Krankheitsgen und Marker abzuschätzen. In diesem Fall ließ die Statistik vermuten, daß das CF-Gen in einem Bereich von jeweils 15 Millionen Basen rechts und links der Collaborative-Research-Sonde lokalisiert sein mußte. Darüber vergaß man beinahe, daß keiner wußte, woher die Sonde kam, das heißt, von welchem Chromosom sie abstammte. Die erste Hürde auf dem Weg, eine Kopplung nachzuweisen, war genommen. Jetzt war es nur noch eine Frage der Zeit und des Fleißes, bis man das Gen klonieren und zeigen konnte, wie die cystische Fibrose ausgelöst wurde.

Lap-Chee rief gleich bei Collaborative Research an und erzählte ihnen die Neuigkeiten. Sie wiesen ihn an, Stillschweigen zu bewahren, angeblich, weil sie gerade herausfinden wollten, zu welchem Chromosom die Sonde gehören könnte, und weil sie ihre Investitionen mit Patenten schützen wollten. Dies brachte Lap-Chee in eine unmögliche Situation. Er konnte seine Ergebnisse weder mit Kollegen aus seinem Arbeitsgebiet diskutieren, geschweige denn publizieren. Die Konkurrenz war ihm auf den Fersen. Er war allerdings in der Lage, ohne Zutun von Collaborative Research selbst herauszufinden, von welchem Chromosom die Sonde stammte, obwohl sie ihm das ausdrücklich untersagt hatten.

Seine Position verschlimmerte sich noch, als die CF-Wissenschaftler im August in Helsinki ein Meeting abhielten. Es fand zur selben Zeit statt, als in seinem Labor in Toronto die erste Kopplung gefunden wurde. In Helsinki wurde eine „Ausschlußkarte" entworfen, auf der sämtliche Negativergebnisse aller Wissenschaftler aus diesem Forschungsbereich zusammengestellt waren. Von den Markern auf den meisten Chromosomen gab es deutliche Hinweise, daß sie nicht mit CF gekoppelt waren. Die Chromosomen 7, 8 und 18 waren jedoch noch nahezu unerforscht; man nahm deshalb an, daß sich CF auf einem dieser Chromosomen befand. Lap-Chee versuchte, von Collaborative Research Informationen über die Position der Sonde zu bekommen. Doch selbst, wenn sie es wußten, sagten sie es ihm nicht, sondern erklärten ihm, sie bräuchten noch Zeit, um es herauszufinden.

Schließlich machte Lap-Chee die Tests selbst: Sonde und CF-Gen befanden sich auf Chromosom 7. Er teilte das Collaborative Research mit und, wenn man einem Bericht von *Science* über diese Ereignisse glauben darf, so war Collaborative Research äußerst verärgert. Trotzdem reichten sie Ende September die Patente ein und veröffentlichten gleichzeitig einen Artikel in *Science*. Darin wurde die Kopplung beschrieben, jedoch ohne Angabe, wo sie sich befand.

Von da an brodelte die Gerüchteküche in dem recht kleinen Kreis der Genkartierer. Im Oktober stellte Lap-Chee auf einem Meeting der CF-Forscher seine Kopplungsergebnisse vor. Inzwischen war der Lod-Wert auf 4 angestiegen; damit galt die Kopplung als sicher. Collaborative Research erlaubte ihm jedoch immer noch nicht zu sagen, daß sich das Gen auf Chromosom 7 befand.

Nach dem Meeting wurde in den Gruppen von Williamson und Ray White besonders geschäftig gearbeitet. Beide testeten jeden Chrosomom-7-Marker, den sie hatten. Es konnte mehrere Gründe dafür geben, daß sie sich gleichzeitig dafür entschieden, auf Chromosom 7 zu setzen. Möglicherweise gab die Ausschlußkarte, die in Helsinki präsentiert worden war, einen Anhaltspunkt. Oder es konnten Ergebnisse der Toronto-Gruppe durchgesickert sein. Wenn das so war, hätten White und Williamson dann ebenso stark auf Andeutungen über Ergebnisse einer andere Gruppe reagiert? In Anbetracht des großen Ehrgeizes, den diese großen Gruppen bei der Suche zeigten, mußten sie meiner Meinung nach auf jede Information, die sie bekommen konnten, reagieren. Auf beiden Seiten des Atlantik fand man in den Familien mit Markern von Chromosom 7 positive Ergebnisse. Bei *Nature* wurden zwei Artikel eingereicht, und Collaborative Research bekam Wind davon. Die Firma bestand darauf, daß *Nature* zusätzlich zu diesen beiden auch einen Artikel aus Toronto veröffentlichte. Möglicherweise haben sie auch Einfluß auf einen Leitartikel ausgeübt, der die drei Paper, als sie im November zusammen herauskamen, begleitete. Der Kommentar wies jedenfalls ausdrücklich darauf hin, daß die Kopplung mit Chromosom 7 aufgrund von durchgesickerten Informationen entdeckt worden sei.

Inzwischen waren alle äußerst verstimmt. Es war damals schick, abfällige Bemerkungen über White und Williamson zu machen. Dazu ist zu sagen: Wäre alles normal gelaufen, hätten sie ihre Ergebnisse mit Lap-Chee besprochen. Doch Collaborative Research unterdrückte Ergebnisse, die unter normalen Umständen längst hätten veröffentlicht sein müssen. Man kann der Ansicht sein, daß es unter diesen Umständen nicht so einfach war, zum Telephon zu greifen und Lap-Chee zu einem Schwatz anzurufen.

Die Schuld an dieser Entwicklung trug vor allem Collaborative Research. Es geht nicht nur darum, daß sie aus kommerziellem Interesse handelten. Sie behaupteten zwar, daß ihr Verhalten gängige wirtschaftliche Praxis sei, sie unterschlugen dabei jedoch, daß die Kopplungsergebnisse größtenteils Wohlfahrtsorganisationen zu verdanken waren, die die Forschung in Toronto finanziell unterstützt hatten, sowie den

Bemühungen der Familien aus den CF-Organisationen. Trotzdem löste das weit verbreitete Statement von Collaborative Research, ihnen gehöre Chromosom 7, einen rapiden Anstieg ihrer Aktienkurse aus, obwohl es immer unwahrscheinlich gewesen war, daß ihr Versuch, Chromosom 7 patentieren zu lassen, Erfolg haben würde.

Die Kämpfe und Beschimpfungen verdeckten den tatsächlichen wissenschaftlichen Fortschritt, den die drei Artikel bedeuteten. Man hatte nicht nur das gesuchte CF-Gen auf Chromosom 7 lokalisieren können; einer von Ray Whites Markern namens *met* lag darüber hinaus höchstens eine Million Basenpaare vom CF-Gen entfernt, und Williamson besaß mit J3.11 ebenfalls einen Marker in der Nähe.

Der nächste Schritt bestand darin zu untersuchen, wo sich die neuen Marker relativ zum CF-Gen befanden. Es gab zwei Möglichkeiten für J3.11: Er konnte auf derselben Seite von CF liegen wie *met* oder auf der anderen Seite. Befand er sich auf der anderen Seite, würden beide Marker CF einrahmen und so den Bereich definieren, in dem das Gen lokalisiert sein mußte. Um das zu entscheiden, mußten mehr Familien untersucht werden, als eine einzelne Gruppe je aufbringen konnte. Alle interessierten Wissenschaftler kamen deshalb überein, ihre Daten über die Chromosom-7-Marker auszutauschen. Das Ergebnis zeigte, was eine offene wissenschaftliche Kooperation wert sein kann: Es stellte sich heraus, daß CF tatsächlich von *met* und J3.11 eingerahmt wird.

Aufgrund dieser Entdeckung war es erstmals möglich, cystische Fibrose schon vor der Geburt zu diagnostizieren. Lebte in einer Familie bereits ein Kind mit CF, konnte man bei einer erneuten Schwangerschaft mit Hilfe der neuen Marker klären, ob der Fötus ebenfalls CF hatte. Man mußte den Eltern und dem kranken Kind Blut abnehmen, um testen zu können, ob sie mit einem der Marker reagierten; beim Fötus benutzte man Gewebe aus der Placenta oder etwas Amnionflüssigkeit. Bei solch einem Test suchte man bei den Eltern und den Kindern nach RFLPs. Mit Hilfe dieser RFLPs konnte man dann im Labor herausfinden, ob das Kind das Chromosom 7 oder den entsprechenden Bereich vom Vater oder von der Mutter geerbt hatte. Besaß beispielsweise der Vater zwei Chromosomen Nummer 7 vom Typ „A" und „B", die Mutter vom Typ „C" und „D" und ihr krankes Kind die RFLP-Typen „A" und „D" („A" vom Vater, und „D" von der Mutter), dann mußten, da zwei anomale Gene für CF als rezessive Krankheit erforderlich sind, die Chromosomen „A" und „D" beide ein mutiertes Gen enthalten. Besaß der untersuchte Fötus die Typen „B" und „C", hatte er keines der fehlerhaften Chromosomen geerbt, und man konnte die Eltern beruhigen. Fand sich in den Genen des Fötus dagegen wie bei seinem kranken Geschwisterchen „A" und „D", dann würde er wahrscheinlich ebenfalls an CF erkranken. In einigen Familien konnte man aufgrund dieses Tests die Frage, ob der Fötus betroffen war, mit 99prozentiger Sicherheit beantworten. Bei vielen anderen Familien ließ sich dagegen das Risiko weit weniger genau bestimmen: War beispielsweise ein Elternteil „B"/„B", konnte man das anomale Chromosom nicht erkennen. Je mehr

jedoch über die Region um das CF-Gen und schließlich über das Gen selbst bekannt
wurde, desto sicherer konnte man jeweils das fehlerhafte Chromosom 7 identifizieren
und desto präziser wurde auch die pränatale Diagnose.

Da *met* und J3.11 das CF-Gen einrahmen, war die Entdeckung des CF-Gens letztlich nur noch eine Frage der Zeit. Beide Marker waren nur eine Million Basenpaare
voneinander entfernt. Größer als eine Million Basen darf ein DNA-Stück nicht sein,
will man es „physikalisch kartieren". Eine physikalische Kartierung bedeutet, daß
die DNA eines bestimmten Chromosomenabschnitts buchstäblich zerstückelt wird;
dies endet damit, daß man die Sequenz der DNA kennt und die Gene identifiziert,
die sie enthält. Eine „genetische Kartierung" mit Markern und Lod-Werten gibt nur
die statistische Wahrscheinlichkeit an, mit der sich ein Gen in der Nähe eines bestimmten Punktes befindet. Die physikalische Kartierung hat gegenüber der genetischen Kartierung den Vorteil, konkrete Informationen über die Gene zu liefern. Bei
einer physikalischen Karte weiß man, woran man ist. Das erfordert allerdings einen
enormen Arbeitsaufwand. Mehr als eine Million Basen wären – zumindest im Jahre
1985 – zuviel für eine physikalische Kartierung gewesen.

Der nächste Etappensieg im Wettrennen ging an Williamson. Seine Gruppe entschied sich dafür, eine Mauszellinie zu benutzen, die nur einen kleinen Abschnitt
des menschlichen Chromosoms 7 enthielt. Eine Zellinie ist eine Kultur von Zellen,
die ursprünglich alle von einer einzelnen Zelle abstammen. Bei der verwendeten Zellinie waren in die Mauszellen Bruchstücke menschlicher Chromosomen integriert.
Obwohl diese Zellhybride unterschiedliche Anteile von Maus- und Mensch-DNA enthielten, konnte man die menschliche DNA an ihren charakteristischen repetitiven
Sequenzen erkennen.

Die Zellinie, die Williamson analysierte, enthielt *met*. Da *met* ein Onkogen oder
Krebsgen ist, fördert es das Zellwachstum. Deshalb konnte man Mauszellen mit
menschlicher *met*-DNA anhand ihres anomalen Wachstums erkennen. Besaßen sie
darüber hinaus noch J3.11, konnte man davon ausgehen, in ihnen zwischen J3.11
und *met* auch das menschliche CF-Gen entdecken zu können.

Dieser Ansatz war technisch äußerst schwierig. Williamson wußte jedoch, daß er,
falls das Experiment mit dem Hybrid gelingen würde, das CF-Gen zusammen mit
kleinen Mengen flankierender DNA in ziemlich reiner Form isolieren konnte. Eine
andere Möglichkeit bestand darin, von J3.11 nach *met* zu „wandern", indem er Chromosom 7 in kleine Stücke zerschlug und diese Stücke in Bakterienplasmide klonierte.

Eine solche Chromosomenwanderung beginnt mit einem einzelnen klonierten
DNA-Fragment, etwa einem Klon, der J3.11 enthält. Man benutzt diesen Klon, um
mit ihm einen anderen Klon zu finden, der mit dem ursprünglichen Klon überlappt.
Auf diese Weise ist man auf dem Chromosom ein Stück vorangekommen. Mit dem
neuen Klon identifiziert man erneut einen überlappenden Klon und rückt so Stück
für Stück vor, bis man einen bekannten Marker wie *met* erreicht hat. Nach einer

solchen Wanderung kennt man die gesamte DNA zwischen den beiden Markern; sie liegt dann in Form von Klonen vor. Die DNA muß also kloniert, und die Klone mühsam in die richtige Reihenfolge gebracht werden, bevor man sie auf Gene hin absuchen kann.

1985 bestand das längste DNA-Stück, das in ein Plasmid kloniert werden konnte, aus 2 000 Basenpaaren; die meisten Klone enthielten deutlich weniger DNA. Ein Wissenschaftler brauchte für jeden Schritt einen Monat. Aufgrund der Überlappungen kam man bei jedem Schritt durchschnittlich nur etwa 500 Basenpaare voran. Um eine Million Basenpaare abzuwandern, wäre demnach ein Wissenschaftler 2 000 Monate beschäftigt gewesen – ein Ding der Unmöglichkeit. Bessere Klonierungsmöglichkeiten erlaubten es, 40 000 DNA-Basen in Bakterien einzusetzen; dadurch reduzierte sich eine solche Wanderung über eine Entfernung von einer Million Basenpaaren für eine Person auf 100 Monate – immer noch eine sehr lange Zeit.

Es war deshalb erfreulich, daß der Ansatz mit dem *met*-Hybrid Erfolg hatte. Williamson besaß in einem Reaktionsgefäß eine Million Basenpaare DNA, unter denen sich das CF-Gen befinden mußte. Doch selbst in diesem Abschnitt gab es viele Gene und sicher Hunderttausende bedeutungsloser Basen DNA. Es war unmöglich, eine Million Basenpaare zu sequenzieren; deshalb setzte Williamson auf eine andere Karte. Er beschloß, sich auf „HTF-Inseln" zu konzentrieren. HTF (*Hpa tiny fragments*) steht für „kleine Hpa-Fragmente". Hpa wiederum bezeichnet ein weiteres Restriktionsenzym, das DNA schneidet. Die DNA-Bereiche, die mit Hpa in kleine Fragmente geschnitten werden, markieren oft den Anfang von Genen. Doch nicht alle Gene besitzen HTF-Inseln und man weiß auch noch nicht, warum diese Inseln für einige Gene charakteristisch sind. Damals war es einfach ein Phänomen, auf das der Edinburgher Genetiker Adrian Bird aufmerksam geworden war.

Anfang 1987 fanden Williamson und seine Gruppe in der Nähe einer HTF-Insel ein Gen im *met*-J3.11-Intervall. Das Gen wurde in der Lunge exprimiert und zeigte ein „Kopplungsungleichgewicht" mit CF. Das bedeutete, daß bei Kindern mit CF ein bestimmter Polymorphismus unerwartet häufig in der DNA um das Gen herum gefunden wurde. Ein solches Kopplungsungleichgewicht tritt nur dann auf, wenn das Gen oder ein anderes sehr nahe gelegenes Gen die Krankheit verursacht.

Die Gruppe im St. Mary's war sicher, das Gen gefunden zu haben. Im April kündigte sie in einem *Nature*-Artikel die Entdeckung ihres „Kandidaten" an. Wieder erregte die Veröffentlichung viel Aufsehen, aber noch fehlte der letzte Beweis, daß das Gen auch wirklich CF auslöste: Das Gen war noch nicht sequenziert worden; daher wußte man nicht, ob es bei Kindern mit CF mutiert war.

Während der nächsten Monate wurde immer klarer, daß dieser Kandidat nicht das CF-Gen war: Informationen aus bisher noch nicht untersuchten Familien zeigten, daß dieses Gen auf der Karte nicht genau an der richtigen Stelle lokalisiert war, und als man es sequenziert hatte, enthielt es keine Mutationen. Williamson hatte sich geirrt. Allerdings war ihm klar, daß sein gescheiterter Kandidat, bekannt als IRP, so dicht am richtigen Gen liegen mußte wie kein anderer Marker. Darüber hinaus hatte er gezeigt, daß man Gene mit Hilfe von HTF-Inseln genau innerhalb eines DNA-Abschnitts lokalisieren kann.

Wieder brach ein wortreicher Streit aus. Williamson überließ sein IRP-Gen bereitwillig Labors für pränatale Diagnostik von CF, verweigerte es aber konkurrierenden Gruppen, die das CF-Gen klonieren wollten. Andere Forscher wie Ray White klagten, Williamson habe sie aus der Bahn gebracht. Sie argumentierten, sie hätten Williamson geglaubt und ihre Forschungsarbeiten eingestellt und könnten die verlorene Zeit jetzt nicht wieder aufholen. Meiner Ansicht nach läßt jedoch ein so frühzeitiges Aufgeben eher auf einen Mangel an Engagement schließen; der Grund dafür war wahrscheinlich, daß Ray White immer mehr an einer umfassenden Karte des Genoms interessiert war. Lap-Chee in Toronto arbeitete dagegen weiter unverändert auf Hochtouren.

Lap-Chee hatte sich dafür entschieden, die Genkarte weiter voranzutreiben, um neue Marker zwischen *met* und J3.11 zu finden. Er und sein Team testeten über 200 Marker, bevor sie auf zwei neue stießen. Vorher waren auf internationaler Ebene nahezu 200 Sonden getestet worden, bis man das Gen auf Chromosom 7 lokalisieren konnte. 200 neue Sonden auszutesten war deshalb eine gewaltige Leistung des Torontoer Teams.

Von den beiden neu entdeckten Markern befand sich einer in der Nähe des IRP-Gens von Williamson, wahrscheinlich weniger als eine Viertel Million Basen vom CF-Gen entfernt. Diese Distanz konnte gerade noch mit einer Chromosomenwanderung erschlossen werden. Lap-Chee arbeitete jetzt mit Francis Collins zusammen, einem Genjäger, der heute das amerikanische Human Genome Project leitet. Collins hatte die Methode des „Genjumpings" entwickelt. Dieses Verfahren erlaubte erheblich größere Schritte bei der Wanderung entlang der Chromosom-7-DNA. Das Genjumping war technisch sehr aufwendig; beispielsweise stand man vor der heiklen Aufgabe, die DNA riesige Schleifen ausbilden zu lassen. Die Technik wurde später nicht viel benutzt, die Zusammenarbeit von Lap-Chee und Collins trieb jedoch die Suche von IRP auf dem Chromosom bis zu der Stelle, an der das CF-Gen vermutet wurde.

Im Januar 1989 kursierte in einem sehr kleinen eingeweihten Zirkel von Genetikern das Gerücht, Lap-Chee habe das Gen kloniert. Das Gerücht hatte zur Zeit des internationalen Genkartierungs-Meetings im Frühsommer in Yale schon weitere Kreise gezogen. Es erhielt auf dem Meeting dadurch neue Nahrung, daß Collins sein geplantes Erscheinen ohne Erklärung abgesagt hatte. Man nahm – zu Recht oder Unrecht – an, das könne nur bedeuten, daß er ein Geheimnis habe, das er nicht verraten wolle. Im Programm war ein Plenarvortrag von Lap-Chee über CF angekündigt. Der Vortrag war so gelegt worden, daß ihn jeder auf der Konferenz hören konnte. Lap-Chee hielt ihn und ging mit den Zuhörern seine Ergebnisse durch, die darauf hindeuteten, daß er dem Gen immer näher gekommen war. Es war ein komplizierter Vortrag; viele Zuhörer hingen vollkommen erschöpft von all den Vorträgen in ihren Sitzen, aber an einem Punkt des Vortrags war allen klar: Wenn Lap-Chee hier war, um einen Erfolg anzukündigen, dann war das der richtige Moment. Man hätte eine Stecknadel fallen hören können – doch nichts geschah.

Am nächsten Morgen war Lap-Chee Chairman des Chromosom-7-Meetings. Unter den Zuhörern waren Wissenschaftler aus allen konkurrierenden Gruppen. Er eröffnete die Sitzung mit der Bemerkung: „Wenn irgend jemand das CF-Gen kloniert hat, möge er bitte vortreten und es uns sagen!" Niemand trat vor.

Anfang September berichteten Lap-Chee und seine Mitarbeiter in drei Artikeln im *Science*-Magazin triumphierend über ihre Klonierung des CF-Gens und die Entdeckung einer Mutation, delta-508, die die Krankheit verursachte. Diese Arbeiten zeugten von sehr solider Wissenschaft, die in mindestens einjähriger Arbeit erbracht worden war. Lap-Chee wußte bereits in New Haven, daß er das Gen gefunden hatte; damals wäre jedoch keiner darauf gekommen.

Francis Collins war in der Tat auf der New-Haven-Konferenz gewesen und hatte Lap-Chee noch spät in der Nacht in seinem Zimmer aufgesucht. Beide gingen zusammen die Ergebnisse durch, die ihnen von ihren Labors gefaxt worden waren. Lap-Chee war bereits Anfang 1989 auf die delta-508-Mutation gestoßen; damals konnte allerdings noch niemand sagen, ob die Mutation die Krankheit hervorrief oder ob sie nur eine harmlose Variante des normalen Gens war. Die Mitteilungen für Collins und Lap-Chee aus den Labors zeigten jedoch eindeutig, daß die Mutation nur bei Kindern mit CF gefunden wurde. Zum ersten Mal waren sie sicher, daß die Suche nach dem CF-Gen beendet war. Lap-Chee – allgemein als äußerst sympathisch geschätzt – hatte verdient gewonnen. Williamson, der viel dazu beigetragen hatte, war ein guter Verlierer.

Während der fünf Jahre, die die Jagd dauerte, wurde in wissenschaftlichen Kreisen und von Wissenschaftsjournalisten viel über die Konflikte der beteiligten Forscherpersönlichkeiten geredet und geschrieben. 1988 las man im *Science*-Magazin: „Das ist nicht die übliche, von Selbstsucht getriebene Wissenschaft; das ist einfach widerlich!" Dieses Zitat brachte die Einstellung der meisten Beobachter dieser Hatz zum Ausdruck. Man sollte darüber jedoch nicht den außerordentlichen wissenschaftlichen Fortschritt vergessen, den diese fünf Jahren gebracht haben. Ohne Bob Williamson und Ray White hätte die Suche nach dem CF-Gen sehr viel länger gedauert. Die beteiligten Wissenschaftler waren tüchtige Männer, die an vorderster Front an einem extrem schwierigen Problem in einem neuen Wissenschaftsbereich gearbeitet haben. Normale ausgeglichene Menschen arbeiten nicht so hart und sind nicht so erfolgsorientiert; hinzu kommt, daß ihre Fehler nicht so über alle Maßen von einer sensationssüchtigen Presse hochgespielt werden. Hervorragende Sportler sind selten ausgesprochene Gentlemen. Vielleicht ist es unfair, von einem richtigen Wissenschaftler zu erwarten, daß er sich immer tadellos benimmt. In die Lehrbücher kommen nur die Ergebnisse. Es war vor allem der ausgeprägte Geschäftssinn von Collaborative Research, der all diese Schärfe und Verbissenheit in diesen wissenschaftlichen Wettstreit gebracht hatte.

Die Auseinandersetzungen um das CF-Gen haben dazu beigetragen, daß wissenschaftliche Zeitschriften heute Artikel nur akzeptieren, wenn deren entscheidende Sequenz in eine öffentliche Datenbank eingespeist wurde. In ähnlicher Weise werden auch Sonden und Genbanken in zentralen Magazinen gelagert, so daß alle darauf zurückgreifen können.

Die Entdeckung des CF-Gens hat zwar nicht bewirkt, daß die Beschwerden plötzlich auf sensationelle Weise geheilt werden können, sie hat aber schlagartig vieles verständlich gemacht. Lap-Chee hat entdeckt, daß das Gen ein großes komplexes Protein codiert, das in der Oberfläche vom Zellmembranen in der Lunge und den Schweißdrüsen sitzt. Das Protein wirkt wie ein Kanal für Salz und Wasser, die in die Körperausscheidungen hineingepreßt werden. Mit 250 000 Basenpaaren ist das Gen ungefähr drei mal so groß wie ein normales Gen.

Bei zwei Dritteln der an CF erkrankten Kinder fehlen nur drei Basen der gesamten Sequenz. Daß die Jäger des CF-Gens unter den drei Milliarden Basenpaaren des menschlichen Genoms diese drei erkannt haben, ist so, als hätten sie unter der gesamten Weltbevölkerung drei bestimmte Personen gefunden.

Diese drei Basen codieren für nur eine Aminosäure: Phenylalanin. Fehlt nur diese eine von den insgesamt 1480 Aminosäuren des Proteins, reicht das aus, um das ganze Protein funktionsuntüchtig zu machen. Mittlerweile hat man noch etwa hundert weitere CF-Mutationen gefunden. Einige von ihnen beeinträchtigen die Funktion des Gens nicht so stark und lösen mildere Formen der cystischen Fibrose oder eine cystische Fibrose mit einer ausgeprägten Erkrankung der Bauchspeicheldrüse aus oder gar eine Variante, die so mild ist, daß daran nur Raucher in mittleren Jahren erkranken.

CF ist eine rezessive Krankheit: Ein funktionstüchtiges Gen ist mehr als genug, um eine normale Sekretion zu garantieren. Tatsächlich genügt bereits ein minimaler Prozentsatz der normalen Funktion, um die Krankheit zu verhindern. Das hat entscheidende Konsequenzen für ihre Behandlung: Selbst eine Therapie, die nur teilweise Erfolg hat, ist ausreichend.

Die Entdeckung des CF-Gens hat noch nicht zur Entwicklung eines Therapeutikums geführt. Dennoch hat sich aus der Molekularbiologie eine neue und aufregende Behandlungsmethode für CF ergeben, die ein gelungenes Beispiel dafür ist, wie Wissenschaft sein kann.

Steve Shak war Lungenarzt – mittlerweile arbeitet er für Genentech in Kalifornien. Er begann, sich für eine Therapie der an CF erkrankten Kinder mit ihrem klebrigen Schleim zu interessieren. Den Schleim, der infiziert ist und abgehustet wird, bezeichnet man als Sputum. Viele Erwachsene, deren Lunge durch andere Krankheiten geschädigt ist, husten ebenfalls dickes zähes Sputum ab. Wenn ein Arzt die Lunge untersucht, überprüft er unter anderem Farbe und Konsistenz des Sputums. Je stärker das Sputum infiziert ist, desto dicker und farbiger ist es. Infiziertes Sputum ist sehr viskös, sein Fließverhalten gleicht dem eines rohen Eis. Daher ist es für Kinder mit CF sehr schwer, ihre Lungen vom Sputum frei zu husten; es erfordert täglich mehrere Stunden physiotherapeutischer Behandlung.

Shak stellte sich die einfache Frage: Warum ist das Sputum von CF-Patienten so dick? Die Frage war so einfach, daß sie bisher kein anderer gestellt hatte. Als guter Wissenschaftler sah Shak die wissenschaftliche Literatur durch und entdeckte, daß Jahre vorher eine biochemische Untersuchung des Sputums publiziert worden war.

Zu Shaks Überraschung enthielt das Sputum sehr hohe Konzentrationen an DNA. Diese stammte aus den weißen Blutkörperchen, die die Infektion im Schleim der Lungen bekämpft hatten. Sie gingen dabei zu Grunde, lösten sich schließlich auf und setzten ihre DNA in den Schleim frei.

Wenn ein Molekularbiologe bei seinen Experimenten DNA reinigt, isoliert er sie auf dieselbe Weise: Er oder sie beginnt mit einer Zellsuspension. Die Lösung fließt problemlos, genau wie Wasser. Dann mischt er, um die Zellmembranen aufzubrechen und die DNA freizusetzen, die Flüssigkeit mit einem starken Detergenz. Dieses zerstört sofort die Zellen, und die Flüssigkeit wird auf der Stelle viskös und glibberig. Der Grund dafür ist, daß sich die äußerst langen DNA-Moleküle in der Lösung plötzlich entwinden.

Shak folgerte daraus, daß sich die Lungen leichter vom Sputum befreien könnten, wenn es ihm gelänge, die DNA aufzubrechen. Er wußte, daß es ein Enzym namens DNase gab, das aus der Bauchspeicheldrüse von Kühen und Schweinen isoliert worden war und das die DNA zerstört. Es war sogar früher als Therapeutikum für Lungenkranke getestet worden. Da das Protein jedoch nicht vom Menschen stammte, hatten allergische Reaktionen seinen weiteren Einsatz bisher verhindert. Shak versuchte herauszubekommen, ob die menschliche DNase bereits kloniert war. Das war nicht der Fall. Deshalb begann er rasch, sie zu klonieren, um an die DNA-Sequenz zu kommen.

Nach der Klonierung steckte er das DNase-Gen in eine Zelle, die zu diesem Gen das entsprechende Protein bilden konnte. Das Protein wurde dann aus der Brühe isoliert, in der die gentechnisch veränderten Zellen wuchsen. Shak nahm die rekombinierte menschliche DNase und pipettierte sie in ein Reaktionsgefäß, das halb mit Sputum gefüllt war. Als Kontrolle diente ein zweites Gefäß, dem er keine DNase zusetzte. Nach einer halben Stunde drehte er die Reagenzgläser um: Das Sputum, das mit DNase behandelt worden war, floß leicht am Rand des umgedrehten Glases herunter, das unbehandelte Sputum blieb dagegen ein klebriger Klumpen. Als nächstes ließ Shak das menschliche DNase-Gen patentieren.

Genentech entschied sich sehr schnell, große Mengen der hochreinen DNase herzustellen und es an Kindern mit CF zu testen. Es wirkte so gut, daß sich die Lungenkapazität der Kinder rasch vergrößerte. Heute besitzt Genentech ein großes neues Gebäude, in dem ausschließlich DNase produziert wird.

Steve Shaks Geschichte zeigt, wie Wissenschaft durch die Arbeit und den ungewöhnlichen Spürsinn einzelner Personen vorankommt. Für die Huntington-Krankheit, die letzte große Ein-Gen-Krankheit, mußten jedoch Hunderte von Wissenschaftlern in zahlreichen Labors und in vielen Ländern zusammenarbeiten.

Kapitel 6

Das Grauen

Die Huntington-Krankheit ist nach Doktor George Huntington benannt, der im 19. Jahrhundert als Arzt auf Long Island lebte. Schon sein Vater und sein Großvater waren Ärzte gewesen. Sie hatten die Krankheit bereits in ihrer Praxis gesehen, bevor der junge George die medizinische Welt auf dieses Leiden aufmerksam machte.

Die Huntington-Krankheit ist eine schreckliche und dramatische Krankheit, die sich meist in den mittleren Jahren manifestiert. Die Patienten entwickeln Chorea, eine völlig unwillkürliche und unkontrollierbare Bewegungsstörung, bei der die Gliedmaßen plötzlich zucken und ausschlagen. George Huntington sah seine ersten Fälle ererbter Chorea, als er acht Jahre alt war:

> Als ich mit meinem Vater durch die Allee fuhr, die von East Hampton nach Amagansett führt, stießen wir plötzlich auf zwei Frauen, Mutter und Tochter. Beide waren groß, dünn und sahen aus, als seien sie dem Tode nahe; sie verbeugten und verdrehten sich und schnitten Grimassen... Von diesem Moment an hörte mein Interesse an dieser Krankheit nie mehr auf.

Jahre später gab er eine genaue Beschreibung der Krankheit, die er als „erbliche Chorea" bezeichnete. Seine Charakterisierung ist wunderbar klar:

> Ihr markantestes und wichtigstes Merkmal ist ein Schüttelkrampf der willkürlichen Muskeln. Bei diesen Kontraktionen kommt es nicht – wie etwa bei der Epilepsie – zu einem Verlust der Sinne oder der Willenskraft; der Wille ist da, es fehlt jedoch die Kraft, ihn durchzusetzen; die Bewegungen, die der Kranke machen will, werden zwar irgendwie ausgeführt, aber es scheint eine verborgene Kraft zu geben, etwas, das dem Kranken Streiche spielt, als wäre es dem Willen übergeordnet und wollte seine Pläne gewissermaßen durchkreuzen und pervertieren; wenn dann der Wille schwindet, sich auf jeden Fall durchzusetzen, nimmt diese Kraft die Dinge in die Hand und schüttelt das arme Opfer, so lange es wach ist, in einem fort; im allgemeinen, aber nicht immer, gewährt es während des Schlafs eine Ruhepause.

Man muß spüren, wie das, was Chorea ausmacht, durch die Worte des zweiten Satzes zuckt und tanzt; Huntingtons Sprache vermittelt viel mehr vom Wesen dieser Krankheit als jede trockene Darstellung der Fakten.

Es gibt noch andere Beschreibungen von Chorea. So gab es im Mittelalter unter den Menschen im nördlichen Frankreich, den Niederlanden und Belgien einen außergewöhnlichen Ausbruch von „Tanzsucht". Nach einer Beschreibung Heckers aus dem Jahre 1888 nahmen sich die Betroffenen

> an der Hand und stellten sich im Kreis auf. Sie schienen alle die Kontrolle über ihre Sinne verloren zu haben und tanzten stundenlang in wildem Taumel, ohne auf Umstehende zu achten, bis sie schließlich in einem Zustand der Erschöpfung zu Boden fielen...

Die Krankheit breitete sich innerhalb einer Generation über ganz Europa aus. Man bezeichnete sie als „Veitstanz", nach Vitus, einem Sizilianer aus dem 4. Jahrhundert. Ein ähnliches Gebrechen war der nach der Tarantel benannte „Tarantismus"; dieser war in Sizilien sehr verbreitet. Vitus wurde wegen seines christlichen Glaubens in einem Kessel voll kochendem Blei und Pech zu Tode gequält. Dort soll er für die Erlösung all derer gebetet haben, die an der Tanzsucht litten; sein Gebet soll, als er an Überhitzung starb, von Gott persönlich erhört worden sein.

Die Tanzkrankheit beruhte sicher auf einer Massenhysterie. Selbst in modernen Zeiten berichten die Zeitungen noch gelegentlich von Ausbrüchen ähnlich bizarrer Erkrankungen, die sich plötzlich in einer Schule oder einem Dorf ausgebreitet haben.

Thomas Sydenham benutzte den Namen Veitstanz für eine andere krampfartige Bewegungsstörung, die er bei Kindern beobachtet hatte. Heute wissen wir, daß dieses Syndrom eine Folge von Halsentzündungen ist, die durch Streptokokken verursacht werden. Die Opfer werden in der Regel wieder vollständig gesund. Mit den Jahren wurde der Begriff „Veitstanz" allmählich durch den weniger bildhaften Ausdruck „Chorea Sydenham" ersetzt – für Sprachliebhaber ein Verlust, aber vielleicht ein Trost für Eltern, deren Kinder daran erkranken. Chorea stammt vom selben Wort ab wie das griechische Wort für Chor und steht für „eine Gruppe von Tänzern und Sängern".

Huntington kannte Chorea Sydenham; er erklärte deshalb den Unterschied zwischen der Krankheit, die er beschrieb, und der gewöhnlichen Chorea folgendermaßen:

> ... Die Krankheit hat drei besondere Kennzeichen: ... sie wird vererbt ... die Patienten neigen zu Wahnsinn und Selbstmord ... und sie tritt in ihrer schweren Form ausschließlich bei Erwachsenen auf.

Die bizarren Bewegungen bei Chorea werden unaufhaltsam heftiger; ihnen folgt ein allgemeiner geistiger Verfall. Zuletzt werden die Betroffenen schwachsinnig. Zehn bis zwanzig Jahre nach der ersten unerklärlichen Zuckung ist der Tod dann eine barmherzige Erlösung. Die Beschwerden sind so eindeutig, daß ihre Erblichkeit immer schon auf der Hand lag. Obwohl die Krankheit erst spät im Leben ausbricht, ist nahezu jeder, der das anomale Gen besitzt, dazu verdammt, diese Beschwerden zu bekommen. Da sich die Krankheit erst spät manifestiert, kommen die Kinder der Opfer gerade zur Welt, wenn bei ihren Eltern die Krankheit diagnostiziert wird. Obwohl das fehlerhafte Gen tödlich ist, wurde seine Verbreitung innerhalb der Weltbevölkerung noch nicht untersucht.

Schon lange, bevor man irgend etwas von Genen oder Genetik wußte, begann man Familien auf die Krankheit hin zu untersuchen. Es ist jedoch, wie Michael Hayden in seiner Monographie „Huntington's Chorea" bemerkt, häufig viel schwerer als bei anderen Krankheiten, die familiäre Krankheitsgeschichte zurückzuverfolgen. Der Grund dafür ist, daß häufig Mitglieder der betroffenen Familien die angeborene Geisteskrankheit leugnen. Trotzdem ist es gelungen, Stammbäume der Huntington-Krankheit aufzustellen, die bis ins 17. Jahrhundert zurückreichen.

Die ersten Personen, die in Amerika betroffen waren, sind unter den Pseudonymen Jeffers, Nicolas und Wilkie bekannt geworden. Alle drei wurden im englischen Dorf Bures, in der Nähe von Colchester, an der Grenze zwischen Suffolk und Essex, geboren. Sie waren 1630 von Great Yarmouth aus nach Salem gesegelt, und es sieht so aus, als wären alle drei schwierige Menschen gewesen, denn Berichten zufolge kam jeder von ihnen mit dem Gesetz in Konflikt. Es gibt aber noch andere Ursprünge für die Huntington-Krankheit in Amerika und in der restlichen Welt. Aufgrund der Stammbäume scheint die am weitesten verbreitete Genmutation allerdings zum erstenmal irgendwo in Nordwest-Europa, in Frankreich, Holland oder Deutschland aufgetreten zu sein.

Hayden entdeckte, daß Personen mit dem anomalen Gen oft zu den ersten Siedlerfamilien in den früheren Kolonialgebieten gehörten. Das gilt offenbar für Amerika, die Westindischen Inseln, Südafrika und Australien. Möglicherweise wurden diese Personen in ihrer ursprünglichen Heimat aufgrund ihrer soziopathologischen Persönlichkeitsveränderungen, wie sie in sehr frühen Stadien dieser Krankheit auftreten, ausgegrenzt. Hayden nimmt an, daß zahlreiche Männer und Frauen mit dem Huntington-Gen in der Emigration eine Chance sahen, ihren Familien und ihrem Schicksal zu entfliehen. Doch bereits die alten Griechen wußten, daß man seinem Schicksal nicht entkommen kann. Auch in der Neuen Welt endete das Leben von Jeffers, Nicolas und Wilkie in Wahnsinn und Verzweiflung. Ihren Nachkommen ging es nicht besser: Unter ihnen befanden sich nicht weniger als sieben Frauen, die als Hexen angesehen wurden – und das in einem Zeitalter, in dem Hexerei mit Verbrennen auf dem Scheiterhaufen bestraft wurde.

Die Huntington-Krankheit ist eine schwere und schreckliche Erkrankung, die tragischerweise vererbt wird. Das wurde bereits vor der DNA-Ära international erkannt und untersucht. Es ist ein dominanter Erbgang; dominant, weil er in ununterbrochener Reihenfolge von Generation zu Generation weitergegeben wird. Dominante Vererbung bedeutet, daß eine Kopie des anomalen Gens genügt, um die Krankheit zum Ausbruch zu bringen. Glücklicherweise ist die Huntington-Krankheit selten und befällt nur einen von 20 000 Menschen. Trotzdem ist leicht einzusehen, warum es die ersten Genjäger vor allem auf sie abgesehen hatten.

Die Jagd begann am legendären Massachusetts General Hospital in Boston im Labor von James Gusella. Seit 1970 arbeiteten dort zahlreiche Wissenschaftler gemeinsam an der Erforschung der Huntington-Krankheit. 1980 begannen Gusella und seine Kollegen nach Familien mit der Huntington-Krankheit Ausschau zu halten, die sie für ihre Suche nach dem Gen gebrauchen konnten. Sie wählten zwei Großfamilien aus, eine aus den Vereinigten Staaten und eine von den entlegenen Ufern des Maracaibo-Sees in Venezuela. Die Familie in Venezuela stammte von einem gemeinsamen Vorfahren ab, der an dieser Krankheit litt; ihr Stammbaum umfaßte über tausend Personen. Gusella, Nancy Wexler sowie ihre Kollegen aus Venezuela brauchten drei Jahre, um sich durch alle Verästelungen dieser Familie durchzuarbeiten. Jedes Jahr besuchten die Amerikaner diese Leute einen Monat lang, untersuchten jedes Familienmitglied gründlich und sammelten Blutproben für spätere DNA-Analysen.

Anfang 1983 beschlossen sie, mit der Genjagd zu beginnen. Anfangs benutzten sie keine DNA-Marker, sondern untersuchten geringfügige Variationen einiger Proteine, wie man sie im Blut findet. Diese Varianten kann man genauso wie DNA-Varianten für den Nachweis einer genetischen Kopplung benutzen, da das Protein an einer bestimmten Position des Chromosoms von der DNA eines Gens codiert wird. Es gibt etwa 15 bis 20 Proteine, die man dafür benutzen kann. Die Information, die man auf diese Weise erhält, ist leider sehr gering, da sich die Proteinvarianten insgesamt nicht genügend von Person zu Person unterscheiden und man deshalb nur von etwa 10 Prozent des Genoms sicher sagen kann, daß es das Gen für die Huntington-Krankheit nicht enthält. Gusella und sein Team entschieden sich deshalb, es mit DNA-Markern zu versuchen; zur damaligen Zeit gab es diesen Ansatz allerdings erst auf dem Papier.

Ray White mit seiner Sondenfabrik besaß noch keine Karte des Genoms. Gusella und seine Mitarbeiter mußten deshalb ihre eigenen Marker finden. Sie baten einen führenden Molekularbiologen, Tom Maniatis, um eine Genbank menschlicher DNA-Klone. Die Genbank umfaßte Millionen Klone, die man in Bakterien wachsen lassen konnte und die jeweils einen sehr kleinen spezifischen Abschnitt des menschlichen Genoms enthielten. Diese Art Genbank gibt es jetzt überall, damals war sie ein seltener Schatz.

Gusella und sein Team fanden bei einem ersten Experiment zwölf Klone, die Polymorphismen aufspürten. Mit ihnen konnten sie versuchen, das Gen zu kartieren. Einer von ihnen, der achte Klon („G8") war genetisch eng mit dem Gen für die Huntington-Krankheit gekoppelt: G8 und das Gen für die Huntington-Krankheit mußten nahe beieinander auf demselben Chromosom liegen.

Das war ein unerhörter Glücksfall. Sie waren die erste Gruppe überhaupt, die für eine Gensuche DNA-Marker benutzten und, obwohl die Chancen mindestens 200 zu eins gegen sie standen, entdeckten sie mit ihrer ersten Gruppe von Markern eine Kopplung. Da war es nur ein kleines Handikap, daß sie zunächst keine Ahnung hatten, von welchem Chromosom G8 stammte. Sehr schnell ließ sich zeigen, daß G8 zu Chromosom 4 gehört.

Das hatte zwei entscheidende Konsequenzen. Zum einen konnte man in Familien, von denen man wußte, daß Mitglieder betroffen waren, die Krankheit bereits diagnostizieren, bevor die ersten Symptome auftraten. Die betreffenden Personen konnten dann eine Schwangerschaft vermeiden oder, falls sie schwanger waren, ihren Fötus pränatal untersuchen lassen. Überraschenderweise – vielleicht hätte man sich das aber auch denken können – wollte nicht jeder, der von einer so schrecklichen Krankheit befallen werden konnte, sein Schicksal erfahren, solange er noch gesund und munter war. Die andere große Hoffnung, die mit der Kopplung mit Chromosom 4 verbunden war, bestand darin, daß man das Gen selbst klonieren, die Ursache für die Erkrankung aufklären und eine effektive Therapie entwickeln konnte.

Nach solch einem grandiosen Start sprach alles für einen weiteren raschen Fortschritt. Ein Leitartikel in *Nature* sprach bereits vom „Anfang vom Ende". Leider verließ Gusella und all die anderen, die ebenfalls nach dem Gen suchten, nach diesem ersten großen Glücksfall die Gunst des Schicksals.

Die Wissenschaftler begannen, nach neuen Markern auf Chromosom 4 zu suchen. Recht schnell fanden sie heraus, daß sich das Gen fast am Ende des kurzen Arms dieses Chromosoms befand. Chromosomen haben normalerweise einen kurzen und einen langen Arm. Die Chromosomenenden, die sogenannten Telomeren, sind im Vergleich zu anderen Teilen des Chromosoms äußerst komplex; denn sie enthalten sehr viele repetitive Sequenzen. Diese Struktur ist erforderlich, damit die Chromosomen vor der Zellteilung vollständig kopiert werden können. Der Bereich, den die Wissenschaftler auf ihrer Suche nach dem Huntington-Gen durchforsten mußten, enthielt etwa sechs Millionen Basenpaare DNA.

Um innerhalb der sechs Millionen Basenpaare das Gen orten zu können, suchten die Wissenschaftler nach Rekombinationsereignissen. Das sind Stellen, an denen beide Chromosomen aufgebrochen, kreuzweise miteinander vertauscht und dann wieder verknüpft werden. Eine Rekombination ist – im Gegensatz zu der Art von Chromosomenbrüchen, wie sie etwa die Duchenne-Form der Muskeldystrophie auslösen – ein normaler Vorgang. Sie gehört zu dem Prozeß, durch den in jeder Generation die Gene neu verteilt werden; mehr über dieses sogenannte Crossover steht im nächsten Kapitel (S. 85 f.). Obwohl man nicht sehen kann, wo ein solches Crossover stattfindet, läßt es sich mit Hilfe genetischer Marker nachweisen. Man kann damit eine Stelle ausfindig machen, an der im Chromosom der normale DNA-Strang auf die

Region trifft, die ein Krankheitsgen enthält: Wird die DNA auf der einen Seite des
Crossover vererbt, kommt ein normales Kind zur Welt, wird die DNA der anderen
Seite vererbt, bricht die Krankheit aus. Damit hat man das mutierte Gen lokalisiert.
Innerhalb einer Größenordnung von sechs Millionen Basenpaaren kommt es äußerst
selten zu Rekombinationsereignissen; man findet sie bei etwa sechs Prozent der Kin-
der.

Innerhalb eines Jahres hatten die Wissenschaftler zwölf Rekombinationsereignisse
entdeckt. Unglücklicherweise ergaben sich Widersprüche. Einige Crossover schienen
auszuschließen, daß das Gen für die Huntington-Krankheit in der gesamten Region
vorkommen konnte, aufgrund anderer wurde das Gen in der Nähe von G8 lokalisiert,
etwa zwei Millionen Basenpaare vom Ende entfernt. Wieder andere Befunde sprachen
dafür, daß es ganz am Ende des Chromosoms liegen würde, einige hunderttausend
Basenpaare vom Chromosomenende entfernt. Am plausibelsten schien die Annahme
zu sein, daß sich das Gen in der terminalen Region befand. Die Unstimmigkeiten
wurden auf weitere Rekombinationsereignisse zurückgeführt, die noch nicht entdeckt waren. Da Crossover innerhalb eines Chromosomabschnitts sehr selten sind
– die Chancen stehen tausend zu eins, selbst wenn das Fragment sechs Millionen
Basenpaare lang ist – war diese Erklärung allerdings unbefriedigend. Sie war jedoch
von allen zur Verfügung stehenden die beste. Die meisten Forscher akzeptierten die
Hypothese und arbeiteten weiter.

Daß die Suche nach dem Huntington-Gen im folgenden so schlecht vorankam,
mag an dieser Unsicherheit gelegen haben. Erst im Jahre 1990 konnte die Endregion
des Chromosoms im Labor von Hans Lehrach an der Imperial Cancer Research
Foundation in London kloniert werden. Bedauerlicherweise fand man weder ein weiteres Rekombinationsereignis noch das legendäre Huntington-Gen nur ein großes
Durcheinander repetitiver DNA. Statt einer Goldmine hatten die Jäger einen Schrottplatz gefunden. Sie waren in die Irre gelaufen.

Die Anzahl der Wissenschaftler, die sich an dem Projekt beteiligten, wuchs auf
beiden Seiten des Atlantiks ständig. Die wichtigsten Gruppen schlossen sich unter
der gemeinsamen Bezeichnung „The Huntington's Disease Collaborative Research
Group" zusammen. Der Name mag nicht besonders phantasievoll klingen, aber eine
Zusammenarbeit war unerläßlich, sollte die Jagd nach dem Gen Erfolg haben. Einige
Wissenschaftler durchkämmten medizinische Klinken und genetische Register nach
neuen Familien, die von der Krankheit befallen waren. Sie waren auf der Suche nach
neuen Rekombinationsereignissen, die helfen sollten, die Position des Gens zu ermitteln. Andere versuchten, neue Marker zu finden; wieder andere begannen, eine
„physikalische Karte" der DNA aufzustellen. Sie hofften auf Orientierungspunkte
wie die HTF-Inseln, die die voraussichtliche Position von Genen anzeigen konnten
– so wie ein Geologe bei einer Vermessung Ausschau nach Anzeichen für einen erz-
haltigen Felsen hält.

Zu diesem Zeitpunkt konnte man nicht mehr über die Tatsache hinwegsehen, daß die Art, wie diese Krankheit vererbt wurde, alles andere als einfach war. Es wurde deutlich, daß sich die Krankheit von Generation zu Generation verschlimmerte. Bei Kindern von Personen, bei denen die Krankheit erst spät ausbrach, war diese Entwicklung zum Schlechteren hin nicht sehr ausgeprägt. Erkrankte dagegen jemand bereits in jungen Jahren, was normalerweise bedeutete, daß die Krankheit sehr viel schwerer ausfiel, war die Erkrankung in der nächsten Generation noch um einiges ernster.

Weder die Gesetze der Genetik noch das herrschende Verständnis der genetischen Mechanismen ließen es zu, daß sich die Eigenschaften von Generation zu Generation verändern; da machte auch das Jahr 1985 keine Ausnahme: Das Gen galt als stabil – außer bei spontan auftretenden, klar erkennbaren Mutationen. Der äußerst befremdliche Befund wurde noch weiter durch die Erkenntnis kompliziert, daß ausgesprochen schwere Fälle normalerweise von der Mutter vererbt wurden. Auch dafür hatte die Genetik keine Erklärung, obwohl halbherzig genomisches Imprinting (S. 103 ff.) als mögliche Ursache vorgeschlagen wurde. In der Tat zeigt sich darin, wie diese Fragen behandelt wurden, daß Wissenschaftler genauso ihre menschlichen Schwächen haben wie andere Sterbliche auch.

Die These, daß sich einige Erbkrankheiten über Generationen hinweg verstärken können, hatte zu Beginn des Jahrhunderts erstmals ein Doktor F.W. Mott aufgestellt. Seine Ideen basierten auf der Untersuchung von Familien mit Geisteskrankheiten oder, wie man damals sagte, „Verrückten in Irrenanstalten". Mott beobachtete, oder glaubte, zu beobachten, daß die Kinder von Geisteskranken sogar noch schwerer erkrankten als ihre Eltern. Dieses Phänomen bezeichnete er als „Antizipation". Seine Schlüsse waren stark von der eugenischen Sicht Francis Galtons geprägt – über ihn später mehr. Mott war der Ansicht, daß die Gesellschaft degenerierte, weil,

> augenblicklich in Großbritannien die Hälfte bis zu zwei Drittel der Leute in kleinen Familien leben, darunter fast die gesamte Elite. Schwachsinnige, Arme, fremde Juden, römisch-katholische Iren, verschwenderische Arbeiter sowie Kriminelle und andere setzen dagegen jede Menge Kinder in die Welt.

Für Mott waren die Geisteskranken „verfaulte Zweige, die vom Baum des Lebens abfallen". Daß er diese Sicht 1910 im *Lancet* und im *British Medical Journal* als seriöse Wissenschaft präsentieren konnte, sagt mehr über die britische Gesellschaft der damaligen Zeit, als uns lieb ist. Glücklicherweise verloren solche Meinungen an Popularität, und auch F.W. Mott fiel vom Baum des Lebens.

Die genetische Antizipation wurde – wenn auch unter anderem Namen – bei Familien mit myotonischer Dystrophie (Curschmann-Steinert-Syndrom) wiederentdeckt. Dabei handelt es sich um eine seltene, ererbte Muskelerkrankung, bei der die Opfer ihre Muskeln nach einer Kontraktion nicht mehr entspannen können. Die Patienten haben Schwierigkeiten beim Gehen, Männer bekommen vorzeitig eine

Glatze und hinterlassen daher einen ganz charakteristischen Eindruck. Als ich Assistenzarzt war, arbeitete ich für den großen A.K. Cohen, den Präsidenten des Royal Australasian College of Physicians. Cohens Beobachtungsgabe war legendär; mit erschreckender Regelmäßigkeit legte er seine Assistenzärzte herein. Eines Nachts diagnostizierte ich bei einem Verletzten einen Fall von myotonischer Dystrophie. Der Patient hatte die Sprechzimmer mehrerer Ärzte durchlaufen, ohne daß die Krankheit erkannt worden war. Voller Stolz auf meine Klugheit gedachte ich, den großen Mann am nächsten Morgen auf die Probe zu stellen. Als Cohen seine Visite über die Station begann, schlurfte der Patient, etwa 40 Meter von uns entfernt, am Ende des Flurs aus seinem Zimmer auf die Toilette. „Dystrophia myotonica" bemerkte Cohen, während er kaum von seinen Papieren aufsah. „Ist das der interessante Fall, den Sie mir zeigen wollten?"

Mir fehlten die Worte. Leider geht, zum Schaden der Patienten, bis zur Diagnose dieser Krankheit oft viel Zeit verloren, weil die meisten Ärzte nicht über die Beobachtungsgabe eines Alex Cohen verfügen. Cohen nahm regelmäßig Facharztprüfungen ab: Einmal erzählte er die Geschichte einer Kandidatin, die – wie man es die Ärzte lehrt – einem Patienten die Hand schüttelte, bei dem sie eine Dystrophie diagnostizieren sollte. Cohen und die anderen Prüfer sahen, wie sich die angehende Fachärztin aus dem Griff des Patienten befreite. Als sie gebeten wurde, ihm nochmals die Hand zu geben, entwand sie ihm erneut ihre Hand, ohne auf die richtige Diagnose zu kommen. Vielleicht war sie zu nervös; ihr Unvermögen, das Offensichtliche zu erkennen, könnte jedoch auch auf das Vorurteil zurückzuführen sein, nach dem alte Männer gewöhnlich dazu neigen, die Hände junger Frauen zu ergreifen und allzu lange festzuhalten.

Neben Klammergriff und Kahlköpfigkeit findet man bei Patienten mit myotonischer Dystrophie auch noch Katarakte. 1918 erkannte der Schweizer Ophthalmologe Bruno Fleischer, daß Eltern und Großeltern der an myotonischer Dystrophie Erkrankten ebenfalls häufig unter Katarakten leiden – trotz des Umstandes, daß diese Personen keine weiteren Krankheitssymptome aufweisen. Das Phänomen wurde durchweg beobachtet, und bis in die späten 40er Jahre wurde darüber mit zunehmender wissenschaftlicher Glaubwürdigkeit berichtet.

Mit wachsendem Verständnis für die physikalische Basis der Gene und der Genetik wurde es dann jedoch zu einem Problem. Der zeitgenössische Wissensstand über die Wirkungsweise der Gene ließ keinen Platz für Kuriositäten, nach denen sich ein Gen in zahlreichen Familien über eine begrenzte Anzahl aufeinanderfolgender Generationen generell verändern konnte. Genetische Antizipation durfte es einfach nicht geben; da mußten sich frühere Beobachter geirrt haben. Tatsächlich machte Lionel Penrose, ein liebenswürdiger Mann und großartiger Genetiker, eine elegante Untersuchung, in der er zeigen konnte, daß das Phänomen der genetischen Antizipation ganz davon abhing, wie sich die Familien ihren Ärzten präsentierten. Kurz gesagt, schloß er, daß nur die schwersten Fälle einen Arzt aufsuchten, so daß Personen, die nicht zum Arzt gingen – in der Regel die Eltern –, dann im Normalfall als vergleichsweise leichte Fälle angesehen wurden.

Befreit von dem Zwang, „Unmögliches" verstehen zu müssen, vergaßen Mediziner und Wissenschaftler einträchtig für lange Zeit die genetische Antizipation. Das ging gut, bis eine neue Erbkrankheit auftauchte. Es war das sogenannte Fragile-X-Syndrom. Kinder und Erwachsene, die daran erkranken, zeigen nur geringe Intelligenz und schauen aus weit auseinander stehenden Augen. Erkrankte Männer haben große Hoden, an die sich offenbar jeder erinnert, der mit diesen Kranken zu tun hatte. Das Vererbungsmuster ist wie bei der Muskeldystrophie geschlechtsgekoppelt. Frauen können jedoch ebenfalls mehr oder weniger betroffen sein und die Krankheit von ihren Vätern erben. Das bedeutete, daß wahrscheinlich ein Gen auf dem X-Chromosom für die Krankheit verantwortlich war. Tatsächlich konnte man bereits unter dem Mikroskop erkennen, daß die Form des X-Chromosoms verändert war: An einem seiner Enden stand ein kleines Stück über. Das Fragile-X-Syndrom schien ebenfalls von Generation zu Generation schwerer auszufallen und, um das Ganze noch auf die Spitze zu treiben, wurden die schwersten Fälle immer über die mütterliche Linie vererbt.

Peter Harper ist ein Genetiker aus Cardiff. Er spielte bei der Jagd nach den Genen für die myotonische Dystrophie und die Huntington-Krankheit eine führende Rolle. Harper wies als erster auf Ähnlichkeiten zwischen der Antizipation beim Fragilen-X-Syndrom und der myotonischen Dystrophie hin. Diese sehr kluge Beobachtung blieb lange Zeit unbeachtet, da man sie noch immer nicht erklären konnte. Zu der Zeit, als ich Assistenzarzt war, wurde eines Nachts ein älterer Mann auf die Station gebracht. Er hatte einen leichten Schlaganfall erlitten, der nur einen kleinen Teil seines Gehirns zerstört hatte; aufgrund des Hirnschlags war er nicht mehr in der Lage, Objekten mit den Augen zu folgen. Neurologen bezeichnen diese Art der Augenbewegungen als „Folgebewegung". Obwohl der Mann einem Finger, den man an seinem Gesicht vorbeiführte, nicht zu folgen vermochte, konnte er auf Befehl seine Augen ganz normal von einer Seite zur anderen hin- und herbewegen. Das war möglich, weil die beiden Arten der Augenbewegung, das Verfolgen von Gegenständen und das Hin- und Herbewegen der Augäpfel, von zwei verschiedenen Hirnbereichen kontrolliert werden. Durch den Schlaganfall war bei dem alten Mann nur einer dieser beiden Bereiche ausgefallen.

Ein fähiger Neurologe, der sich den Patienten am nächsten Tag ansah, stellte die Diagnose. Da der arme alte Mann mit seinem Schlaganfall ein „interessanter Fall" war, kam eine Reihe von Medizinstudenten, um sich ihn anzusehen. Man forderte sie auf, auf die Augen des Patienten zu achten, verriet ihnen jedoch nicht die Diagnose. Alle kamen zum selben Schluß: Der Patient war geisteskrank. Er konnte noch nicht einmal die Aufforderung verstehen, dem Stift eines Studenten mit den Augen zu folgen, obwohl es ihm leicht fiel, sich umzublicken, wenn eine Schwester ins Zimmer trat. Nahezu ausnahmslos ließen sich die Studenten von seiner „Dummheit" irritieren.

Die Lehre, die man aus diesen medizinischen Geschichten sowie der Geschichte der genetischen Antizipation ziehen sollte, lautet: Wir alle ähneln mehr oder weniger diesen Studenten. Stoßen wir auf etwas, das wir nicht verstehen, tun wir es als Artefakt ab; das ist die einfachste Art, mit schwierigen Problemen fertig zu werden. Die Kunst eines Wissenschaftlers oder guten Arztes besteht jedoch gerade darin, Widersprüchliches aufzugreifen und nach einer Erklärung zu suchen.

Das Rätsel der genetischen Antizipation wurde auf überraschende Weise gelöst, als die DNA des Fragilen-X-Syndroms 1991 kloniert worden war. Das Gen namens „Fra-X" enthält eine DNA-Sequenz mit den drei Nucleotidbasen CGG. Diese drei Basen wiederholen sich in der normalen und der veränderten Sequenz immer wieder. Die Anzahl der Wiederholungen ist jedoch bei normalen und defekten Genen sehr unterschiedlich: Während das CGG-Triplett bei gesunden Personen zehn- bis dreißigmal vorkommt, wiederholt sich die Sequenz bei Patienten mit Fragilem-X-Syndrom 50 bis 2000 Mal. Dieser zusätzliche DNA-Bereich beeinträchtigt die normale Funktion der Gene. Je öfter sich das Element wiederholt, desto schwerer fällt die Krankheit aus.

Überträger der Krankheit besitzen 40 bis 50 Wiederholungen; das reicht nicht aus, um das Gen völlig auszuschalten. Die Anzahl der Elemente ist jedoch nicht stabil; bei einer Zellteilung, wenn eine neue Eizelle gebildet wird, kann sie sich plötzlich verdoppeln oder verdreifachen. So war das Phänomen der genetischen Antizipation endlich geklärt; dies wurde in der Gemeinde der Genetiker mit Begeisterung aufgenommen.

Gegen Ende des Jahres 1991 fand man auch das Gen für die myotonische Dystrophie. Tatsächlich gab es auch in diesem Gen Tripletts, die sich wiederholten und auf diese Weise das Gen destabilisierten und die Krankheit auslösten. Wieder besaßen gesunde Menschen 20 bis 35 dieser DNA-Elemente, Überträger mehr als 50 und kranke Personen zwischen 100 und 2000. Nur wenige Monate später zeigte sich, daß auch eine dritte Erkrankung, die viel seltener auftritt als die beiden anderen, die sogenannte neurale Muskelatrophie, darauf beruht, daß eine repetitive Sequenz überhandnimmt.

Die Aufmerksamkeit wandte sich jetzt erneut der Huntington-Krankheit zu. Das Phänomen der genetischen Antizipation mochte für diese Art der Mutation sprechen, aber die Schwierigkeiten, das Gen zu orten, ließen keine Hoffnung auf weitere Fortschritte aufkommen: Das Gen befand sich irgendwo in einer DNA-Region von sechs Millionen Basenpaaren und unter vielleicht dreihundert anderen Genen. Obwohl sich das Gen jetzt nicht mehr am äußersten Ende des Chromosoms befinden konnte, blieb die genetische Information, die sich aus der Position der Rekombinationsereignisse ergab, hoffnungslos mehrdeutig.

Anstatt aufzugeben, vielleicht aber auch, weil sie sich mittlerweile schon so sehr engagiert hatten, daß es kein Zurück mehr gab, wandten sich die Wissenschaftler einer anderen Art der Kartierung zu. Diese beruhte auf einem Prozeß, der als „Kopplungsungleichgewicht" bezeichnet wird. Die meisten Fälle der Huntington-Krankheit stammten, wie man glaubte, von einem einzigen Vorfahren ab. Eines seiner Chromosomen der Nummer 4 mußte mutiert sein. Auf diesem Chromosom war sicher um das Huntington-Gen herum die übliche Anzahl von Polymorphismen gewesen, wie sie in der Gesamtbevölkerung verbreitet waren. Nur für sich genommen würde eine einzige Punktmutation in der Nähe des Huntington-Gens den Genjägern zwanzig Generationen später nicht weiterhelfen. Bezog man jedoch alle Polymorphismen in diesem Bereich mit ein, ergab sich eine höchst individuelle Handschrift. Eventuell konnte man dieses Signal sogar nach Hunderten von Jahren noch erkennen, auch wenn die Signatur selbst inzwischen verlorengegangen wäre, da die gesamte DNA in dieser Region in den nachfolgenden Generationen immer wieder umgestellt worden war. Im Fachjargon ausgedrückt, wäre dann der Polymorphismus bei der Bevölkerung im Gleichgewicht. Die Signatur würde zuerst weit entfernt von der Mutation im Huntington-Gen zu verschwinden beginnen, in der Nähe des Gens jedoch noch länger zu erkennen sein. Wo sie bestehen blieb, gäbe es dann ein Ungleichgewicht.

Gusella und die Huntington's Disease Collaborative Research Group suchten in ihren Testfamilien nach einem solchen Ungleichgewicht. Etwa zwei Millionen Basenpaare vom Ende des Chromosoms entfernt fanden sie ein schwaches Signal. Dieses zeigte, daß ein Drittel aller Fälle denselben Teil des Chromosoms besaßen. Sie stammten alle von einer Person ab: der ersten Person, die von der Huntington-Krankheit befallen war! Das Signal war jedoch nicht eindeutig, und die Wahrscheinlichkeit, daß es nur ein Zufallsbefund war, war groß genug, um die meisten Wissenschaftler davon zu überzeugen, ihre Suche besser anderswo fortzusetzen. Gusella und seine Mitarbeiter gingen jedoch das Risiko ein und konzentrierten sich auf diese Region; sie bestand aus etwa 500 000 Basenpaaren.

Sie klonierten die gesamte Region. Eine halbe Million Basenpaare waren zu lang für eine Sequenzierung; deshalb benutzten sie eine exotische Form der Molekularbiologie, die sogenannte „Exonvervielfältigung", um Teile der Gene aus dieser Region zu isolieren. Sie fanden drei Gene, von denen keines eine Anomalie aufwies. Am Ende der 500 000 Basenpaare stießen sie dann noch auf ein Gen, das sie IT15 nannten. Es war ein großes Gen, das sich über 200 000 Basenpaare erstreckte. Es codierte ein vollkommen unbekanntes Protein, das keinem bisher bekannten Protein glich.

Sie fanden in diesem Gen eine Sequenz, in der das Triplett CAG mehrfach wiederholt wurde. In der normalen Bevölkerung kam diese Wiederholung 11 bis 34 mal vor. Bei Huntington-Patienten entdeckte man dagegen 42 bis 66 Kopien. Je häufiger diese Sequenz wiederholt wurde, desto schwerer war die Krankheit. Das war genau so wie bei den Triplettwiederholungen im Fragilen-X-Syndrom und der myotonischen Dystrophie. Das Rennen war gelaufen, das Gen für die Huntington-Krankheit gefunden. Die Schlacht, an der sich Hunderte von Wissenschaftlern aus verschiedenen Labors beteiligt hatten, hatte mehr als zehn Jahre gedauert und Unsummen verschlungen.

Obwohl alle das glückliche Ende der Suche bejubelten, bedeutet die Entdeckung des Gens keineswegs, daß damit auch gleichzeitig eine Therapie für die Krankheit gefunden worden wäre. Man findet in vielen neuen Genen Motive, die auf eine potentielle Genfunktion hinweisen, beim „Huntingtin"-Gen, wie es getauft wurde, jedoch nicht. Bis heute ist seine Rolle unbekannt. Mysteriöserweise ist es in zahlreichen Geweben aktiv, löst jedoch nur im Gehirn eine Krankheit aus. Weitere zehn Jahre Arbeit werden nötig sein. Gusella und all die anderen, die sich an der Jagd beteiligt haben, sind jedoch fürs erste von ihrer Sisyphusarbeit erlöst.

Charakteristisch für die Suche nach dem Gen für die Huntington-Krankheit war, daß auf einen erstaunlichen Glücksfall zu Beginn später immer größere Schwierigkeiten folgten, die fast zum Aufgeben geführt hätten. Dieses Los Gusellas traf auch andere Forscher.

Steven Reeders, früher am Nuffield Department of Medicine in Oxford, entschied sich, nach dem Gen für die adulte polycystische Nierenerkrankung (APKD, *adult polycystic kidney disease*) zu suchen. Das ist eine dominante Erbkrankheit, die in mittleren Jahren zu Nierenversagen führt. Obwohl die Krankheit in der Gesamtbevölkerung sehr selten ist, findet man sie häufig bei Menschen, die auf die Dialyse mit einer künstlichen Niere oder eine Nierentransplantation angewiesen sind.

Reeders wurde in Oxford berühmt, weil er als junger Krankenhausarzt während der Chefarztvisite regelmäßig mit seinem Börsenmakler telefonierte. So fiel bereits zu Beginn seiner Karriere sein ausgeprägtes Organisationstalent auf. Als er sich einmal für die Suche nach dem Gen entschieden hatte, sammelte er, um an die DNA zu kommen, in England eigenhändig Blut von den meisten bekannten APKD-Familien. Er richtete sein Labor am Nuffield Department of Medicine ein, extrahierte die DNA, ließ sich Marker schicken und begann, nach Kopplung Ausschau zu halten.

Im Nachbarlabor von Reeders gab es einen Hämatologen namens Doug Higgs. Doug untersuchte die Gene des Hämoglobins, des für den Sauerstofftransport zuständigen Farbstoffs der roten Blutkörperchen. Eines dieser Hämoglobingene wird als α-Globin bezeichnet; es befindet sich auf Chromosom 16. Neben dem α-Globin-Gen gab es eine hochvariable DNA-Region, einen sogenannten Minisatelliten, den die Genjäger gern als Sonde benutzten (S. 38). Als Reeders in das α-Globin-Labor kam und fragte, ob sie eine Sonde für ihn hätten, gab ihm Higgs natürlich den α-Globin-Minisatelliten.

Reeders testete die Sonde an seinen Familien. Sie war in allen Familien mit APKD gekoppelt. Es gab keinen Zweifel, daß er das APKD-Gen lokalisiert hatte. Reeders leugnete, daß der α-Globin-Minisatellit die erste Sonde war, die er überhaupt getestet hatte; doch in seiner Abteilung ist man genau dieser Ansicht. Selbst wenn er Glück hatte, war es hervorragende Arbeit: Ein Jahr nach Beginn seines Projekts hatte er herausgefunden, daß sich das Gen für APKD auf Chromosom 16 befindet. Nach ein paar weiteren Monaten wurden ihm Forschungsgelder auf dem Silbertablett angeboten, und einige Monate später schloß er sich dem „brain-drain" in die Vereinigten Staaten an.

Reeders und seine expandierende Gruppe fanden schnell flankierende Marker um das APKD-Gen herum und kreisten rasch einen relativ kleinen Bereich ein, der das Gen enthalten mußte. Dann verließ sie das Glück. Die Region war voller Gene. Nach fünf Jahren mühsamer Arbeit zählten sie zuletzt in wenigen hunderttausend Basen zwanzig Gene. Mittlerweile beteiligen sich weitere Wissenschaftler an der Suche, und Investmentgesellschaften werben für den Erfolg. Das Gen zu entdecken, ist eine Sache, Mutationen zu finden und nachzuweisen, daß es das richtige Gen ist, eine andere. Will man zwanzig Gene nach einer Mutation absuchen, bei der möglicherweise nur ein einziges Basenpaar ausgetauscht wurde, ist man gezwungen, stupide und zunächst meist ohne Hoffnung auf Anerkennung immer dieselben Routinearbeiten zu wiederholen. Vor den Forschern liegen Monate und Jahre voller Arbeit, in denen sie auf einen Durchbruch hoffen, der vielleicht nie kommt.

Greg Germino, ein Amerikaner aus Reeders Arbeitsgruppe, hat folgenden Vergleich für die Genjagd gefunden: „Bei der Suche nach einem Gen geht es genau so zu wie bei den Helden aus Conrads Roman *„Herz der Finsternis"* oder den Soldaten aus Coppolas Film *„Apocalypse Now"*. Du startest frohen Mutes an der Flußmündung; große Abenteuer warten auf Dich. Doch je weiter flußaufwärts Du fährst, je schwerer es wird voranzukommen und je mehr die Eingeborenen stehlen und betrügen, desto mehr beginnst Du – erst, ohne es zu merken – korrupt zu werden. Es geht immer lagsamer voran, du wirst müde und bekommst schlechte Laune, die Eingeborenen rächen sich, auch du übst Vergeltung, und es kommt zu immer mehr Grausamkeiten. Am Ende steckst du in der Hölle, murmelst „das Grauen, das Grauen" und hoffst wider jede Vernunft, daß irgend jemand anders das Gen kloniert und dich da raus- holt".

Es gibt Tausende weiterer Krankheiten, die von einem einzigen Gen verursacht werden. Ausgelöst werden sie von einer ganzen Ansammlung bizarrer und wunder- samer Gene. Jedes von ihnen, das wir entdecken, wird unser Verständnis von dem, was wir sind und was uns am Leben erhält, um eine neue Erkenntnis erweitern; aber solche Entdeckungen sind selten. Eine Regel in der medizinischen Wissenschaft be- sagt, daß sich die Mühe nicht lohnt, wenn die Anzahl der Wissenschaftler, die eine Krankheit untersucht, größer ist als die Zahl der Erkrankten. Die heroische Anstren- gung, die nötig ist, um ein mutiertes Gen zu isolieren und zu klonieren, bedeutet, zumindest beim augenblicklichen Stand der Technik, daß die meisten Gene warten müssen. Dagegen lohnt es, ein anderes einzelnes Gen zu jagen, obwohl nicht jeder

der Meinung sein wird, daß es eine Krankheit verursacht: Es ist das Gen, das den
sonderbaren Zustand „Männlichkeit" verursacht.

Kapitel 7

Sex

Unser Geschlecht ist allem Anschein nach genetisch bedingt. Wir kommen – von nur sehr wenigen Ausnahmen abgesehen – männlich oder weiblich auf die Welt. Sind wir erst einmal geboren, ändern Umwelt oder Erfahrung kaum noch etwas an unserem Körper. Bevor wir uns aber auf die Suche nach den Genen begeben, die unser Geschlecht bestimmen, wollen wir noch ein paar verzwickte Fragen stellen. Warum gibt es Sex? Warum haben sich bei uns zwei Geschlechter herausgebildet? Welche Kräfte in der Evolution haben dafür gesorgt, daß so viele Lebewesen in Männchen und Weibchen aufgeteilt werden? Fragen, die nicht so leicht zu beantworten sind.

Sex ist eine Hauptbeschäftigung unserer Spezies: Männer denken alle acht Minuten daran; Frauen denken an nichts anderes – glaubt man den Magazinen, die sie in Flugzeugen liegen lassen. Sex unterhält eine eigene Industrie und stand Pate bei vielen der größten Kunstwerke. Es ist daher nicht verwunderlich, daß das Wort Sex eine Vielzahl von Bildern heraufbeschwört. Fragt man eine beliebige Anzahl von Leuten, was sie über Sex denken, so bekommt man ebenso viele Antworten. Fragt man sie allerdings, was ihrer Meinung nach Wissenschaftler über Sex denken, so fällt ihre Antwort wesentlich einförmiger und sicher viel nüchterner aus. Die biologische Bedeutung von Sex, werden die meisten antworten, liegt in der Fortpflanzung. Ohne Sex gäbe es keine Kinder, ohne Kinder keine menschliche Rasse. Tatsächlich wäre ohne Sex sehr wenig Leben auf dieser Erde.

Ist das wirklich wahr? Vögel tun es, Bäume tun es, wir tun es; doch längst nicht alle Lebewesen sind darauf angewiesen: Bakterien, diese rastlosen Bündel erfinderischer DNA, beispielsweise nicht. Viele Bakterien, die Ihre Haut bevölkern, haben sich in der Zeit, die Sie brauchen, um diese Seite zu lesen, verdoppelt – und das ohne Sex! Die kleine bescheidene Amöbe teilt sich munter drauflos und produziert so fröhlich und ununterbrochen neue identische Kopien von sich selbst. Schneidet man eine Hydra mitten durch, wachsen die beiden Hälften seelenruhig weiter und machen den Verlust wieder wett. Viele Pflanzen können über Stecklinge vermehrt werden und vermeiden dabei völlig das schmutzige Geschäft der Befruchtung. Warum also gibt es Sex? Die Antwort ist sehr kompliziert: Sex ist mehr als Fortpflanzung. Sex hat etwas mit Evolution zu tun und mit Kampf.

Bei einem einfachen Organismus wie einem Bakterium befinden sich sämtliche Gene auf einem einzigen Chromosom. Bevor sich das Bakterium verdoppelt, verdoppelt sich sein Chromosom. Anschließend schiebt sich zwischen das urspüngliche Chromosom und seine Kopie eine Membran und teilt das Bakterium in zwei Hälften. Zwei identische Bakterien sind entstanden, jedes besitzt die gleichen Gene. Dieser einfache Prozeß der Verdopplung kann unbegrenzt fortgesetzt werden und immer neue Kopien des ursprünglichen Bakteriums hervorbringen.

Probleme gibt es erst, wenn durch Zufall ein Gen mutiert wird. Mutationen sind der Treibstoff der Evolution. Man darf sich Bakterien nicht als interessante kleine Lebewesen vorstellen, die sich im großen und ganzen nur in Tümpeln und Teichen herumtreiben. Bakterien sind überall. Sie führen den totalen Krieg, gegeneinander und gegen jede andere Lebensform auf dieser Erde. Sie kämpfen um jeden Mikrometer Boden und jedes Mikrogramm Nährstoff. Mutationen bieten, so schädlich sie normalerweise sind, einem Bakterium in seltenen Fällen die Gelegenheit, seine Mitstreiter auszustechen.

Konflikte steigern die Leistungsfähigkeit: Ein Bakterium, das nichts leistet, geht zugrunde, zermalmt von der gnadenlosen Konkurrenz. In diesem Wettbewerb kann ein Organismus seine Überlebensfähigkeit auf zwei Arten verbessern. Die erste besteht darin, sich mehr als eine Kopie von jedem Gen zu besorgen. Es kann so eine unvorteilhafte Mutation besser überleben: Das Duplikat arbeitet weiter, als sei nichts geschehen, während sich das mutierte Gen von allen Pflichten befreit zu etwas Neuem und Nützlichem entwickeln kann.

Die zweite Strategie, lebenstüchtiger zu werden, ist die, genetisch mobil zu werden. Selbst die einfachsten Lebewesen besitzen nicht nur ein Gen. Ein mutiertes Gen bleibt immer eingebunden in denselben Kreis von Nachbargenen auf demselben DNA-Strang. Ist die Mutation verheerend, haben alle anderen ebenfalls darunter zu leiden. Andererseits bleibt so auch einer nützlichen Mutation der Erfolg versagt, da sie sich zusammen mit den anderen Genen auf einer DNA befindet. Für das Gen muß das so aussehen, als sei es auf Gedeih und Verderb in ein schlechtes Umfeld geboren.

Unser Verständnis dafür, wie die Welt aus der Sicht eines Gens aussieht, verdanken wir den Evolutionsgenetikern der Oxforder Schule, speziell Richard Dawkins, der das Konzept des „egoistischen Gens" entwickelt hat.

Angehende Studenten der Oxforder Universität müssen sich einem Test unterziehen. Um sich von den geistigen Fähigkeiten der Kandidaten ein Bild zu machen, läßt sie der Prüfer einige harte Nüsse knacken. Dabei taucht oft ein mythischer Dschungel auf oder auch ein Gefängnis, in dem zwei Volksstämme beziehungsweise zwei grundverschiedene Geschöpfe leben. Diese Kreaturen werden aufgeteilt in Partner und Verräter. Die Partner suchen Ausgleich und Verständigung, die Verräter sind aggressiv und betrügerisch. Ist es besser, Partner oder Verräter zu sein? Eine schwere Frage, die der ins Schwitzen geratene Kandidat da zu lösen hat. Der springende Punkt in diesem Dilemma ist, daß es einfach keine richtige Antwort gibt: In einer Welt voll hilfsbereiter Lebewesen hat ein Aggressor immer Oberwasser; in einer Welt voller Angreifer bieten beide Wege Vorteile.

Vom hypothetischen Angreifer im Märchenwald bis zum egoistischen Gen im Dschungel des Lebens ist es nur ein kleiner Schritt. Der Eignungstest in Oxford oder Cambridge hat daher unter Umständen bereits die Evolution der Oxforder Schule für Evolutionsgenetik mitgeprägt.

Die Überlegungen, die beim Eignungstest in Oxford angestellt wurden, gehören zu einem Wissenschaftszweig, der unter dem Namen „Spieltheorie" bekannt ist. Diese Theorie wurde von John von Neumann erfunden, einem genialen Mathematiker, der von Ungarn in die USA auswanderte. Von Neumann besaß alle typischen Merkmale eines Genies: Er hatte ein photographisches Gedächtnis, er konnte sich schon als Achtjähriger mit seinem Vater in klassischem Griechisch unterhalten, er war ein Frauenheld, ein namhafter Partygänger und ein entsetzlicher Autofahrer – in Prince- ton wurde eine unfallträchtige Kreuzung „von Neumann-Eck" getauft. Von Neumann war Wegbereiter des modernen Computers und der Spieltheorie.

Die Spieltheorie sucht unter gegebenen Umständen nach der besten Strategie für einen Spieler. Das Spiel, mit dem sich das amerikanische Pentagon nach dem Krieg vor allem beschäftigte, hieß Atomkrieg. Russen wie Amerikaner waren in der Lage, die Menschheit zu vernichten. Wie sollten die Amerikaner auf die russische Aggression reagieren, ohne eine Katastrophe heraufzubeschwören? Die amerikanische Regierung vergab eine Untersuchung dieser und anderer Fragen an sogenannte „think tanks" wie die RAND-Corporation, für die von Neumann arbeitete. Diese rechtsgerichtete Denkfabrik dachte über das Undenkbare nach: Wie gewinnt man einen Nuklearkrieg? Zu einem bestimmten Zeitpunkt der Kuba-Krise riet die RAND-Corporation Präsident Kennedy, die Russen zu bombardieren. Glücklicherweise tat er es nicht. Es ist nicht überraschend, daß von Neumann Stanley Kubrick als Vorbild für die Figur des Dr. Seltsam diente – obwohl noch andere Kandidaten für diese Rolle in Frage kommen: etwa der in Ungarn geborene Bombenbauer Edward Teller. So gefährlich die Spieltheorie auch zu Zeiten der Atompolitik für die reale Welt gewesen ist, für Wissenschaftler aus so unterschiedlichen Gebieten wie der künstlichen Intelligenz und der Genetik war sie, so wie von Neumann sie beschrieben hatte, eine fruchtbare Bereicherung.

Dawkins gelang es, Aspekte der Evolution aufzuklären, die keiner vor ihm verstanden hatte. Er wandte einfach die Spieltheorie auf die Genetik an und betrachtete den Evolutionsprozeß in einem revolutionären Ansatz aus dem Blickwinkel eines Gens und nicht wie bisher aus dem des gesamten Organismus. Mit dem Begriff des egoistischen Gens versuchte er, die Gene in das Zentrum der Evolution zu rücken.

Nachdem Dawkins das Adjektiv „egoistisch" für Gene populär gemacht hatte, wurde auch anderen Forschern klar, daß Gene nicht nur ganz allgemein auf Selbstverwirklichung aus sind, sondern daß bestimmte Gene von Natur aus besonders egoistisch sind. Das heißt, sie können die Regeln – wie auch immer sie lauten – mißachten und sich auf Kosten anderer Gene replizieren. Von den egoistischen Genen war es nur ein kleiner Schritt bis zu „ultra-egoistischen Genen"; diesen Begriff hat James Crow von der Universität Wisconsin geprägt. Ultra-egoistische Gene verfolgen nur noch ihre eigenen Interessen und sind deshalb in der Lage, ihre Spezies zu zerstören. Die Evolutionsgenetiker aus Oxford haben dabei die Idee des egoistischen Gens konsequent zu Ende gedacht: Jedes Gen lebt nur für sich, Hund frißt Hund, Bruder ißt Schwester – eine Utopie ganz nach dem Geschmack von Frau Thatcher.

Es sollte nun keine Überraschung mehr sein, wenn man erfährt, daß auch zum Sex ein Gutteil Egoismus gehört. Lawrence Hurst, ein weiterer Forscher aus Oxford, hat untersucht, wie Sex durch die selektive Wirkung egoistischer Gene entstanden sein könnte. Die Geschichte beginnt mit den Bakterien. Obwohl sich Bakterien meist ohne Sex vermehren, sind sie nicht völlig asexuell. Sie können in gewissem Umfang ihre Gene austauschen. Oder, wie Dawkins sagen würde, die Gene können ihre Bakterien wechseln.

Ein bakterielles Chromosom teilt sich nach dem Motto: Alles oder nichts. Seine Gene können nur en bloc auf ein neues Bakterium übertragen werden; dieses besitzt deshalb dieselben Eigenschaften wie die Mutterzelle. Einige bakterielle Gene sind jedoch selbständig. Sie haben sich vom Hauptchromosom abgekoppelt und befinden sich auf Plasmiden (Kapitel 4, S. 40 ff.). Plasmide können sich ohne die Beschränkungen teilen, denen das Hauptchromosom unterliegt und in einem Bakterium in zahlreichen Kopien vorliegen. Außerdem können Plasmide zwischen verschiedenen Bakterien hin- und herpendeln, vor allem, wenn diese beschädigt oder gestreßt sind.

Plasmide erregten zunächst in Form sogenannter Resistenz- oder R-Faktoren das Interesse der Wissenschaftler, weil sie Gene für Resistenzen gegen Antibiotika tragen können. Eine Bakterienkultur, die einem Antibiotikum ausgesetzt ist, kann durch den Austausch von R-Faktoren sehr rasch gegen das Antibiotikum resistent werden. Von einem einzigen resistenten Bakterium aus kann ein und dasselbe Plasmid schließlich auf völlig fremde Bakterienarten übertragen werden. Daß Bakterien mittlerweile gegenüber einer Vielzahl von Antibiotika resistent sind, ist ein enormes und ständig wachsendes Problem. Es zeigt auf dramatische Weise, welche evolutionären Vorteile Plasmide darstellen – zumindest für die Bakterien, die sie besitzen.

Darüber hinaus gibt es noch die Möglichkeit, daß Gene von Plasmiden in das eigentliche Chromosom der Bakterien und wieder zurück wechseln können. Theoretisch kann ein Plasmid jedes beliebige Gen aufnehmen und auf ein anderes Bakterium oder bakterielles Chromosom übertragen. Das ist ein enormer Vorteil für das Plasmidgen. Denn ein Gen, das nur auf sein Chromosom beschränkt ist, kann sich, selbst wenn es dem Bakterium, zu dem es gehört, einen erheblichen Vorteil verschafft, nur unter den direkten Nachfahren dieses Bakteriums ausbreiten. Gelänge es ihm dagegen, sich unter die zahlreichen Mitglieder seiner Generation zu mischen, würde seine Zahl in der nächsten Generationen rapide ansteigen. Man kann das mit einem Sultan vergleichen, der viele Frauen und Kinder sein eigen nennt und so dafür sorgt, daß seine Gene weiter verbreitet werden als die seiner monogamen Untertanen. Er erhöht so seine Chancen, genetisch unsterblich zu werden.

Selbst nach der Entdeckung der Plasmide, hielt sich die Ansicht, dieses promiskuitive Verhalten sei ausschließlich auf Bakterien beschränkt. Dann fand jedoch Barbara McClintock genetische Elemente, die sich im Maisgenom frei bewegen konnten (Kapitel 1, S. 14); heute bezeichnet man diese Elemente als „Transposons". Transposons sind keine Gene im üblichen Sinn, denn sie codieren keine Proteine. Teile ihrer eigentümlichen Struktur, die sie entweder den Viren entliehen oder aus denen sich später die Viren entwickelt haben, erlauben es den Transposons, in eine DNA hineinzuspringen oder aber sich dort wieder herauszuschneiden und anderswo hin zu wandern. Transposons können die Funktion von Genen verändern, indem sie die normale Kontrolle oder Transkription eines Gens stören. Wie Plasmide können sie auf ihrer Reise Gene aufnehmen und sie an völlig unerwarteten Stellen wieder fallen lassen – mit unvorhersehbaren Folgen. Obwohl es möglich ist, daß Transposons den Gang der Evolution beeinflussen, besteht ihre Hauptrolle darin, sich selbst zu kopieren. Das tun sie oft auf Kosten der Gene, die sie zerstören: Sie sind von Natur aus egoistisch.

Einige Plasmide, die sogenannten F-Plasmide, treiben den Sex noch ein bißchen weiter. Unter solchen Bedingungen wie Umweltstreß sorgen die Gene eines F-Plasmids dafür, daß aus der Wand des Wirtsbakteriums ein Pilus oder Schlauch herauswächst. Dieser Schlauch dringt durch die Wand eines benachbarten Bakteriums, das F-Plasmid verdoppelt sich, und seine Kopie wandert durch den Schlauch in das andere Bakterium. Auf diese Weise ist der Erfolg des F-Plasmids gesichert: Es verdoppelt seine Nachkommen gegenüber Plasmiden, die keine Pilusbildung induzieren – ein weiteres Beispiel für ein egoistisches Gen. Der F-Faktor funktioniert den Zellapparat für seine eigenen Zwecke um, ohne sichtbaren Nutzen für Donor- oder Empfängerbakterium. Im Gegenteil, der Donor muß sogar noch Energie aufbringen, um den Pilus auszubilden.

Die Wirkung des F-Faktors ist noch aufregender, wenn er in das Hauptchromosom des Bakteriums eingebaut wird: Auch in diesem Fall wird ein Pilus ausgebildet; doch dann verdoppelt sich nicht nur das Plasmid, sondern das gesamte Chromosom des Bakteriums. Eine Kopie des Chromosoms dringt durch den Schlauch in die Nachbarzelle ein. Auf diese Weise können sich viele Gene dieser eindringenden DNA im Chromosom des Empfängerbakteriums festsetzen.

Zwar bleibt auch diese Aktion des F-Faktors selbstsüchtig – er konnte immerhin erfolgreich eine Kopie in ein anderes Bakterium einschleusen – doch in diesem Fall betreffen die Aktionen des egoistischen Gens zusätzlich noch viele andere bakterielle

Gene. Möglicherweise profitieren alle davon. Vielleicht sollte man unter diesen Umständen besser von „Attila-" und „Moses-Genen" sprechen: Die einen rücken in fremdes Gebiet vor, die anderen führen ihre Mitstreiter ins Gelobte Land.

Da Bakterien nicht sehr kompliziert aufgebaut sind, können sie ihre Gene leicht hin- und hertransportieren. In dem Maße, in dem die Lebewesen immer komplexer wurden, wurde es jedoch unvermeidlich, den Prozeß des Genaustauschs sorgfältig zu überwachen.

Auf der evolutionären Skala befinden sich oberhalb der Bakterien nur Organismen, bei denen die DNA vom Rest der Zelle getrennt ist. Im Jahre 1831 erblickte der schottische Botaniker Robert Brown erstmals unter einem Mikroskop in der Mitte der Zelle ein großes Gebilde: Der Zellkern war entdeckt. Er ist umschlossen von einer Membran. Die darin enthaltene DNA ist im Gegensatz zu den Bakterien auf viele Chromosomen verteilt. Der Kern schwimmt im sogenannten Cytoplasma, dem Hauptbestandteil der Zelle. Organismen, die aus dieser Art von Zellen bestehen, werden als „eukaryotisch" bezeichnet. Das bedeutet, daß ihre Zellen „einen richtigen Kern besitzen". Kernlose Zellen wie Bakterien nennt man „Prokaryonten". Die Eukaryonten haben sich nicht auf direktem Weg aus den Prokaryonten entwickelt. Wahrscheinlich entstand der Kern, als ein Prokaryont in einen anderen Prokaryonten eindrang. Die Gene des neu hinzugekommenen Organimus übernahmen die Kontrolle in der Zelle und vertrieben am Ende die Zell-DNA oder zwangen sie dazu, sich anzupassen.

Eukaryonten haben Bakterien gegenüber den Vorteil, daß sie in ihrem Kern zwei Kopien von jedem Chromosom besitzen und daher auch zwei Kopien von jedem Gen. Die Entwicklung, die zur Verdopplung eines jeden Chromosoms geführt hat, kann nicht einfach gewesen sein. Vielleicht kam es zum zweiten Chromosomensatz, als eine Zelle in eine andere eindrang. Diese Form von primitivem Sex kann man noch immer bei einigen Pilzen wie dem Maisbrand beobachten, einem Pilz, der Weizen befällt. Während der sexuellen Phase dieses Organismus findet man in jeder Zelle Gene von beiden Elternteilen, wenn auch in getrennten Kernen. Die Regulation der Zellteilung mit zwei voneinander unabhängigen Kernen muß enorm kompliziert sein; da liegt der Vorteil, beide Chromosomensätze in einem Kern zu vereinigen, klar auf der Hand.

Einen einfachen Chromosomensatz in einer Zelle bezeichnet man als haploid, einen doppelten als diploid. Wie lange zwei Chromosomensätze im Lebenszyklus eines Organismus nebeneinander existieren, ist sehr unterschiedlich; hier spiegelt sich die Entwicklung der diploiden Zellen aus den haploiden wider. Einige Lebewesen wie einfache Pflanzen und zahlreiche Parasiten verbringen einen großen Teil ihres Lebens ausschließlich mit einem einzigen haploiden Chromosomensatz. Wir Menschen dagegen leben die meiste Zeit mit zwei Chromosomensätzen; nur Spermium und Eizelle haben vor der Befruchtung eine haploide Anzahl von Chromosomen.

Es gibt auch Lebewesen mit mehr als zwei Chromosomensätzen. Bei einigen höheren Pflanzen ist die Kopienzahl der Chromosomensätze erstaunlich wenig reglementiert; sie besitzen vier, acht oder sogar noch mehr Chromosomensätze. Diese Flexibilität in der Anzahl der Chromosomen bedeutet, daß bei Pflanzen sehr leicht Hybride aus Eltern verschiedener Spezies oder Varietäten entstehen können – ein großer evolutionärer Vorteil für die Pflanzen und eine große Hilfe für die Pflanzenzüchter.

Die Zellen, bei denen der diploide Chromosomensatz auf zwei Kerne aufgeteilt war, konnten sich so gut durchsetzen, weil sie von allen lebenswichtigen Genen zwei Exemplare besaßen. Trotzdem litten sie unter denselben Nachteilen wie sexlose Bakterien: Ihre Gene waren ein Leben lang auf demselben Chromosom an dieselben Partner gekoppelt. Sobald beide Chromosomensätze jedoch von ein und derselben Kernmembran umhüllt waren, konnten die Chromosomen ihre Gene austauschen.

Ist das in eine andere Zelle eindringende Chromosom eines Bakteriums, das einen F-Faktor besitzt, den Schlauch entlang gewandert, erfolgt der Genaustausch zwischen den Chromosomen der beiden Zellen in einem heillosen Durcheinander. Am Ende bleibt nur ein Chromosom zurück. Bei Eukaryonten verhalten sich dagegen die beiden Chromosomensätze, je einer von einem Elternteil, als befänden sie sich immer noch in verschiedenen Kernen: Bei der Zellteilung teilen sich die Chromosomen von Vater und Mutter getrennt, und jede neue Zelle erhält von beiden jeweils eine Kopie. Nur die Bildung von Spermium oder Eizelle macht da eine Ausnahme. Diese Zellen bekommen nur jeweils den einfachen Chromosomensatz.

Da bei dieser Art der Zellteilung letztlich die Anzahl der Chromosomen halbiert wird, bezeichnet man sie als Reduktionsteilung oder „Meiose". Vor der Reduktionsteilung verdoppeln sich die Chromosomen wie bei der normalen Teilung auch; anstatt jedoch getrennte Wege zu gehen, bleiben sie nun paarweise nebeneinander liegen. Dann passiert etwas Außergewöhnliches: Die Chromosomenpaare brechen an bestimmten Stellen auf und bilden sogenannte „Crossover". Nach Auflösung dieser Überkreuzungstrukturen entstehen vollkommen neue Chromosomenpaare, bei denen sich die ursprünglichen Gene des Vaters und der Mutter miteinander vermischen. Ein Paar der neuen Chromosomen wird ausgeschleust, das andere ist für die Paarung in den Kernen der Spermien oder der Eizellen bereit.

Daß die Gene während der Meiose durchmischt werden, ist entscheidend für ihre Freiheit. Ohne diesen Vorgang würde die nächste Generation entweder nur ein Chromosom von der Großmutter oder nur vom Großvater erhalten, und ihre Gene würden somit entweder ausschließlich von Oma oder Opa abstammen. Aufgrund der Meiose kann das Chromosom von beiden ein bißchen enthalten; dadurch steigen die Chancen für eine günstige Mischung gewaltig. Die Vorgänge bei der Meiose erklären die Mendelsche Regel, nach der sich die genetischen Merkmale zufällig mischen. An der jeweiligen Position eines Crossover oder eines Rekombinationsereignisses orientieren sich die Genkartierer. Sie ordnen bei einer solchen Kartierung die Position eines Gens einfach jeweils einer Seite eines Rekombinationsereignisses zu (siehe auch vorangegangene Kapitel).

Einen Nachteil hat jedoch die Meiose. Wie James Crow gezeigt hat, eröffnet sie egoistischen Genen die Möglichkeit, den Reproduktionsapparat zu „untergraben und zu täuschen". So findet man beispielsweise auf den Geschlechtschromosomen der Fruchtfliege äußerst egoistische Gene, die andere Geschlechtschromosomen unterdrücken, so daß sie selbst vorrangig an die Spermien und Eier weitergegeben werden. Das führt dazu, daß sämtliche Nachkommen einer Fliege dasselbe Geschlecht haben. In der nächsten Generation ist dann die Anzahl dieser ultra-egoistischen Gene bereits doppelt so hoch wie die ihrer Konkurrenten auf dem anderen Chromosom. Da diese Gene so erfolgreich sind, verbreiten sie sich rasch in den nachfolgenden Generationen einer Population. Setzen sie sich jedoch zu stark durch, entwickeln sich letztlich nur noch Fliegen von einem Geschlecht – und die Spezies stirbt aus. So tödlich diese Gene auch sein können, sie existieren dennoch in zahlreichen Wildpopulationen der Fliege. Wahrscheinlich haben auch sie einige nützliche Funktionen, die wir jedoch nicht kennen. Da sie sich nicht über die gesamte Fliegenpopulation ausgebreitet haben, nimmt Crow an, daß im Rahmen der Evolution Möglichkeiten gefunden wurden, diese Hochstapler und Betrüger zu beseitigen, um „den rechtschaffenen Mendelschen Genaustausch sicher zu stellen".

Bisher haben wir gesehen, wie Sex die Überlebensfähigkeit im Rahmen der Evolution steigert. Er sorgt dafür, daß sexuelle Lebewesen zwei Exemplare ihrer Gene besitzen und ermöglicht es den Genen, ihre Kollegen auf demselben DNA-Strang oder Chromosom zu verlassen. Lawrence Hurst hat auch die nächste Frage zum Sex untersucht: Warum gibt es mehr als ein Geschlecht? Und wenn es mehr als ein Geschlecht sein muß, warum dann nur zwei? Warum gibt es neben einem männlichen und weiblichen nicht auch ein drittes und viertes Geschlecht? Den Grund dafür sieht Hurst – wie könnte es anders sein – in einem Konflikt.

Der Kern ist nicht als einziger in die uralten eukaryotischen Zellen eingedrungen. Im Cytoplasma der Eukaryonten befinden sich noch andere kugelige Gebilde, die Mitochondrien und die Chloroplasten. Die kleinen Mitochondrien sind dicht bepackt mit eng gefalteten Membranen. Diese Kraftwerke der Zelle wandeln Stoffwechselenergie in eine Energieform um, die die Zelle für ihre Aufgaben nutzen kann. Chloroplasten findet man nur in Pflanzen; sie fangen via Photosynthese Sonnenenergie ein. Sie sind etwa so groß wie Mitochondrien.

Mitochondrien und Chloroplasten faßt man unter dem Oberbegriff Organellen zusammen. Ihre parasitäre Herkunft verraten sie dadurch, daß sie ihre eigene DNA enthalten: Beide besitzen ein eigenes zirkuläres Chromosom und eigene Gene. Wie die Plasmide der Bakterien verdoppeln sich die Organellen mitsamt ihrer DNA unabhängig von der DNA des Zellkerns. Das heißt, die Zelle besitzt zwei oder drei völlig getrennte Gensätze, die alle verschiedener Herkunft sind und Hurst zufolge jeweils ein eigenes Programm haben.

Bei den Eukaryonten kontrollieren die Gene des Zellkerns die Paarung. Vor der Paarung halbiert sich die Anzahl der Chromosomen in den Spermien und den Eizellen auf den einfachen, haploiden Chromosomensatz. Dies garantiert den befruchteten Eiern die normale Anzahl von zwei Kopien pro Chromosom, eine vom Vater und eine von der Mutter.

Eine Konkurrenz zwischen mütterlichen und väterlichen Genen in den Tochterzellen wird dadurch verhindert, daß die neuen Zellen zu gleichen Teilen Kerngene von jedem Elternteil erhalten. So ist keines der elterlichen Gene benachteiligt. Wie wir im nächsten Kapitel sehen werden, gibt es allerdings auch Ausnahmen von dieser Regel.

Die Gene in den Organellen werden jedoch nicht vom Kern kontrolliert. Sie unterliegen noch nicht einmal dem in ihm geltenden Gesetz, daß Gene gleichmäßig auf die Tochterzellen verteilt werden müssen. Hurst nimmt an, daß die Gene in den Organellen beider Elternteile einander in die Quere kommen könnten, wenn zwei Zellen bei der Paarung fusionieren. Er nennt das „die Tragödie des normalen Cytoplasmas". Die Fusion zwingt die cytoplasmatischen Gene der einen Zelle zur Gemeinschaft mit den cytoplasmatischen Genen der anderen. Da beide Gengruppen zum Egoismus neigen, drohen sie, einen Krieg um die Alleinherrschaft über das Cytoplasma vom Zaum zu brechen.

Dieser Krieg ist jedoch nicht im Sinne der Gene des Zellkerns, deren Initiative erst die Paarung zu verdanken ist. Um Krieg zu vermeiden, müssen sie sich für einen der beiden Gensätze des Cytoplasmas entscheiden. Sie haben deshalb ausgefeilte Mechanismen entwickelt, um die cytoplasmatischen Gene eines der beiden Elternteile zu begünstigen. Aufgrund der Notwendigkeit, zwischen beiden Zellsubstanzen und ihren Organellen wählen zu müssen, benötigt jedes Elternteil eine klar abgegrenzte Identität. Mit anderen Worten: Ein Elternteil muß männlich, das andere weiblich sein.

Eine Möglichkeit, das zu erreichen, besteht darin, die cytoplasmatischen Gene eines der beiden Elternteile bei der Paarung zurückzulassen. Hurst nennt das „Konjugationssex". Die meisten höheren Lebewesen praktizieren diese Art des Sex. Die Spermien bringen bei der Befruchtung keine Organellen in das Ei ein. Die Mitochondrien in unseren Körperzellen stammen alle ausschließlich von unserer Mutter; ein Mann vererbt keines seiner mitochondrialen Gene an seine Kinder.

Eine zweite Art des Sex nennt Hurst „Fusionssex". Dabei vermischt sich das Cytoplasma beider Elternteile; diese Art des Sex findet man bei einfachen Einzellern wie den Algen. Um mögliche Konflikte zwischen den cytoplasmatischen Genen zu vermeiden, kann der Zellkern eines Elternteils seine eigenen cytoplasmatischen Gene abschalten. Das erfordert jedoch Energie, so daß Paarungen zwischen zwei „Suppressoren" ineffizient und damit aus evolutionärer Sicht unvorteilhaft sind. Paarungen zwischen zwei Nicht-Suppressoren sind ebenfalls problematisch, da sie die Gefahr eines Kriegs heraufbeschwören. Am günstigsten sind Paarungen zwischen einem Suppressor und einem Nicht-Suppressor. Um zu gewährleisten, daß immer nur solche Paarungen stattfinden, ist ein zusätzliches Gen namens „Wähler" erforderlich.

Mit Wählern und Nicht-Wählern, Suppressoren und Nicht-Suppressoren sind wir wieder im Reich der Spieltheorie und dem holzgetäfelten Raum, in dem die Prüfungen in Oxford stattfinden. Überraschenderweise gibt es diese Gene tatsächlich in der realen Welt und in vielen Lebewesen.

Die cytoplasmatischen Konflikte haben dazu geführt, daß sich männliche und weibliche Lebewesen ausgebildet haben. Das erklärt jedoch nicht, warum nur zwei Geschlechter existieren sollen. Nur selten findet man Spezies, die mehr als zwei Geschlechter ausbilden. Ein Beispiel ist der Schleimpilz. Er hat dreizehn Geschlechter. Dieser merkwürdige Pilz organisiert sein Sexualleben streng hierarchisch: Das Cytoplasma von Geschlecht 13 dominiert das der anderen 12 Geschlechter. Geschlecht 12 räumt das Feld für Geschlecht 13, beherrscht jedoch die anderen 11 Geschlechter unter ihm. Geschlecht 1 ist das unterste in dieser Hierarchie; seinen cytoplasmatischen Genen ist es vorbestimmt auszusterben.

Das Problem dieser komplizierten Anordnung besteht darin, daß sie ineffektiv ist: Allzu leicht bricht die gesamte Organisation zusammen, und zu viele Kerngene sind nötig, um die dreizehn Cytoplasmavarianten zu unterdrücken. So könnte beispielsweise eine Mutation von Geschlecht 2 dessen Mitochondrien die Möglichkeit geben, gleichwertig mit allen zehn über ihm stehenden Ebenen zu konkurrieren. Aufgrund einer solchen Revolution bräche das gesamte Klassensystem zusammen. Nach solch einem Kollaps kehrt es immer wieder zu seiner effizientesten Form, den beiden Geschlechtern, zurück.

Im Sex ist alles möglich. Sex ist segensreich, da er den Genen erlaubt, hin- und herzuspringen und sich mit anderen Genen neu zu kombinieren. Wittert ein Gen irgendwo einen Vorteil, wird es diesen nutzen. Wahrscheinlich entwickelten sich die beiden Geschlechter aufgrund eines Kriegs im Cytoplasma.

Kapitel 8

Der kleine Unterschied

Wäre die Antwort auf die Frage, warum es Sex gibt, nicht so einfach, könnte man angesichts der offensichtlichen Unterschiede zwischen Männern und Frauen sowie ihrer Verständigungsprobleme leicht auf den Gedanken kommen, die Gene von Männern und Frauen unterschieden sich auf hunderter- oder tausenderlei Weise. In Wahrheit ist jedoch möglicherweise nur ein einziges Gen für das ganze Geheimnis verantwortlich.

Ab dem Jahre 1910 war klar, daß weibliche Lebewesen andere Chromosomen besitzen als männliche. Es sah so aus, als hätten Frauen stets ein komplettes Paar von einer bestimmten Art von Chromosom, während bei Männern immer nur eines dieser beiden Chromosomen vorhanden war, das andere jedoch fehlte. Dieses speziell weibliche Chromosomenpaar bezeichnete man als X-Chromosomen. Später wurde bei Männern ein einzelnes, sehr viel kleineres Y-Chromosom entdeckt. Wie wir bereits gesehen haben, war diese Verbindung aus Chromosomen und Geschlecht die erste allgemein akzeptierte Kopplung eines Merkmals mit einem Chromosom; sie bereitete den Weg für die Chromosomentheorie der Vererbung.

In T.H. Morgans Fruchtfliegen schien das Geschlecht durch die Anzahl der X-Chromsomen vorgegeben zu werden. Weibliche Fliegen enthielten zwei, vier oder sechs X-Chromosomen, männliche dagegen eins oder drei. Bei Menschen und Säugern dagegen war die Korrelation zwischen der Kombination aus X und Y sowie dem Geschlecht überhaupt nicht eindeutig. Die Verwirrung lag zum Teil daran, daß man Probleme hatte, menschliche Chromosomen so zu präparieren, daß man sie unter dem Mikroskop erkennen konnte. Die Chromosomen sind nur in einer kurzen Phase unmittelbar vor der Zellteilung sichtbar. Für den Rest des Zellzyklus entknäueln sich die Chromosomen zu einem losen Haufen namens Chromatin. Die Zellen, die sich beim Menschen am häufigsten teilen und und bei denen man deshalb am ehesten erwarten konnte, Chromosomen zu sehen, waren die Stammzellen der roten und weißen Blutkörperchen. Diese Zellen befinden sich im Knochenmark; doch an dieses kam man im Jahre 1910 noch nicht heran. Die ersten Wissenschaftler mußten mit Gewebestückchen arbeiten, die nur undeutlich unter dem Mikroskop zu erkennen waren, und daraus ihre Schlüsse ziehen. Trotzdem waren bis Ende der 40er Jahre dieses Jahrhunderts Größe und Form der menschlichen Chromosomen allgemein bekannt. Ihre Anzahl richtig zu bestimmen, dauerte dagegen etwas länger.

In den 40er Jahren glaubte man, Menschen besäßen 48 Chromosomen. Diese Zahl stand in allen Lehrbüchern, und jeder Cytogenetiker (Chromosomenzähler), der sein Handwerk verstand, konnte in seinem Präparat alle 24 Chromosomenpaare zählen. Dummerweise haben jedoch normale Menschen in Wirklichkeit keine 48 Chromosomen. George Klein beschreibt in seiner Erzählung „Des Kaisers neue Kleider" wie in Schweden zwei Forscher, Tijo und Levan, die Wahrheit herausfanden. 1956 hatten sie die Kunst der Chromosomenpräparation entscheidend verbessert. Erstmals war es möglich, zuverlässige Angaben zur Chromosomenzahl vieler Zellen ein und desselben Individuums zu machen. Zu ihrer Überraschung kamen Tijo und Levan immer wieder nur auf 46 Chromosomen. Bevor sie ihre Experimente begannen, wären sie nie auf die Idee gekommen, die Zahl 48 könnte nicht stimmen. Doch schließlich mußten sie einsehen, daß es tatsächlich 46 Chromosomen sind. In einem weit verbreiteten Cytologie-Lehrbuch fanden sie sogar die mikroskopische Aufnahme eines anerkannten Meisters der Chromosomenidentifizierung, T.C. Hsu. Unter der Abbildung stand: „Ein typischer Satz mit 48 Chromosomen". Tjio und Levan zählten die Chromosomen auf dem Bild. Es waren 46! Die Moral dieser Geschichte geht aus dem Titel von George Kleins Buch eindeutig hervor.

1959 war dann das Zählen von Chromosomen zu einer Routineangelegenheit geworden. Heute ist es eine gängige, wenn auch schmerzhafte Prozedur, jemandem etwas Knochenmark zu entnehmen. Man behandelt die Zellen mit einem Mittel, das ursprünglich für die Therapie von Gicht eingesetzt wurde; es blockiert die Teilung der Zellen in dem Stadium, in dem die Chromosomen am besten ausgebildet und deshalb am leichtesten zu erkennen sind. Es gibt es eine Vielzahl von Färbungen, mit deren Hilfe man einzelne Chromosomen leichter aufgrund des Bandenmusters auf ihrer Oberfläche identifizieren kann.

Die Chromosomenuntersuchung war der erste Schritt, um die Gründe für den Unterschied zwischen Männern und Frauen aufzudecken. Passenderweise haben beide Geschlechter dieses Forschungsgebiet gleichermaßen weiterentwickelt und das, obwohl es in den 50er Jahren dieses Jahrhunderts, als die Suche begann, erst wenige erfolgreiche Wissenschaftlerinnen gab.

Einige Syndrome anomaler sexueller Differenzierung kannte man bereits seit Jahrhunderten. Eines davon war Hermaphroditismus. Dabei besitzt eine Person sowohl männliche wie weibliche Geschlechtsmerkmale. Ein anderes war das Klinefelter-Syndrom. Personen mit dieser Krankheit sehen in der Regel wie hochaufgeschossene verweiblichte Jungen aus. Sie brauchen sich nicht zu rasieren und haben nur kleine Hoden. Personen mit dem Turner-Syndrom wiederum haben ein weibliches Aussehen, sind aber von kleiner Gestalt und unfruchtbar. Viele Jahre lang hielt man Turner-Frauen für Männer, in deren Entwicklung irgendetwas schiefgegangen war.

Obwohl Frauen in all ihren Zellen zwei Exemplare ihres X-Chromosoms besitzen, müssen beide Chromosomen nicht gleichzeitig aktiv sein. Aus diesem Grund schrumpft in jeder Zelle ein X-Chromosom in der Mitte des Zellkerns zu einem kleinen Häufchen zusammen. Man kann dieses Gebilde unter dem Mikroskop erkennen. Es wird als Barr-Körper bezeichnet. Eigentlich müßte es Barr-Bertram-Körper heißen, denn es waren zwei Autoren, die es 1949 erstmals in einem Artikel beschrieben. Versucht man jedoch, mehrmals hintereinander „Barr-Bertram-Körper" zu sagen, sieht man sofort ein, daß der arme Bertram keine Chance hatte, mit seinem Namen berühmt zu werden. Barr und Bertram waren nicht die ersten, die diese Struktur entdeckten; sie erkannten jedoch als erste, daß sie normalen Männern fehlt. Erst viel später fand man heraus, daß der Barr-Körper ein stillgelegtes X-Chromosom ist. Bis dahin galt sein Fehlen einfach als Zeichen von Männlichkeit. Der Glaube an diesen Zusammenhang war so stark, daß der übliche Test auf chromosomale Männlichkeit jahrelang aus einer Untersuchung auf den Barr-Körper bestand. Der Test wurde 1967 vom Internationalen Olympischen Komitee eingeführt, um Männer aufzuspüren, die bei den Olympischen Spielen an Frauenwettbewerben teilnahmen; erst 1991 wurde er wieder abgesetzt.

Als sich die Ärzte die Zellen von Personen mit Turner-Syndrom ansahen, fanden sie keinen Barr-Körper. Man nahm deshalb an, das Turner-Syndrom sei eine Art unvollständiger Männlichkeit, und bezeichnete die Patienten als „Fälle von Geschlechtsumkehr" oder als chromosomal beziehungsweise genetisch männlich. Ich bin sicher, daß die unglücklichen Frauen, die so genannt wurden, sehr darunter gelitten haben. 1959 zeigte ein Artikel von C.E. Ford und K.W. Jones, der in einer britischen Zeitschrift erschien, daß Personen mit Turner-Syndrom 45 statt der üblichen 46 Chromosomen besitzen. Als Geschlechtschromosom haben sie nur ein einziges X. Genetiker bezeichnen diese Konstellation als XO. Da Patienten mit Turner-Syndrom von der Anatomie her Frauen sind, bedeutete das, daß sich das Gen oder die Gene, die für die Entwicklung zum Mann verantwortlich sind, auf dem fehlenden Y-Chromosom befinden mußten und und daß für die Entwicklung zur Frau nicht beide X-Chromosomen erforderlich sind. Mir gefällt dieser Artikel, weil die Autoren gegen Ende einen Hauch Menschlichkeit spüren lassen. Sie schreiben da:

> ... man sollte betonen, daß XO-Patientinnen nicht als Beispiele für „Geschlechtsumkehr" angesehen werden sollten. Sie sind Frauen mit einem anomalen Genotyp.

Im selben Jahr bestimmten Patricia Jacobs und J.A. Strong in Edinburgh die Anzahl der Chromosomen eines Patienten mit Klinefelter-Syndrom. In den Zellen des Mannes fanden sie einen Barr-Körper; eigentlich hätte er also eine Frau sein müssen. Er hatte aber nicht 46, sondern 47 Chromosomen! Zusätzlich zu den beiden normalen X-Chromsomen besaß er noch ein normales Y-Chromosom. Trotz seiner beiden

X-Chromosomen war er jedoch keine Frau – ein weiterer Hinweis darauf, daß die Entwicklung zum Mann vom Y-Chromosom bestimmt wird.

Den Wissenschaftlern, die diese beiden Fälle studierten, war es gelungen, aus anscheinend einfachen Beobachtungen sehr weitreichende Schlüsse zu ziehen. Fälle von Turner- und Klinefelter-Syndrom sind keineswegs selten und in der medizinischen Literatur sehr gut beschrieben. Niemand hatte jedoch je daran gedacht, sie könnten konkrete Hinweise für die Entwicklung zum Mann geben. Dank ihrer Fähigkeit, das Neue im scheinbar Gewöhnlichen zu entdecken, haben Wissenschaftler und Künstler eines gemeinsam: ihre Kreativität.

Patricia Jacobs setzte ihre Forschungsarbeiten an Geschlechtschromosomen fort. Sie und ihre Kollegen untersuchten fünf Jahre lang die Chromosomen einiger tausend Personen. Insgesamt fanden sie jedoch nur vier anomale Y-Chromosomen. Zwei stammten von Männern und zwei überraschenderweise von Frauen. Den „X-Y-Frauen" fehlte zweierlei: männliche Geschlechtsmerkmale sowie der kurze Arm des Y-Chromosoms. Die Männer hatten zwar den kurzen Chromosomenarm, ihnen fehlten jedoch andere Abschnitte des Chromosoms. Jacobs schloß daraus, daß die Gene für das männliche Geschlecht auf dem kurzen Arm des Y-Chromosoms lokalisiert sein mußten und daß die Gene auf dem langen Arm für die sexuelle Differenzierung unerheblich waren.

Die wissenschaftlichen Untersuchungen zur Bestimmung des Geschlechts konzentrierten sich nun zunehmend auf Fische und Amphibien. Die sexuelle Entwicklung dieser Kaltblüter ist interessant, da einige von ihnen ihr Geschlecht entsprechend ihrer Umwelt wechseln können. Wie Jones und Singh, ebenfalls aus Edinburgh, zeigen konnten, bedeutet dies, daß beide Geschlechter in der Lage sind, Eierstöcke oder Hoden zu bilden. Für die Diffenzierung der Geschlechter schien ein Schalter verantwortlich zu sein, der den Weg entweder zu einer männlichen oder einer weiblichen Entwicklung ebnete.

Jones und Singh untersuchten die Chromosomen von Schlangen. Einige Schlangen wie die Boa constrictor besitzen keine speziellen Geschlechtschromosomen, haben jedoch auf anderen Chromosomen geschlechtsbestimmende Gene. Andere Schlangen, die evolutionär weiter entwickelt sind als die Boas, haben je nach Geschlecht unterschiedliche Chromosomen. Sie werden als W und Z bezeichnet, da sie sich etwas von X und Y unterscheiden. Jones und Singh versuchten, die DNA des W-Chromosoms der Schlange zu sequenzieren, um zu sehen, ob seine Sequenz mit der der geschlechtsbestimmenden DNA bei den Säugern übereinstimmte. Das gelang aus einer Reihe von Gründen nicht; aber die Vorstellung, daß ein einziger Schalter die Unterschiede zwischen männlichem und weiblichem Geschlecht festlegen könnte, war seitdem fest in den Köpfen der Wissenschaftler verankert.

Die Suche wandte sich dann einem Protein zu, das man bei Mäusen nur in den Zellen von Männchen fand und das offensichtlich von einem Gen des Y-Chromosoms abstammte. H-Y gehört zu den Proteinen, die man als „Histokompatibilitätsantigene" bezeichnet. Diese Proteine gehen mit Zuckermolekülen einen Komplex ein und befinden sich auf den Zelloberflächen. Sie gehören zu einem äußerst komplexen System, über das das Immunsystem erkennt, was zum eigenen Körper gehört und was nicht. In der frühen Entwicklung des Immunsystems werden die Proteine auf der Zelloberfläche als eigene erkannt und in der Folge dementsprechend behandelt. Erscheinen dort beispielsweise während einer Virusinfektion oder nach einer Nierentransplantation Fremdproteine, werden sie vom Immunsystem angegriffen und zerstört.

Die Erkennungsmechanismen des Immunsystems scheinen auf den ersten Blick nichts mit Sex zu tun zu haben; das Aufspüren von Unterschieden zwischen zwei Zelltypen kann jedoch in der Frühzeit des Sex eine wichtige Rolle gespielt haben. Man konnte auf dieser Basis für das H-Y-Antigen eine Theorie des Männlichen und Weiblichen entwickeln, die immerhin zehn Jahre lang populär war.

Leider fand dann Anne McLaren an der MRC Mammalian Development Unit in London männliche Mäuse mit Hoden, denen das H-Y-Antigen fehlte. Wie viele der wirklich guten wissenschaftlichen Ideen starb auch die Vorstellung, daß das H-Y-Antigen der geschlechtsbestimmende Faktor sei, ohne daß jemand Notiz davon genommen hätte. So traurig es ist, wenn wieder eine Hypothese dahingeht, sollten wir uns doch nicht zu lange grämen. Sie sind wie Unkraut, das nicht vergeht. Sie blühen wie Blumen auf und werden dann geschnitten. Selbst schlechte Hypothesen können Interesse wecken und so die Bildung neuer und besserer Theorien erleichtern.

Bis zum Jahre 1986 wurde das gesuchte geschlechtsbestimmende Gen bei Mäusen als Hoden-bestimmender Faktor y (*Tdy, testis-determing factor y*) bezeichnet. Beim Mensch hieß es *TDF*. Es wird nicht deshalb großgeschrieben, weil der Mensch größere Hoden hat als die Maus, sondern weil die meisten Genetiker die Menschen für wichtiger halten.

Zu diesem Zeitpunkt der Forschungsarbeiten boten neue Techniken die Möglichkeit, erheblich kleinere Chromosomenstücke zu erkennen und aufzuspüren, wenn sie auf ein anderes Chromosom übertragen worden waren. Die Jagd konzentrierte sich wieder auf chromosomale Anomalien. Man fand Männer mit zwei X-Chromosomen und konnte zeigen, daß sie, versteckt auf einem anderen Chromosom, alle ein kleines Stück vom Y-Chromosom ihres Vaters besaßen. Da sie männlich waren, sonst aber nichts von einem Y-Chromosom zu finden war, konnte man annehmen, daß der Unterschied zwischen Mann und Frau in dieser „translozierten" chromosomalen DNA lag.

Neben Männern mit XX wurde auch eine Frau mit XY gefunden; man glaubte, sie sei weiblich, weil sie das *TDF*-Gen auf ihrem Y-Chromosom verloren habe. Zusammengenommen reduzierten die aufgrund dieser Chromosomenanomalien gewonnenen Hinweise die Region, in der sich das *TDF*-Gen befinden mußte, auf etwa

140 000 Buchstaben des genetischen Codes. Das ist nicht gerade wenig DNA – 140 000 Buchstaben entsprechen etwa hundert Seiten eines Buches. Aber man nahm an, daß sie höchstens ein Gen enthielten. 1990 wurde tatsächlich in diesem DNA-Abschnitt ein Gen entdeckt.

Das Gen wurde *ZFY* genannt: Zinkfinger Y. Zinkfinger ist nicht etwa der Titel einer neuen James-Bond-Verfilmung, sondern eine Bezeichnung für Proteine, die fingerartige Ausstülpungen besitzen und Zink enthalten. Zinkfinger können auf der DNA sitzen und bestimmen, ob diese in RNA überschrieben und daraus dann Protein wird. *ZFY* war deshalb ein äußerst vielversprechender Kandidat für das *TDF*-Gen. Leider beschrieb dann Peter Goodfellow von den ICRF-Labors in London drei Männer, die zwar zwei X-Chromosomen besaßen, denen aber das *ZFY*-Gen fehlte. Zur selben Zeit zeigte eine Gruppe unter der Leitung von Robin Lovell-Badge am MRC National Institute for Medical Research in Mill Hill, daß das *Zfy* der Mäuse weder zum richtigen Zeitpunkt noch an der richtigen Stelle exprimiert wird, um die Hodenentwicklung bestimmen zu können. Der Kandidat wurde nicht gewählt, wie Anne McLaren es ausdrückte.

Dank der drei Männer, deren Chromosomen kein *ZFY* enthielten, schrumpfte der DNA-Bereich, in dem das geschlechtsbestimmende Gen liegen sollte, auf 65 000 Buchstaben zusammen; zusätzliche Befunde von anomalen Chromosomen verringerten ihn weiter auf 35 000 Buchstaben. Für Genjäger ist das ein winziger Bereich, so klein, daß Zweifel aufkamen, ob er überhaupt ein Gen enthalten konnte. Die Zweifel wurden zusätzlich noch dadurch genährt, daß in der Region viele unsinnige repetitive DNA-Sequenzen gefunden wurden.

Für viele Wissenschaftler ist das Verhältnis von Sherlock Holmes zu seinem Freund Watson das Vorbild für die Beziehung zwischen Wissenschaftlern und Ärzten. Holmes könnte gut das *TDF*-Gen gemeint haben, als er gegenüber seinem Assistenten feststellte: „Wie oft habe ich Ihnen, mein lieber Watson, nicht schon gesagt, das, was übrig bleibt, wenn man das Unmögliche ausgeschlossen hat, muß – so unwahrscheinlich es auch klingen mag – die Wahrheit sein?"

Tatsächlich fanden Goodfellow und Lovell-Badge in der restlichen DNA ein ganz ungewöhnliches Gen. Es bestand nur aus 250 Basenpaaren und war damit – verglichen beispielsweise mit den 200 000 Basenpaaren des Gens für die Huntington-Krankheit – äußerst klein. Das Gen, das ein Protein von nur 80 Aminosäuren codiert, wurde als *SRY* bezeichnet: „geschlechtsbestimmende Region des Y-Chromosoms" (*sex-determing region of y*). Die Basenfolge des menschlichen Gens ähnelte stark der Sequenz *sry* der Maus; man vermutete daher, daß die Gene in beiden Spezies die gleiche Funktion haben.

Der endgültige Beweis, daß es wirklich das lang gesuchte Gen war, wurde zur vollsten Befriedigung aller erbracht. Man baute das *Sry*-Gen in ein X-Chromosom der Maus ein. War die entsprechende transgene Maus männlich und besaß sie den Genotyp XX, dann mußte *Sry* das geschlechtsbestimmende Gen sein. Goodfellow – außer für seine Wissenschaft auch für seinen ausgeprägten Sinn für Humor bekannt – und Lovell-Badge schickten die Ergebnisse ihrer Experimente mit den transgenen Mäusen an *Nature.* Der Artikel wurde in einem Bild zusammengefaßt, in dem zwei Mäuse lässig an einer Bar lehnten. Die linke Maus hatte ein X und ein Y-Chromosom, die rechte zwei X-Chromosomen sowie das transgene *Sry*-Gen. An beiden Mäusen prangte gut sichtbar ein Paar Hoden. *Sry* war tatsächlich das geschlechtsbestimmende Gen.

Goodfellow, mittlerweile Professor für Genetik in Cambridge, erzählt in öffentlichen Vorlesungen, daß der Gutachter, dem *Nature* den Artikel gesandt hatte, Einwände erhoben hatte. Welchen Beweis gibt es, fragte er, daß die XX-Maus mit den Hoden wirklich männlich ist? Denn bis dahin wurde Männlichkeit über die Hoden definiert; das half nun überhaupt nicht mehr weiter. Goodfellow und Lovell-Badge gelang es jedoch, die Männlichkeit der transgenen Maus auf eine Weise zu demonstrieren, die für alle überraschend kam: Sie steckten sie mit einem paarungsbereiten Mausweibchen in einen Käfig. Die transgene Maus quietschte, wie männliche Mäuse es vor der Begattung tun, und bestieg dann begeistert das Weibchen. Sie wiederholte dieses Verhalten, wenn sie mit weiteren paarungsbereiten Weibchen zusammengebracht wurde. Goodfellow und Lovell-Badge teilten *Nature* die Ergebnisse dieses Experiments mit. Sie schrieben, die transgene Maus selbst betrachte sich als Männchen, und das Weibchen sei offenbar derselben Meinung. Daraufhin wurde der Artikel angenommen.

Sonderbarerweise ähnelt *SRY* einem Hefegen, das ein Paarungsprotein namens Mc codiert. Da Hefe und Mensch evolutionär weit auseinanderliegen, muß man annehmen, daß die ursprünglichen Mechanismen zur Differenzierung der Organismen in männlich und weiblich so effizient waren, daß sie in der Evolution kaum verändert wurden.

Der kleine Unterschied zwischen Männern und Frauen besteht demnach nur aus 250 Basenpaaren DNA, die ein Protein aus 80 Aminosäuren codieren. Alle anderen, deutlich sichtbaren Zeichen von Männlichkeit werden dann von den Hoden hervorgerufen und sind Folgeerscheinungen der alles durchdringenden Wirkung des Hormons, das sie produzieren, des Testosterons. Unter diesen Umständen kommen einem Diskussionen über das Schädelvolumen oder die intellektuellen Fähigkeiten von Männern und Frauen ein wenig albern vor, da die Gene für diese Eigenschaften bei beiden Geschlechtern identisch sind. Es scheint auch grotesk, Frauen nur deshalb das Recht auf ein Priesteramt zu verweigern, weil sie in den ersten Tagen ihres Lebens für nur wenige Stunden ein Protein aus 80 Aminosäuren nicht exprimieren. Eigentlich sollten Frauen jetzt für uns Männer viel mehr Verständnis haben: Wir sind die gleichen Lebewesen wie sie, nur, daß männlich zu sein bedeutet, von Testosteron durchspült zu werden sowie aggressiv und letztlich irrational zu sein.

Obwohl die lebhaft geführte Debatte über die tatsächlichen und angeblichen Unterschiede zwischen Männern und Frauen wahrscheinlich nie enden wird, sind sich doch alle in einem weitgehend einig: Männer sind die besseren Sportler. Die Gründe für diese Überlegenheit liegen klar auf der Hand: Männer sind größer und stärker als Frauen. Sie verdanken ihre großen Muskeln dem Testosteron. Vor der Pubertät unterscheiden sich die sportlichen Leistungen von Jungen und Mädchen kaum, und die Beschränkungen des Mädchensports sind weitgehend kulturell bedingt. Überall in England beispielsweise spielen die Rangen, bis sie neun oder zehn sind, ganz geschickt Fußball und Rugby. Danach setzt bei den Jungen die Testosteronbildung ein, und sie werden deutlich stärker als die Mädchen. Zwei Jahre später, wenn das Testosteron in der Pubertät ansteigt, werden die Jungen noch sehr viel kräftiger und auch aggressiver. Ab diesem Stadium können Mädchen körperlich nicht länger mit Jungen ihres Alters mithalten.

Sportler wie Sportlerinnen kennen die Wirkung des Testosterons oder seiner künstlichen Analoga, der anabolen Steroide. Diejenigen, die Anabolika einnehmen, sind gegenüber ihren Konkurrenten im Vorteil. Das ist unfair; deshalb testen Sportverbände Sportler auf Steroide und sperren sie auch in einzelnen Fällen, wenn der Test positiv ausfällt.

Frauen nehmen Steroide, um Männern ähnlicher zu werden. Würde man Frauen vor der Pubertät geringe und danach hohe Dosen Steroide verabreichen, würden sich die Unterschiede in den sportlichen Leistungen von Männern und Frauen wahrscheinlich tatsächlich sehr stark verringern. Selbst einige Athletinnen, die nur die offiziell erlaubte Menge einnehmen, sehen deutlich männlich aus. Mir kommt es so vor, als wären bei allen internationalen Rennen Frauen zu sehen, die Steroide einnehmen. Sie haben nur sehr wenig Unterhautfett und außergewöhnlich große Muskeln. Bevor es Steroide gab, gab es solche Frauen nicht. Selbst die kräftigsten Muskeln waren bei Frauen von Fett umhüllt, wie man es in denselben Rennen bei Frauen sehen kann, die keine Steroide nehmen. Bei Männern ist die Einnahme von Steroiden nicht so leicht zu erkennen, da sie nur etwas männlicher wirken. Ihre Hoden sind jedoch oft sehr klein, weil ihr Körper vergeblich versucht, wieder normale Verhältnisse herzustellen, indem er seine eigene Testosteron-Produktion herunterschraubt.

Bevor man Steroide spritzen konnte, erkannten einige findige Leute, daß man den Vorteil, den ein Mann in Frauenwettbewerben hatte, auch einfach dadurch erreichen konnte, daß man tatsächlich männlich war. Wie notwendig es war, Männer mit einem Geschlechtstest davon abzuhalten, sich an Frauenwettbewerben zu beteiligen, wurde deutlich, als weltweit einige Fälle bekannt wurden, in denen, wie sich später herausstellte, Männer bei Frauenentscheidungen gewonnen hatten. So entdeckte man nach einem tödlichen Schießunfall im Jahre 1980, daß die Siegerin des 100-Meter-Finales der Frauen bei den Olympischen Spielen von 1932 Hoden besessen hatte. Die Weltmeisterin im Hochsprung aus dem Jahre 1938 wurde, da sie männliche und weibliche Geschlechtsorgane hatte, von den weiteren Wettkämpfen ausgeschlossen. Zwei Frauen, die Hälfte der Staffel, die bei den Europameisterschaften 1946 zweite wurde, veränderten anschließend ihr Geschlecht; eine wurde sogar Vater. Die Weltmeisterin im Abfahrtslauf der Damen von 1966 unterzog sich nach Abschluß ihrer Karriere ebenfalls einer Operation und wurde Vater.

Bereits bevor diese Beispiele bekannt wurden, war man sich einig, daß Männer daran gehindert werden mußten, sich weiter mit Frauen zu messen. Die British Women's Amateur Athletic Association gab 1948 bekannt, daß Frauen nur dann zu Sportveranstaltungen zugelassen werden konnten, wenn sie ein ärztliches Attest vorlegten, das bestätigte, daß sie Frauen waren. Pragmatischere Nationen zeigten weniger Neigung, solchen Abmachungen zu vertrauen. In Budapest mußten sich deshalb die Sportlerinnen 1966 vor den Meisterschaften von einem Gremium von drei Ärztinnen untersuchen lassen. Sowohl 1966 vor den Commonwealth-Spielen in Kingston, Jamaika, als auch 1967 vor den Panamerikanischen Spielen wurden die äußeren Genitalien sämtlicher Athletinnen gynäkologisch untersucht.

Man kann sich gut vorstellen, daß die Athletinnen auf diese Ereignisse verärgert reagierten und viele Befürchtungen hatten. Eine Frau war besonders vom Schicksal geschlagen; sie besaß zwei verschiedene Zellpopulationen in ihrem Körper: Zellen mit XX sowie solche mit XXY. Sie gewann 1964 in Tokio die Goldmedaille im 100-Meter-Lauf und hielt auch den Weltrekord über diese Strecke. 1967 fiel sie bei einer Untersuchung ihrer äußeren Genitalien auf; man entdeckte, daß ihr bei einer Operation hochstehende Hoden entfernt worden waren. Sie wurde anschließend öffentlich von der Leichtathletik ausgeschlossen und ihr Name aus den Rekordlisten gestrichen. Man kann sich ihre Gefühle gut vorstellen, denn es ist sehr unwahrscheinlich, daß sie sich selbst je für etwas anderes als für eine Frau gehalten hat. Die Aufregung um diesen und andere Fälle veranlaßte das Internationale Olympische Komitee nach neuen Möglichkeiten Ausschau zu halten, das Geschlecht der Athletinnen überprüfen zu können. Das IOC entschied sich für eine Untersuchung des Barr-Körpers, da man ihn zu der damaligen Zeit für ein untrügliches Zeichen von Weiblichkeit hielt. Diese Annahme war falsch, da Personen mit XXY, etwa solche mit einem Klinefelter-Syndrom, sowohl Hoden als auch einen Barr-Körper besitzen. Hätte man jedoch die Frau mit den XX- und XXY-Zellen unter diesen Voraussetzungen getestet, wären bei ihr Barr-Körper gefunden worden, und sie hätte teilnehmen dürfen.

Aufgrund dieser Schwierigkeiten ersetzte das IOC 1992 den Nachweis des Barr-Körpers durch einen Test auf das Hoden-bestimmende Gen, das – wie wir heute wissen – als einziges entscheidend für die Entwicklung zum Mann ist. Doch selbst dieser Test hat seine Tücken; denn es gibt eine Veranlagung, bei der sich XY-Frauen entwickeln. Die meisten Frauen, die heutzutage von den Frauenwettbewerben ausgeschlossen werden, sind solche XY-Frauen – etwa eine von fünfhundert aus der Elite der

Athletinnen. Diese Personen haben männliche Chromosomen, aber entweder ist ihr *SRY*-Gen mutiert oder ihre Zellen haben keinen Testosteron-Rezeptor. Sie entwickeln sich wie normale Frauen, können jedoch etwas größer sein als der Durchschnitt.

Malcolm Ferguson-Smith, Professor für Pathologie in Cambridge, hat viel dazu beigetragen, die Probleme, die mit der Einführung fairer Geschlechtstests verbunden sind, zu lösen. Er weist darauf hin, daß das Y-Chromosom für XY-Frauen keinen Vorteil darstellt, da ihre Muskeln nicht wie die der Männer auf Testosteron reagieren können. Selbst wenn sie Anabolika nähmen, wäre keine Reaktion zu erwarten. Ferguson-Smith vertritt den Standpunkt, man solle XY-Frauen nicht von den Frauenwettbewerben ausschließen. Er bringt das einleuchtende Argument, daß hervorragende sportliche Talente aufgrund genetischer Variation zustande kämen und daß es ungerecht sei, einige Personen aufgrund bestimmter Gene vom Sport auszuschließen, während man andere teilnehmen lasse, weil sie andere Gene hätten. Menschen mit „anomalem" Geschlechtsstatus unterscheiden sich nur in einem ganz kleinen Abschnitt ihrer DNA von „normalen" Personen. In Anbetracht der natürlichen Variationsbreite wäre es vielleicht angemessener, diese Individuen als Extreme der genetischen Vielfalt zu betrachten.

Es gibt beim Geschlechtstest noch eine weitere Ungereimtheit, die bisher nicht zur Sprache gekommen ist. Da anscheinend bisher noch keine Frau in Männerdisziplinen gewonnen hat, hat man es bisher für überflüssig gehalten, die Männer aufzufordern, ihr Geschlecht oder ihren chromosomalen Status überprüfen zu lassen. Dieser Gedankengang mag sich jedoch als falsch erweisen. So könnte sich beispielsweise ein zusätzliches X-Chromosom günstig auf die Körpergröße auswirken oder ein zusätzliches Y, das man bei männlichen Gefangenen häufiger als beim Durchschnitt der Bevölkerung findet, unter bestimmten Umständen von Vorteil sein.

Doch abgesehen vom Sport sind zusätzliche Chromosomen durchaus nicht immer ein Gewinn. Besondere Probleme werfen die Geschlechtschromosomen auf. Auf dem X-Chromosom befinden sich viele Gene, auf dem Y-Chromosom dagegen nur ganz wenige. Diejenigen, unter Ihnen, liebe Leser, die das Glück haben, zwei X-Chromosomen zu besitzen, haben von jedem Gen auf dem X-Chromosom ein Exemplar mehr, als sie benötigen. Mit den Genen ist es in mancherlei Hinsicht wie mit Medikamenten, die der Arzt verschrieben hat: Doppelt so viel ist nicht dasselbe wie doppelt so gut.

Manchmal sind zwei oder mehr funktionstüchtige Genkopien erforderlich: Etwa bei den Genen für einige Ketten des Hämoglobins, des roten Blutfarbstoffs. Der Grund dafür ist, daß Erythocyten so dicht wie möglich mit Hämoglobin vollgepackt werden müssen. Stopft man dagegen in andere Zellen die doppelte Menge von anderen Proteinen, schadet es ihnen wahrscheinlich eher, als daß es ihnen nutzt. So exprimieren beispielsweise manche krebsauslösenden Gene vollkommen normale Proteine – jedoch in außergewöhnlich großen Mengen. Kinder, die am Down-Syndrom leiden, besitzen ein überzähliges Chromosom 21; ihre Krankheitssymptome sind auf einen Überschuß und nicht auf einen Mangel an Chromosomen zurückzuführen. Viele Proteine setzen sich aus einzelnen Ketten zusammen, die von unterschiedlichen Genen codiert werden. Diese wiederum können sich auf verschiedenen Chromosomen befinden: Werden die Ketten nicht im richtigen Verhältnis zueinander produziert, kann die im Überschuß vorhandene Kette die Zellmaschinerie lahmlegen. Um dies bei den Genen des X-Chromosoms zu verhindern, muß es einen Mechanismus geben, der das überflüssige X-Chromosom abschaltet.

Da man den Barr-Körper in Personen mit zwei X-Chromosomen fand, er aber fehlte, wenn nur ein X vorhanden war, folgerte man daraus, dies sei das zweite X-Chromosom, allerdings kondensiert und von der restlichen DNA getrennt. Es war daher vernünftig anzunehmen, daß die Gene im kondensierten Chromosom inaktiv waren: In jeder einzelnen Zelle war zu einem bestimmten Zeitpunkt nur ein X-Chromosom aktiv. Doch welches? Faszinierend war die Möglichkeit, das inaktive Chromosom könne entweder immer vom Vater oder immer von der Mutter stammen: Das würde bedeuten, daß es nicht egal wäre, ob etwas vom Vater oder von der Mutter vererbt würde. Genetisch wäre das so, als gingen die Sünden des Vaters auf die Tochter über.

Dank ihrer genialen Beobachtungsgabe löste die Mausgenetikerin Mary Lyons die Frage, welches X-Chromosom inaktiviert wird. In der Maus sind verschiedene Mutationen der Fellfarbe mit dem X-Chromosom gekoppelt. Anders ausgedrückt, man konnte auf dem X-Chromosom defekte Gene lokalisieren, die die Fellfarbe verändern, genauso wie Morgan die Augenfarbe seiner Fruchtfliegen auf dem X-Chromosom kartieren konnte. Mary Lyons stellte fest, daß Mäuseweibchen, bei denen die Mutation für die Fellfarbe mit dem X-Chromosom gekoppelt war, gesprenkelt oder scheckig aussahen. Sie zeigten weder die eine noch die andere Farbe noch eine gleichmäßige Mischung beider Farbtöne. Die Farbflecken waren vielmehr zufällig verteilt und bildeten kein regelmäßiges Muster.

Aus der Verteilung der Farbsprenkel schloß Lyons, daß eines der beiden X-Chromosomen bereits sehr früh in der Entwicklung inaktiviert wird, zu einem Zeitpunkt, an dem der Embryo aus noch nicht einmal hundert Zellen besteht. Im Embryonalstadium wird in jeder Zelle ein X abgeschaltet. Die Milliarden Hautzellen der erwachsenen Maus stammen dann von zehn bis zwanzig der 100 Zellen ab. Es war vollkommen zufällig, welches X in diesen 20 Zellen an- und welches abgeschaltet wurde: Bei einigen Zellen trug das aktive X das mutierte, bei anderen das normale Gen. Nach Abschluß der Embryogenese bildeten alle Tochterzellen einer bestimmten Zelle ein Hautstück. Stammte dieses von einer Zelle ab, in der das mutierte X aktiv war, war die Fellfarbe verändert, stammten die Tochterzellen dagegen von Zellen mit einem normalen X, besaßen sie die normale Färbung.

Das Zufallsmuster der gesprenkelten Maus bedeutete, daß die Inaktivierung des X-Chromosoms zufällig erfolgte. Das wiederum heißt, daß jede Frau aus einem Mosaik von Zellen besteht, in denen entweder das eine oder das andere X-Chromosom aktiv ist. Die Vorstellung, daß eine Person aus zwei Zellgruppen besteht, ist etwas seltsam: Es ist beinahe so, als würden sich zwei Menschen einen Körper teilen. Mittlerweile wird dieser Prozeß als „Lyonisierung" bezeichnet. Er betrifft die meisten Gene des X-Chromosoms, durchaus nicht nur die für die Fellfarbe. Man findet ihn auch bei anderen Säugern als der Maus.

Mary Lyons schloß ihre Originalarbeit aus dem Jahre 1961 mit einer Beobachtung an Katzen ab. Schildpattkatzen besitzen ein ganz spezielles schwarz-gelbes Fell. Katzenliebhaber wissen, daß es keine männlichen Schildpattkatzen gibt: Sie sind immer weiblich. Lyons vermutete, daß Schildpattkatzen zwei Gene für die Fellfarbe besitzen, eines für schwarz und eines für gelb. Auf jedem der X-Chromosomen befindet sich eines der beiden Gene. In Hautbereichen, in denen sich auf dem aktiven Chromosom das Gen für gelb befindet, ist das Fell gelb. Ist dagegen das Gen für schwarz auf dem aktiven Chromosom, ist das Fell schwarz. Die zufällige Aktivierung „gelber" und „schwarzer" X-Chromosomen sorgt für die schildpattartige Färbung des Katzenfells. Normale Frauen sind in gleicher Weise einem Mosaik der unterschiedlichen Wirkungen ihrer beiden X-Chromosomen ausgesetzt – nur, daß bei ihnen das Muster unsichtbar bleibt.

Dreißig Jahre ist es jetzt her, daß Mary Lyons gezeigt hat, wie das Muster im Fell dieser Katze zustande kommt. Es ist aber immer noch unklar, wie ein ganzes Chromosom abgeschaltet werden kann. An einer Stelle, die sich gut als Inaktivierungsfocus eignet, wurde ein Gen namens Xic (*X-inactivation centre*, d.h X-inaktivierendes Zentrum) gefunden, das nur auf dem inaktiven X-Chromosom exprimiert wird. Wie es funktioniert, weiß allerdings noch niemand. Eine Beantwortung dieser Frage würde wahrscheinlich unser Verständnis dafür, wie Gene an- und abgeschaltet werden, wesentlich erweitern und für einige Erbkrankheiten neue Behandlungsmöglichkeiten eröffnen.

Sind die Inaktivierung des X-Chromosoms und die „Mosaikfrauen" schon sonderbar, so passieren doch mit der männlichen und weiblichen Seite unserer Gene noch eigenartigere Dinge. Bis vor kurzem waren die Genetiker davon überzeugt, daß, abgesehen von den Geschlechtschromosomen, sämtliche Gene, die wir von unseren Eltern erben, gleiches Gewicht haben. Die Wissenschaft lehrt jedoch, daß Annahmen solange nicht bewiesen sind, bis sie experimentell überprüft wurden – und manchmal selbst dann nicht.

Die Annahme, daß das genetische Erbe unserer Mütter und Väter gleichzusetzen sei, stammt ursprünglich aus Versuchen an Fröschen. Bei dem Experiment wurde aus der befruchteten Eizelle eines weiblichen Frosches der Kern entfernt. Zurück blieb das Cytoplasma, das alles Nötige enthielt, um die Entwicklung eines Froschembryos einzuleiten. Nur die Gene der Kern-DNA fehlten. Ohne genetische Anweisungen kann das Cytoplasma jedoch nichts ausrichten; die Zelle würde schnell zugrunde gehen. Deshalb nahm man den Kern der Hautzelle eines erwachsenen Frosches und steckte ihn in das leere Cytoplasma des Eies. Da alle Zellkerne im Körper sämtliche Gene enthalten, war es theoretisch möglich, daß sich aus dem wieder zusammengesetzten Ei ein vollkommen normaler Frosch entwickeln würde.

Das Experiment funktionierte tatsächlich wunderbar. Aus dem Embryo entstand eine Kaulquappe, und aus der Kaulquappe ein normaler Frosch. Dieser Frosch war eine identische Kopie des Froschs, aus dessen Haut der Kern stammte. Auf diese Weise gelang es, Hunderte von Fröschen herzustellen. Jeder einzelne von ihnen war ein exaktes Abbild aller anderen einschließlich des Frosches, dem man den Kern entnommen hatte.

Diese Blaupausen von Tieren sind das, was viele Leute unter Klonen verstehen. Der Begriff „Klon" hat zwar, wie wir gesehen haben, für Genetiker eine viel engere Bedeutung, doch die Auswirkungen solcher Froschmanipulationen lagen schließlich klar auf der Hand. Wenn man von einem einzigen selbstgefälligen Frosch Hunderte von Kopien herstellen konnte, war es sicher auch möglich, Hunderte identischer Mäuse oder gar Menschen zu schaffen. Kein Militärdiktator und keine Romanschriftstellerin müßten sich in Zukunft mehr Gedanken um seine oder ihre Unsterblichkeit machen. Sie könnten genauso präzise vom Original abgekupfert werden wie ein Film oder eine CD.

Leider – oder vielleicht doch eher glücklicherweise – mißlang der Versuch, als man ihn mit Mäusen wiederholte. Zwar reiften die Embryonen weiter heran, sie starben dann aber schließlich an einer Vielzahl von Anomalien. Zunächst erklärte man sich das damit, daß sich die Kerngene des befruchteten Eies in einem bestimmten Stadium befinden müßten.

Bei Säugern müssen spezielle Gene vor und direkt nach der Empfängnis ungeheuer viel vorbereiten. Sie sorgen im Ei für eine Orientierung: vorne, hinten, oben, unten, links und rechts. Ein Muster aus genetischen Signalen bestimmt, noch bevor das Spermium ins Ei eindringt, daß der Kopf des Embryos da und nur da und das Rückgrat hier und nur hier entsteht. Obwohl das Muster am Anfang noch sehr einfach zu sein scheint, ist es die Basis für das nun folgende Wunder an Organisation. Die Signale können nur dann richtig gesetzt werden, wenn sich das Ei in einer bestimmten Weise entwickelt hat. Auch die Gene für die nächsten entscheidenden Schritte in der Embryonalentwicklung sind bereits vorbereitet, um auf die Empfängnis zu reagieren. Der Klonierungsversuch bei den Mäusen scheiterte jedoch daran, daß sich die Gene im Kern einer Hautzelle der Maus nicht in dem erforderlichen Bereitschaftszustand befinden. In Amphibien wie den Fröschen sind die Mechanismen der Embryonalentwicklung sehr viel einfacher; deshalb glückte bei ihnen die Klonierung.

Obwohl es unmöglich war, Mäuse wie Frösche zu klonen, schien es also gute Gründe zu geben, warum das Experiment mißlang. Die Geschichte geht jedoch noch weiter, da die Anomalien der Mausembryonen deutlich erkennbare Muster aufwiesen.

Genetiker interessieren sich besonders für Entwicklungsanomalien, da sie aus ihnen ablesen können, welche Gene für die normale Entwicklung notwendig sind. Eventuell konnten die Fehlentwicklungen bei den Mausembryonen, die man im Anschluß an die Kerntransplantation fand, dazu beitragen, die entscheidenden Gene für die Embryonalentwicklung ausfindig zu machen. Man erkannte, daß seltsamerweise Membranen und Placenta des sich entwickelnden Embryos immer dann unterentwickelt waren, wenn die Zellkerne aus weiblichem Gewebe stammten, während sich der Embryo selbst im großen und ganzen normal entwickelte. Stammten die Kerne dagegen vom Vater, war der Fötus klein, die Placenta dagegen groß und sah normal aus.

Etwas sehr Ähnliches beobachtet man auch bei Pflanzen. Pflanzengenetiker wissen bereits seit Beginn unseres Jahrhunderts, daß männliche und weibliche Anlagen einer Pflanze unterschiedliche genetische Eigenschaften aufweisen können. Was in der menschlichen Entwicklung die Placenta leistet, übernimmt bei blühenden Pflanzen ein Teil des Samens, das sogenannte Angiosperm: Es entzieht der Mutterpflanze Nährstoffe und ermöglicht so das Wachstum des Embryos im Samen. Es sah so aus, als kontrollierten die Gene der männlichen Seite das Wachstum des Angiosperms, die Gene der weiblichen Pflanze dagegen das Wachstum des Embryos.

Man kam dem Urspung dieses Vater-Mutter-Effekts näher, als man sich Mäuse ansah, bei denen beide Kopien eines bestimmten Chromosoms von nur einem Elternteil stammten. So etwas kann passieren, wenn in das Spermium oder Ei versehentlich ein zusätzliches Chromosom hineingeraten ist. Das führt manchmal, aber nicht immer, zu Anomalien. Welche Anomalien sich dann ausbilden, hängt davon ab, um welches Chromosom es sich handelt. Das Überraschende war, daß die Anomalien unterschiedlich ausfielen, je nachdem, welcher Elternteil das zusätzliche Chromosom beigesteuert hatte.

Das führte zu der Vorstellung, daß sich die Gene von Mutter und Vater darin unterscheiden, wie sie im heranwachsenden Embryo an- oder abgeschaltet werden. Es war, als ob die Chromosomen oder die Gene, die sie enthielten, irgendwie als männlich oder weiblich markiert wären und als ob diese Markierung anschließend auf dem Chromosom erhalten bliebe.

Was jedoch für die Maus gilt, muß nicht unbedingt auch beim Menschen zutreffen. Außerdem verstand niemand so richtig, was diese seltsamen Befunde eigentlich bedeuteten. Die ganze Sache mit den beiden Chromosomenkopien von nur einem Elternteil schien im höchsten Maß an den Haaren herbeigezogen. Deshalb maßen die Humangenetiker diesen Ergebnissen keinerlei Bedeutung bei. Ein Kinderarzt namens Angelman, der sich mittlerweile an der Südküste Englands zur Ruhe gesetzt hat, hatte allerdings auf dem Höhepunkt seiner Laufbahn ein Syndrom beschrieben, das er das „Syndrom der glücklichen Puppe" getauft hatte. Die unglücklichen Kinder, die an diesem Syndrom erkrankt waren, waren geistig zurückgeblieben und hatten eine ganz typische Art, seltsam und unangebracht zu lachen. In unseren aufgeklärteren Zeiten wissen wir, daß es Eltern unnötig aufregt, wenn man ihnen mitteilt, daß ihr Kind unter einem „Syndrom der glücklichen Puppe" leidet; mittlerweile trägt das Syndrom den Namen von Dr. Angelman.

Glücklicherweise tritt das Angelman-Syndrom selten auf. Es hätte auch kaum größeres Interesse erregt, wäre es nicht mit einer anderen Erbkrankheit gekoppelt, die als Prader-Willi-Syndrom bezeichnet wird. Kinder mit dem Prader-Willi-Syndrom sind ebenfalls geistig zurückgeblieben; sie sind jedoch pummelig und träge und überhaupt vollkommen anders als Kinder mit dem Angelman-Syndrom. Das Prader–Willi-Syndrom ist ebenfalls ziemlich selten und würde auch nur ein Schattendasein in medizinischen Lehrbücher mit niedriger Auflage führen, wenn es nicht in denselben Familien wie das Angelman-Syndrom auftreten würde.

Bei Familien, die von beiden Krankheiten befallen werden, fand man Anomalien in einem bestimmten Bereich von Chromosom 15. Jahre zuvor hatte man bereits erkannt, daß ein Kind dann am Prader-Willi-Syndrom erkrankt, wenn das anomale Chromosom vom Vater stammt, während es ein Angelman-Syndrom ausbildet, wenn die Mutter das Chromosom vererbt hat. Gelegentlich treten beide Krankheiten in einer Familie auf: Dann wechseln Angelman-Syndrom und Prader-Willi-Erkrankung ab, je nachdem welcher Elternteil das defekte Chromosom vererbt hat.

In seiner vollen Bedeutung konnte man dieses Phänomen erst begreifen, als man bei Mäusen systematisch Versuche mit Chromosomen von Mutter und Vater durchführte. Dabei entdeckte man im wesentlichen sieben Chromosomenbereiche, bei denen der Elternteil, der sie vererbt, Einfluß auf die Art der Anomalien in den Mausembryonen ausübt. Es blieb jedoch rätselhaft, warum sich die Gene so verhielten. Um dieses Phänomen zu beschreiben, wurde der Begriff „Imprinting" geprägt, was soviel wie „markiert", „geprägt" bedeutet. Denn es sah so aus, als würden die Gene markiert, damit sie sich so unterschiedlich verhielten, je nachdem, ob sie mit den Spermien oder den Eiern in den Embryo gelangt waren. Um es genauer zu sagen: Die markierten Gene werden abgeschaltet – eventuell in einer ähnlichen Weise wie bei der X-Inaktivierung bei den Frauen – während die entsprechenden Gene auf dem korrespondierenden Chromosom vom anderen Elternteil aktiv bleiben.

Mit dem Imprinting lassen sich auch andere Merkwürdigkeiten erklären. Krebserkrankungen und Leukämien (Krebsformen der weißen Blutkörperchen) entstehen, wenn Gene verrückt spielen. Unter dem Mikroskop erkennt man, daß die Chromosomen von Krebszellen oft anomal, gebrochen oder durcheinandergewürfelt sind. Bei einigen Krebsformen stammen die anomalen Chromosomen immer von der

Mutter. Diese Befunde sind wichtig, da sie für diese Krebsformen neue Behandlungs-möglichkeiten eröffnen.

Die sonderbarste Entdeckung betraf allerdings zwei markierte Mausgene. Das erste Gen, das Gen für den insulinartigen Wachstumsfaktor II, codiert ein Protein, das das Wachstum der Placenta und damit die Nahrungsversorgung des heranwachsen-den Embryos kontrolliert. Man konnte zeigen, daß das Gen mütterlicherseits geprägt wird: Das Exemplar der Mutter ist inaktiv. Die Größe der Placenta wird daher vom väterlichen Gen kontrolliert; die Mutter hat noch nicht einmal ein Mitspracherecht bei der Frage, wieviel Nahrung sie dem Fötus geben muß.

Wachstumsfaktoren ähneln Hormonen. Jeder Wachstumsfaktor und jedes Hor-mon besitzt einen eigenen Rezeptor, üblicherweise ein Protein oder ein Proteinkom-plex, das oder der auf der Zelloberfläche verankert ist. Der Wachstumsfaktor paßt zu seinem speziellen Rezeptor wie ein Schlüssel ins Schloß. Passen Schlüssel und Schloß zusammen, ist das, als würde ein Schalter umgelegt. Auf diese Weise reagieren einige Gewebe auf Hormone, andere jedoch nicht. Ein Beispiel dafür ist die Wirkung des weiblichen Geschlechtshormons Östrogen auf die Brust. Die Brust wächst auf-grund des Östrogens, da die Brustzellen auf ihrer Oberfläche Östrogenrezeptoren tragen. An anderen Zellen im Körper fließt das Östrogen nur vorbei; solange sie keine Östrogenrezeptoren besitzen, hat das Hormon keinen Einfluß.

Der insulinartige Wachstumsfaktor II reagiert mit zwei Arten von Rezeptoren. Der erste wird als IGF-I-Rezeptor bezeichnet. Paßt der Wachstumsfaktor zu dem Re-zeptor auf den Placentazellen, wachsen diese heran; der Faktor trägt somit seinen Namen zu Recht. Bemerkenswert ist das Verhalten der IGF-II- oder Typ-2-Rezeptoren. Bindet der Wachtumsfaktor an einen solchen Rezeptor, löst er kein Zellwachstum aus; vielmehr wird er in die Zelle aufgenommen und zerstört. Mit anderen Worten: Typ-2 bewirkt genau das Gegenteil von Typ-1.

Überraschenderweise entdeckte man, daß das Gen für den Typ-2-Rezeptor vom Vater geprägt wird. Nur das mütterliche Gen war aktiv. Die Maus hatte also zwei entgegengesetzt wirkende Gene: Eines, das das Wachstum der Placenta förderte, und eines, das es eher behinderte. Ein solch kompliziertes System kommt nicht zufällig zustande. Aber aus welchem Grund mag sich ein solcher Mechanismus entwickelt haben? Die Antwort ist wieder einmal bei Konflikten innerhalb des Genoms zu su-chen.

In diesem Fall wurde die Diskussion von David Haig vom Department of Plant Science in Oxford ausgelöst. Er und seine Kollegen stellten die Hypothese auf, die Überlebenschancen eines Embryos würden nach der Geburt entsprechend den Men-gen an Nährstoffen steigen, die er von seiner Mutter erhielte. Diese Nährstoffauf-nahme geht jedoch auf Kosten der Mutter. Überspitzt gesagt kann sie unter Umstän-den für die Mutter tödlich sein oder zumindest deren Möglichkeiten einschränken, weitere Kinder auszutragen.

Für den Vater des Kindes ist es dagegen von Vorteil, wenn er so gut wie möglich das Wachstum eines Embryos unterstützt, der seine Gene geerbt hat. Der Vater ist gezwungen, auf Kosten der Mutter in den Embryo zu investieren, da die nächsten Kinder der Mutter von anderen Männern stammen können. Das ist bei Menschen zwar nicht so häufig wie bei Mäusen, aber die Prinzipien und ihre Umsetzung sind bei beiden Arten dieselben. Können darüber hinaus wie bei den Mäusen die Embryonen eines einzigen Wurfs von zwei oder mehreren verschiedenen Vätern stammen, entwickeln sich die Embryonen am besten, deren Wachstumsfaktor am aktivsten ist – auf Kosten ihrer Geschwister.

Der Typ-2-Rezeptor schützt die Mutter und ermöglicht ihr, möglichst viele Kinder zu bekommen. Die Prägung des Typ-2-Rezeptors hat sich wahrscheinlich als Antwort auf das ungehemmte Wirken des ungeheuer rücksichtslosen väterlichen Wachstumsfaktor-Gens entwickelt. Wieder befinden wir uns in der Welt von Malthus und Thatcher: Konflikte und freier Markt führen letztlich zu maximaler Leistung.

Vielleicht haben Sie das Gefühl, diese Analyse der genetischen Grundlagen des Sex sei wieder einmal typisch für eine seelenlose Wissenschaft, die sich auf einen aufregenden Zeitvertreib stürzt. Wenn das so ist, tut es mir leid, aber Sex ist nun mal letztendlich ein mechanisches Geschäft. Liebe, höre ich dagegen sagen, Liebe ist etwas vollkommen anderes! Liebe ist etwas Geistiges, hat nichts mit Vernunft zu tun, ist erhaben und vollkommen außerhalb der Reichweite mechanistischer Wissenschaft.

Das mag richtig sein oder auch nicht. Im Zentrum des Lebens steht jedenfalls das Gen, zynisch und nur sich selbst verpflichtet; nichts überläßt es dem Zufall, der möglicherweise sein Vorwärtskommen behindern könnte. Da die Partnerwahl über Erfolg oder Mißerfolg bei der Verbreitung der Gene in der nächsten Generation entscheidet, besitzt das Gen bei diesem Prozeß wahrscheinlich ein Mitspracherecht. Gene, die das Paarungsverhalten beeinflusssen, kann man deshalb schlicht als Liebesgene bezeichnen.

Die Paarung von Pflanzen ist dagegen unberechenbar, vom Zufall abhängig und vollkommen unterschiedslos. Pollen wird, obwohl man sich leicht Ausnahmen vorstellen und sie auch finden kann, im allgemeinen wahllos verbreitet: Wer den Pollen empfängt, bestimmt der Wind oder die Insekten mit ihrem Verhalten. Bei Tieren ist das anders, vielleicht nur, weil Tiere ein größeres Verhaltensrepertoire haben als Pflanzen. Ist das Verhalten nicht auf bewegungsloses Verharren beschränkt, ist Abgabe und Empfang von Pollen oder Sperma eine Frage der Wahl. Das Männchen kann sein Sperma gezielt einem bestimmten Weibchen zukommen lassen, dieses kann es aufnehmen oder verweigern.

Die Frage, welches Geschlecht die Wahl hat, wird noch diskutiert. Bei einigen Arten, wie Hühnern, Rotwild sowie einigen Primaten, sucht sich ein dominantes Männchen nicht nur die Weibchen aus, mit denen es sich paaren will, es hindert auch schwächere Männchen daran, sich mit „seinen" Weibchen zu paaren. Das dominante Männchen muß größer, aggressiver und vielleicht auch gerissener sein als die Männchen, die in der Rangordnung unter ihm stehen. Gene, die ihm diesen Vorteil an Größe und Intelligenz verschaffen, werden an möglichst viele Kinder weitergegeben; davon profitiert aus der klassisch darwinistischen Sicht der Evolution die Spezies als Ganzes.

Nicht alle Arten bilden Gruppenverbände mit einem dominanten Männchen im Zentrum. Seit Beginn der Frauenbewegung in den 70er Jahren wird zunehmend die Rolle der Weibchen bei der Partnerwahl betont. Dahinter steht der Gedankengang, daß Männchen Milliarden von Spermien produzieren und diese dann wie Blütenpollen überall auszustreuen versuchen, um die Verbreitung ihrer Gene zu sichern. Weibchen müssen dagegen eine andere Strategie verfolgen: Sie produzieren erheblich weniger Eier und müssen ihre Kinder oft alleine großziehen. Deshalb sind sie gezwungen, ihren Partner sehr sorgfältig auszuwählen. Nehmen sie den falschen, müssen sie sich um einen Haufen schlechter Gene kümmern. In dieser Gesellschaft sind auch ihre eigenen Gene benachteiligt. Bei vielen Arten scheint die Auswahl durch Weibchen die Regel zu sein: Das Männchen muß sich vor dem Weibchen zur Schau stellen; dieses entscheidet dann, ob es ihn als Partner akzeptiert oder nicht.

Das wirft die Frage auf, wie Weibchen oder Männchen die guten Gene finden. Die meisten Arbeiten zu diesem Thema haben sich auf die Wahl durch das Weibchen konzentriert – vielleicht, weil die Art, wie Männer ihre Partnerinnen anlocken, oft leicht zu durchschauen ist. Charles Darwin hat lange über die Schwanzfedern beim Pfau nachgedacht. Warum entscheidet sich die evolutionäre Selektion für solch eine bizarre Last? Etwas einfacher geht es bei Schwalben zu; aber auch Schwalbenweibchen wählen ihre Partner eindeutig nach der Schwanzlänge aus. Kürzlich wurde darüber hinaus gezeigt, daß die Symmetrie des männlichen Schwanzes für weibliche Schwalben ebenso wichtig ist wie seine Länge. Dieser Befund wurde mit Untersuchungen am Menschen in Zusammenhang gebracht, die darauf hindeuten, daß für das jeweils andere Geschlecht symmetrische Züge attraktiver sind als unsymmetrische. Allgemein schließt man aus all diesen Befunden, daß Symmetrie oder Länge des Schwanzes einer Schwalbe oder eines Pfaus insgesamt genetische Fitness signalisieren: Vögel, deren Schwänze die größte Symmetrie aufweisen, haben wahrscheinlich die besten Gene und sind am gesündesten.

Ich glaube, daß dies die Verhältnisse zu stark vereinfacht und verallgemeinert. Darwins Ideen beruhten auf sehr genauen und erschöpfenden Beobachtungen; seine Folgerungen waren deshalb in der Regel richtig. Er erklärte, daß Pfauen ihre Schwänze entwickeln, weil Pfauenhennen Pfauen mit langen Federn lieben. Moderner ausgedrückt wären Gene in Betracht zu ziehen, die aus egoistischen Gründen lange Federn selektionieren. Daß Gene für die äußere Erscheinung existieren, scheint ganz vernünftig – solange die Mode keine signifikanten Nachteile mit sich bringt. In einem Wald voller Füchse würden Pfauen mit langen Federn nicht lange überleben. Ein langer Schwanz oder ein übertriebenes Balzritual ist Luxus. Beide können nur in Zeiten des Überflusses existieren. Derartige Frivolitäten verschwinden, sobald der Kampf ums Überleben auf einem lastet.

Es ist verlockend, zur Erklärung unseres eigenen Verhaltens Beispiele aus der Tierwelt heranzuziehen. Hinter der Theorie, daß Männer unterschiedslos mit jeder Frau geschlechtlich verkehren könnten, weil sie von Natur aus so großartig ausgestattet seien, schien mir schon immer mehr als nur eine Andeutung von Wunschdenken zu stecken. Dominante Männchen dürften jedenfalls im Laufe der Menschheitsgeschichte den Gehalt unseres Genpools kaum verändert haben, obwohl sie sich zuweilen der genetischen Vorteile eines Harems erfreuen konnten. Umgekehrt wählen die Weibchen selbst bei anderen Primaten äußerst selten ihre Partner aus.

Meredith Small von der Cornell University erwartete, ein solches Muster zu finden, als sie in Südfrankreich weibliche Berberaffen untersuchte. Fast ein Jahr lang beobachtete sie zwanzig Weibchen und sah dabei die erstaunliche Anzahl von 500 Kopulationen. Soweit bringt es in der britischen Gesellschaft sonst nur noch der Ausschußvorsitzende der Filmzensoren. Small war überrascht, daß die Affenweibchen offensichtlich keine durchgängigen Vorlieben für die Affenmännchen zeigten, mit denen sie sich paarten. Nachdem sie alles gelesen hatte, was über das Paarungsverhalten von Primaten geschrieben worden war, kam sie zu dem Schluß, daß die Theorie der Wahl durch Weibchen nicht der Wirklichkeit entspricht.

Wahrscheinlich gilt auf unserem Ast des Primatenstammbaums keines der einfachen Verhaltensmuster wie etwa der Auswahl durch Männer oder durch Frauen. In unserer Spezies findet man eine enorme Vielfalt an sozialen Organisationsformen und sexuellen Verhaltensmustern. Diese Flexibilität muß uns erhebliche Vorteile gebracht haben, als wir immer größere Teile der Erde bevölkerten. Sei es, daß sich zwei Augenpaare in einem Raum begegnen oder daß langsam über viele Jahre hinweg ein immer stärkeres Gefühl erwächst – eines ist sicher: Liebe läßt sich wahrscheinlich nie auf etwas so Simples wie eine irgendwo in unserem Genom verborgene DNA-Sequenz reduzieren.

Kapitel 9

Komplexe Krankheiten

In unserem Jahrzehnt hat das Zeitalter der neuen Genetik bereits begonnen. Die Gene für die Ein-Gen-Krankheiten sind alle entdeckt: Wer wirklich will und genügend Geld hat, kann jedes Gen für eine der klassischen Erbkrankheiten aufspüren. Die Untersuchungsmethoden dafür sind mittlerweile etabliert, so daß man die Erforschung der Ein-Gen-Krankheiten als einen ausgereiften Zweig der Wissenschaft ansehen kann. Erfolge von Wissenschaftlern, die auf ihrem Gebiet neue Ufer erreicht haben, lassen sich mit dem „Durchbrechen einer Schallmauer" vergleichen. Mit „Mauer" ist die Luft um ein Flugzeug gemeint, das sich der Schallgeschwindigkeit nähert. An dieser Mauer kann Unvorhergesehenes oder auch Gefährliches passieren. Eine ausgereifte Wissenschaft hat es nicht mehr nötig, die Schallmauer zu durchbrechen; sie ist sicherer und folglich auch langweiliger als eine Wissenschaft, die in noch unbekannte Bereiche vorstößt. Es ist wie bei geographischen Entdeckungen. Die Sensation bei der Entdeckung eines neuen wissenschaftlichen Kontinents liegt hauptsächlich darin, der erste zu sein, der den neuen Kontinent zu Gesicht bekommt. Danach werden nur noch die Lücken und weißen Flecken ausgefüllt. Jeder kennt Christoph Kolumbus, aber wer kann schon die Namen derjenigen nennen, die ihm in der zweiten oder dritten Eroberungswelle folgten? In einer ausgereiften Wissenschaft hat jeder eine klare Vorstellung davon, wie alles funktioniert; die Ergebnisse der Versuche sind im großen und ganzen vorhersagbar. Das bedeutet nicht, daß sie nicht wichtig sind: Manchmal sind sie es durchaus, aber in der Regel – und daran führt kein Weg vorbei – kommt dabei auf die Dauer immer weniger heraus.

Das nächste Ziel, das die neue Genetik ansteuert, sind die komplexen Erbkrankheiten. Eine komplexe Erbkrankheit tritt in bestimmten Familien auf, ohne daß ein klares Vererbungsmuster zu erkennen wäre. Zu diesen Krankheiten gehören moderne Seuchen wie Schizophrenie, manisch-depressive Psychose, Diabetes, Bluthochdruck, Asthma, Alzheimer-Krankheit, Arthritis und Krebs. Komplexe Erbkrankheiten sind weit verbreitet: Allein in Großbritannien gibt es 400 000 Patienten mit Alzheimer, 1 000 000 mit Diabetes, 3 000 000 mit Asthma und 5 000 000 mit Bluthochdruck. Zum Vergleich: Nur 2 500 erkrankten an der Huntington-Krankheit, 3 000 an Muskeldystrophie und 7 000 an cystischer Fibrose.

An einem oder mehreren dieser Leiden werden wir alle oder doch zumindest einige unserer nächsten Verwandten erkranken. Die Krankheiten werden nicht nur von einer unbekannten Anzahl von Genen verursacht, auch Wechselwirkungen zwischen Genen und Umwelt spielen bei ihnen eine wesentliche Rolle. Beispielsweise kann eine zufällige Infektion mit einem noch unbekannten Virus bei Kinder zu Diabetes führen. Ohne eine entsprechende Virusinfektion in einem dafür empfänglichen Alter tritt diese Art des Diabetes nicht auf. Kinder, die im Hochgebirge zur Welt kommen, erkranken selten an Asthma; denn in der Höhe ist die Luftfeuchtigkeit gering, und die Hausstaubmilbe nicht überlebensfähig. Ohne Zigarettenrauch gäbe es keinen Lungenkrebs und so weiter und so fort.

Diese Krankheiten, die auch als „multifaktoriell" oder „polygen" bezeichnet werden, stellen die Genjäger vor ungeheure Probleme. Das haben die unseligen Erfahrungen der Psychiatrie zur Genüge verdeutlicht. Zwei ihrer Krankheitsbilder wurden als zumindest teilweise genetisch bedingt eingestuft. Das eine ist die manisch-depressive Psychose, das andere die Schizophrenie.

Charakteristisch für die manisch-depressive Psychose sind extreme Stimmungsschwankungen. Auf der einen Seite sind die armen Patienten überglücklich, reden ununterbrochen, reißen Witze, machen Wortspiele, sind dauernd in Bewegung und häufig sexuell hyperaktiv. Trifft man auf jemanden, der sich gerade in solch einem Krankheitsschub befindet, ist das solange aufregend und lustig, bis es immer offensichtlicher wird, daß der Patient teilweise den Bezug zur Realität verloren hat. Realitätsverlust ist typisch für eine Psychose, die in der Regel auf einem Fehler in der „Hardware", dem Gehirn selbst, beruht. Eine Neurose dagegen ist nach allgemeiner Auffassung eine Sache des Verstandes, der „Software". Die nicht zu unterdrückende gute Laune manischer Patienten kann allerdings innerhalb weniger Tage verschwinden. Die Kranken stürzen dann in die Tiefen einer unvorstellbaren Hoffnungslosigkeit. Diese Art der Depression, die, da sie von innen kommt, als „endogen" bezeichnet wird, gehört zu den unglücklichsten Zuständen, die Menschen befallen können. Der Patient betrachtet sich selbst als vollkommen wertlos, als eine schreckliche Last für seine Freunde und Verwandten. In dieser Düsternis gibt es für die Betroffenen keinen Schlaf und keine Möglichkeit, auf freundliche Worte oder logische Argumente einzugehen. Kein Wunder, daß diese Depressionen, wenn sie nicht behandelt werden, tödlich enden können – nicht durch eine Handvoll Schlaftabletten, sondern durch ein Gewehr oder einen Strick. Manchmal wird die Krankheit ausschließlich von einer Tendenz zur Manie oder zur Depression geprägt; man bezeichnet sie dann als „unipolar". In milderer Form äußert sich die Krankheit in Stimmungsumschwüngen, die lediglich anomal tief und häufig sind: Die Persönlichkeit solcher Menschen wird als „zyklothym" bezeichnet.

Die Schizophrenie ist nicht weniger schrecklich; sie kann ab Mitte des zweiten Lebensjahrzehnts ausbrechen. Bevor sich die Schizophrenie bei Heranwachsenden manifestiert, verhalten sich diese oft ein wenig seltsam, sind in sich gekehrt und scheu. Da Schizophrene häufig Einzelgänger sind, erkennt man nicht immer gleich, wie das Durcheinander in ihrem Verstand langsam aber stetig zunimmt. Im akuten Stadium verlieren Schizophrene die Fähigkeit, zwischen realer und imaginärer Welt zu unterscheiden. Sie hören Stimmen, charakteristischerweise spöttische und höhnische Laute. Manchmal klingen die Stimmen auch aggressiv; doch nur sehr selten wird ein Schizophrener unberechenbar und angsteinflößend gewalttätig. Die Schizophrenie hat die Tendenz zu verlöschen. Wenn jedoch das Feuer des Wahnsinns erlischt, stirbt auch die Persönlichkeit. Der chronisch Schizophrene ist stumm und teilnahmslos, weder gewillt noch fähig, für sich selbst zu sorgen.

Schizophrenie und manisch-depressive Psychose kommen in Familien, in denen bereits Personen unter diesen Krankheiten leiden, häufiger vor als in der Gesamtbevölkerung. Sie beruhen in bisher unbekanntem Ausmaß auf genetischen Unterschieden zwischen Erkrankten und Nichterkrankten. Die manisch-depressive Psychose scheint sehr viel eindeutiger genetisch bedingt zu sein als die Schizophrenie. Für beide Krankheitsbilder wurden große Familienverbände beschrieben, in denen sich die Erkrankungen über viele Generationen und Seitenzweige des Stammbaums hinweg ausbreiteten.

In Anbetracht der spektakulären Erfolge genetischer Kopplungsanalysen bei Ein-Gen-Krankheiten wie der cystischen Fibrose war es nicht verwunderlich, daß Genetiker und Psychiater versucht haben, auch Gene für Geisteskrankheiten zu kartieren. Dabei gab es jedoch zwei Probleme – mit dem einen hatte man gerechnet, mit dem anderen nicht.

Die erste Schwierigkeit bestand darin, eine klare Trennungslinie zwischen normalem und anomalem Verhalten zu ziehen. Jeder kann das Stadium einer ausgeprägten Manie erkennen; eine zyklothyme Persönlichkeit läßt sich jedoch nicht so leicht diagnostizieren, wenn beispielsweise noch die Launen eines Heranwachsenden dazukommen. Für einen Menschen, der voll verplant und ehrgeizig ist, kann unter Umständen eine leichte Form der Manie sogar von Vorteil sein, da er dann stundenlang, ohne zu ermüden, arbeiten kann und in der Lage ist, andere mit seiner Begeisterungsfähigkeit und seinem Schwung mitzureißen.

Auch Schizophrenie ist mehr als nur eine Krankheit. Die abstrusen Ideen Schizophrener enthalten, sofern sie noch halbwegs etwas mit der Wirklichkeit zu tun haben, durchaus viel Neues und Aufregendes. Schizophrene denken nicht logisch; ihre Gedanken bewegen sich, ähnlich wie ein Springer im Schachspiel, seitwärts statt vorwärts. So antworten sie möglicherweise auf die Frage „Wo ist der Hund?" in ihrer Rösselsprungmanier: „Gelb ist eine hübsche Farbe für eine Hundehütte". Außerdem leiden Schizophrene meist zusätzlich unter „Beziehungsideen", paranoiden Vorstellungen, bei denen sie harmlosen Aktionen ihrer Mitmenschen oft völlig wahnhafte Bedeutungen oder Motive unterstellen. Stellen sie sich vor, Sie säßen allein in einem

Restaurant und zwei andere Gäste amüsierten sich über einen Witz, den bloß die beiden verstehen können. Wenn Sie dann das Gefühl haben, die beiden würden über Sie lachen, ist das nur ein harmloses Beispiel für eine dieser fixen Ideen.

Ohne diese Paranoia können Assoziationsdenken und ver-rückte Gedanken dazu führen, daß man scheinbar Altbekanntes und Gewöhnliches aus völlig neuer Sicht sieht, oder, anders ausgedrückt, daß man kreativ und wahrhaft poetisch wird. Schizophrene sind daher mitverantwortlich für die weit verbreitete Ansicht, Genie und Wahnsinn lägen eng beieinander. Vereinzelt trifft das zweifellos zu.

Der Schriftsteller James Joyce war wahrscheinlich schizophren. Es besaß eine Tochter, die mit Sicherheit an Schizophrenie litt und deshalb in eine Anstalt eingewiesen wurde. Als Joyce den *Ulysses* schrieb, war er die meiste Zeit über gesund. *Ulysses* ist unbestritten das Werk eines Genies. Als Joyce dagegen *Finnegans's Wake* mit seinen langen Passagen in der Sprache der Eskimos sowie einer eigens von Joyce erfundenen Sprache verfaßte, reichte meiner Meinung nach sein Bezug zur realen Welt nicht ganz aus, um seine Kreativität zu kontrollieren.

Ludwig Wittgenstein, der berühmte Philosoph aus Cambridge, stammte aus Wien. Wenn er diskutierte, tat er das leidenschaftlich und mit außerordentlicher Überzeugung. Meist verstand keiner, nicht einmal Bertrand Russell, was er sagte. Er war außerordentlich exzentrisch und zeigte einige Anzeichen von Schizophrenie wie Wahnvorstellungen und sprunghaftes Denken. Wittgensteins Vorlesungen in Cambridge waren äußerst beliebt, vielleicht weil er ein Exzentriker reinsten Wassers war; beispielsweise hielt er mitten in der Vorlesung seine Hand vor die Augen und starrte sie ohne Unterbrechung minutenlang schweigend an.

Die vollkommene Unverständlichkeit vieler Teile von Wittgensteins Philosophie und des überwiegenden Teils von *Finnegan's Wake* halten Experten des jeweiligen Gebietes für höchste Anzeichen eines herausragenden Intellekts. Wahrscheinlich sind die Texte jedoch eher deshalb unverständlich, weil ihre Verfasser gerade vollkommen verrückt waren. Leider sind Schizophrene, die nicht die intellektuellen oder künstlerischen Fähigkeiten eines Wittgenstein oder Joyce besitzen, in der Regel nicht so genial kreativ. Sie fühlen sich nur nicht wohl und sind oft sehr unglücklich.

In abgemilderter Form erweist sich Wahnsinn demnach als nützlich für die menschliche Gesellschaft. Die verwirrten Gedanken organisch Verrückter geben uns außerdem Einblicke in die Arbeitsweise des normalen menschlichen Verstandes. Wird Schizophrenie wirklich durch fehlerhafte Gene ausgelöst, hat sie also eine körperliche Ursache, dann ist auch das assoziative und sprunghafte Denken fest in unseren Köpfen verdrahtet. Andererseits erfahren wir durch die manisch-depressive Psychose, daß unsere Stimmungen nicht völlig unserem Willen unterliegen, sondern ebenfalls ererbt sind. Sollte es gelingen, die Gene zu identifizieren, die uns anfällig für diese Krankheiten machen, und sollten wir ihre Rolle aufklären können, werden wir nicht nur den Krankheitsprozeß besser verstehen lernen, sondern auch etwas über unsere sterblichen Seelen erfahren.

Bei den ersten Versuchen, Gene für psychiatrische Krankheiten zu finden, gab es beträchtliche Schwierigkeiten, Normalität zu definieren. Das hatte man erwartet. Nicht vorbereitet war man jedoch darauf, daß auch die Frage, wie man entscheiden sollte, ob eine Kopplung vorlag oder nicht, Schwierigkeiten bereiten würde. Um ein Krankheitsgen auf einem bestimmten Chromosom zu lokalisieren, muß man auf der Karte einen Marker ausmachen, der in einer oder mehreren Familien zusammen mit der Krankheit vererbt wird. Wird ein solcher Marker 49 von 50mal mit einer bestimmten Krankheit vererbt, sind Krankheit und Marker wahrscheinlich miteinander gekoppelt. Findet man die Kopplung nur in drei von vier Fällen, ist sie keineswegs gesichert. Bei neun von zehn Fällen ist es wahrscheinlicher, aber ist das schon ein Beweis? Um anhand solcher Zahlen entscheiden zu können, sind Wissenschaftler auf Statistiken angewiesen. Die Entscheidung darüber, ab welcher Wahrscheinlichkeit Krankheit und Kartenmarker gekoppelt sind, ist besonders bei großen Familien alles andere als einfach.

Auf den ersten Blick sah es so aus, als habe ein äußerst cleverer Mathematiker namens Newton Morton dieses Problem gelöst. Morton ist jetzt um die sechzig. Wie viele Mathematiker seiner Generation ist er sorgfältig gekleidet – nie habe ich ihn ohne perfekt sitzende Krawatte gesehen. Sein Bart ist ebenfalls höchst akkurat geschnitten. Auf dem Höhepunkt seiner wissenschaftlichen Laufbahn, Mitte der 50er Jahre, erfand er eine mathematische Methode, um Kopplungswahrscheinlichkeiten abzuschätzen, die er „Lod-Wert" nannte; Lod steht dabei für *log of odds*, Logarithmus der Wahrscheinlichkeit. Richtig eingesetzt ist der Lod-Wert ein elegantes Verfahren, um entscheiden zu können, ob eine Kopplung vorliegt oder nicht. In den ersten Jahren nach seiner Einführung wurde die Berechnung des Lod-Werts zur Standardmethode für diesen Zweck. Morton hat noch andere wichtige Beiträge zur Mathematik der Genetik geliefert; aber er war auch berühmt für seine scharfzüngigen Angriffe auf andere Genetiker. Es machte sogar das Bonmot die Runde, solange man nicht von Newton Morton kritisiert worden sei, könne man in der Genetik noch nichts Nennenswertes geleistet haben.

Das Lod-Verfahren hat mehrere Tücken. Morton selber hat die Regel aufgestellt, daß eine „*a priori* gefundene Wahrscheinlichkeit" der Kopplung in die Interpretation der Lod-Zahl mit eingehen kann. Bei seiner Entscheidung, *a priori* gefundene Wahrscheinlichkeiten in die Lod-Werte miteinzubeziehen, wurde Morton von Reverend Thomas Bayes beeinflußt, einem weiteren findigen Burschen, der leider schon lange tot ist. Bayes erfand ein Theorem, wonach die Summe der Wahrscheinlichkeiten aller möglichen Ergebnisse eins ist. Unter bestimmten Umständen trifft das auch zu: Wenn man eine Münze hundertmal wirft und in der Hälfte der Fälle kommt „Zahl", dann ist die Wahrscheinlichkeit für „Zahl" 50 Prozent. Daraus läßt sich unschwer ableiten, daß die Wahrscheinlichkeit für „Kopf" eins minus ein halb ist, also ebenfalls 50 Prozent. Es gibt allerdings Probleme, wenn man diese Logik auf Bereiche anwendet, bei denen, wie etwa beim Pferderennen, der Ausgang von größeren Unwägbarkeiten bestimmt wird. Geht jemand nach Bayes' Theorem vor, so wird er die Ergebnisse der Rennen verfolgen und vielleicht bemerken, daß Nummer vier ungewöhnlich oft nicht unter den Siegern war. Er wird dann ständig auf vier setzen, da nach dem Gesetz der Serie vier genauso häufig auftauchen muß wie die anderen Zahlen und deshalb bald gewinnen muß. Leider ist das ein Trugschluß: Vier hat, unabhängig davon, was vorher passiert ist, auch im nächsten Rennen keine größeren Gewinnchancen als alle anderen Zahlen.

Bayes' Logik kommt in leicht veränderter Form auch bei den Lod-Werten zum Tragen. Morton vertritt den Standpunkt, daß man, um den Lod-Wert richtig interpretieren zu können, schon gleich zu Beginn entscheiden muß, wie wahrscheinlich eine Kopplung ist. Obwohl ein Lod-Wert von drei in seiner ursprünglichen Form bedeuten würde, daß die Wahrscheinlichkeit für eine Kopplung bei 1 000:1 liegt, führt nach Ansicht von Morton und seinen Schülern die Tatsache, daß man nicht immer grundsätzlich von vorneherein (*a priori*) von einer Kopplung ausgehen kann, dazu, daß eine Lod-Zahl von drei nicht einer Kopplungswahrscheinlichkeit von 1 000:1, sondern nur einer von 20:1 entspricht.

Finden Sie das verwirrend? Dann sind Sie nicht allein! Keiner außer Morton und ein paar anderen verstehen diese *a priori*-Wahrscheinlichkeiten wirklich. Sie werden auch in anderen Bereichen der Statistik kaum angewandt, und ihr Einsatz ist umstritten. Die Konsequenz ist, daß man ohne große Erfahrung selten angeben kann, was ein Lod-Wert von drei wirklich bedeutet. Zu Beginn der 80er Jahre besaß kaum jemand diese Erfahrung. Die meisten Genetiker wußten lediglich, daß man seine Daten in ein Computerprogramm eingeben mußte und daß nach Ablauf des Programms eine Zahl zwischen minus Unendlich und plus 10 oder 20 herauskam. War diese Zahl kleiner als minus zwei, war nach Newton wahrscheinlich keine Kopplung vorhanden, war die Zahl größer als drei, hielt Newton eine Kopplung für wahrscheinlich.

Bei den Ein-Gen-Krankheiten mit eindeutigem Erbgang, bei denen klar zwischen Erkrankten und Nichterkrankten unterschieden werden konnte, bewährte sich das Lod-Verfahren. Der Schwellenwert drei, ab dem eine Kopplung als wahrscheinlich angesehen wurde, war vorsichtig bemessen. Es gab daher wenige Fehler. Bei komplexeren Krankheiten beruhten die Berechnungen der Lod-Werte auf mehreren Annahmen über das genetische Verhalten der Krankheit. Die mathematischen Ausdrücke, mit denen normalerweise die Vererbung einer Krankheit beschrieben wird, bezeichnet man als „Parameter". Bei den meisten komplexen Krankheiten wußte jedoch keiner, wie man zu vernünftigen Werten für diese Parameter kommen sollte. Es schien so, als könne jeder einfach irgendeine Zahl einsetzen.

Die Wissenschaftler erkannten nicht, daß man den Lod-Wert durch Variieren der Parameter nahezu beliebig anheben oder absenken konnte. Änderte man darüber hinaus die Diagnose bei nur einer oder zwei entscheidenden Personen, veränderten sich die Lod-Werte dermaßen, daß sich die Wahrscheinlichkeit für oder gegen eine Kopplung um das Hundert- oder gar Tausendfache veränderte. Es ist deshalb äußerst schwer, das Lod-Verfahren richtig anzuwenden; es verzeiht – vielleicht wie Newton Morton selbst – Fehler nur äußerst selten.

All das bedeutete nicht nur, daß das wichtigste mathematische Hilfsmittel, mit dem man die Stärke einer Kopplung abschätzen konnte, bei Wissenschaftlern ohne ausreichende Erfahrung zu unsicheren Ergebnissen führen konnte; diese Ergebnisse wurden auch mit Hilfe eines Verfahrens interpretiert, das nur unvollständig verstanden wurde. Es konnte in Großfamilien mit Geisteskrankheiten nicht ausbleiben, daß sich der Zustand einiger Personen auf der Grenze zwischen normal und nicht normal befand. Unter diesen Umständen war eine Katastrophe unvermeidbar.

Ende 1987 erschien in *Nature* ein Artikel von Wissenschaftlern der Universitäten Miami und Yale. Er basierte auf der Untersuchung einer Amish-Familie, in der die manisch-depressive Psychose, wie es schien, dominant vererbt wurde. Die Amish sind eine streng bibelgläubige religiöse Sekte, deren Mitglieder häufig untereinander heiraten und wie die Mormonen sehr große Familien gründen. Im *Nature*-Artikel wurde eine genetische Kopplung der manisch-depressiven Krankheit mit einem Bereich auf Chromosom 11 angegeben. Die Arbeit führte sowohl in der wissenschaftlichen Presse wie auch allgemein in den Medien zu großer Aufregung.

Ein Jahr später veröffentlichte der britische Psychiater Hugh Gurling einen Artikel in *Nature*, in dem er auf eine Kopplung der Schizophrenie mit Chromosom 5 hinwies. Auch dieser Befund erregte großes Interesse; das Kopplungsergebnis wurde jedoch sehr viel skeptischer aufgenommen als die entsprechende Veröffentlichung zur manisch-depressiven Psychose im Jahr zuvor.

Man hielt es für problematisch, daß sich in Gurlings Stammbaum zu viele Personen im Grenzbereich zwischen schizophren und normal befanden. Es gab auch Geisteskranke, die offensichtlich nicht schizophren waren, sondern unter Alkoholismus oder Depressionen litten. Gurling bezeichnete diese Personen als „Grenzphänotypen". In derselben Ausgabe von *Nature* erschien auch der Artikel einer Gruppe, die von Kenneth Kidd geleitet wurde. Kidd war einer der Yale-Wissenschaftler, die im Jahr zuvor die Kopplung zwischen der manisch-depressiven Psychose und Chromosom 11 beschrieben hatten. Kidds Gruppe hatte nun weitere Familien mit Fällen von Schizophrenie mit Markern auf Chromosom 5 überprüft und keine Kopplung gefunden.

Gurling wurde deshalb direkt nach Erscheinen seines Artikels heftig angegriffen und reagierte auf die Kritik verständlicherweise einigermaßen verärgert. Es erschien eine Reihe weiterer Arbeiten, die alle zeigten, daß es keine Kopplung zwischen Schizophrenie und Chromosom 5 gab. Diese Artikel waren oft schlecht, da ihre Analysen ungeeignet waren, die Kopplung zu widerlegen. Wenn man sie heute liest, fällt einem sofort der anklagende Stil auf, in dem die meisten verfaßt waren. In dieser Zeit ähnelten die wissenschaftlichen Tagungen der mit psychiatrischen Krankheiten befaßten Genetiker eher einer wilden Hatz als einem vernünftigen Austausch von Ideen und Informationen, wie es solche Treffen sein sollten.

Ein Jahr später, als Kidds Gruppe einen weiteren Artikel in *Nature* veröffentlichte, hatte sich die Situation sogar noch weiter verschärft. Nun mußte die Gruppe sogar ihre ursprüngliche Behauptung, manisch-depressive Pychose und Chromosom 11 seien miteinander gekoppelt, zurücknehmen. Die Wissenschaftler waren dazu gezwungen, da sie in der Familie, die sie zuerst untersucht hatten, auf Personen gestoßen waren, bei denen keine Kopplung mit Chromosom 11 nachgewiesen werden konnte. Schlimmer noch, ein Mitglied der Familie, das ursprünglich als normal eingestuft worden war, hatte mittlerweile eine voll ausgebildete manisch-depressive Psychose entwickelt. Schließlich mußten sie noch eingestehen, daß ihnen einige technische Fehler bei der ursprünglichen DNA-Typisierung unterlaufen waren. Dieser Rückzug wurde zu einem bemerkenswerten Ablenkungsmanöver, denn er erhielt genauso viel positives Presseecho wie die ursprüngliche Behauptung, daß eine Kopplung vorhanden sei.

In den vier Jahren seit Kidds Artikel wurden nur noch ein oder zwei Kopplungen für psychiatrische Krankheiten vorgeschlagen; kein einziger Vorschlag wurde allgemein akzeptiert. Mittlerweile hatten sich die Gemüter beruhigt – zumindest erregten die Eiferer weniger öffentliches Aufsehen. Dies war wahrscheinlich hauptsächlich darauf zurückzuführen, daß die meisten Protagonisten erschöpft waren und generell das Gefühl entstand, es müßten erst neue Ansätze gefunden werden, bevor weitere Fortschritte zu erwarten waren.

Dank dieser Vorfälle breitete sich allgemein ein Gefühl tiefen Argwohns gegenüber Kopplungen bei komplexen Krankheiten aus. Die Herausgeber von *Nature* verloren vollkommen die Nerven und instruierten ihre Gutachter, keine Artikel mehr anzunehmen, in denen behauptet wurde, es läge eine Kopplung vor. Diese Politik betrieb *Nature* nahezu zwei Jahre lang; die Zeitschrift konnte jedoch trotz ihres Renommees die Genjäger nicht aufhalten. Psychische Krankheiten waren zu schwierig und zu gefährlich, doch schließlich winkten auch noch Lorbeeren auf anderen Gebieten.

Anfang des Jahrhunderts begann sich der deutsche Neurologe Alois Alzheimer für Altersschwachsinn zu interessieren. Bis dahin hatte man angenommen, daß die Altersdemenz, der Verlust geistiger Fähigkeiten bei älteren Leuten, ein normales Stadium war, und daß vielleicht jeder, der lange genug lebte, letztlich in geistiger Umnachtung endete. Alzheimer machte es sich zur Aufgabe, die Gehirne von Menschen zu untersuchen, die mit Altersschwachsinn gestorben waren. Unter dem Mikroskop

erkannte er diverse Knäuel sterbender oder toter Nervenzellen, die in Gehirnen alter
Leute ohne Demenz nicht gefunden wurden. Diese Knäuel ballten sich um dichte
Kerne von Material unbekannter Zusammensetzung. Alzheimer bezeichnete sie als
senile Plaques. In Gehirnen anderer älterer Leute waren sie selten oder fehlten vollkommen. Offenbar war Altersdemenz tatsächlich eine Krankheit.

In dem Maße, in dem sich Gesundheitszustand und Lebenserwartung unserer Bevölkerung verbesserten, wurde immer offensichtlicher, daß Altersschwachsinn kein
unausweichliches Schicksal ist: Die meisten Menschen behalten den größten Teil ihrer intellektuellen Fähigkeiten bis ins hohe Alter. Dennoch hat mit dem Anstieg des
Durchschnittsalters der Bevölkerung auch die Anzahl der Menschen, die unter Umständen aufgrund einer Demenz pflegebedürftig werden, enorm zugenommen. Heute leiden bereits eine Million Briten sowie vier Millionen Amerikaner an der Alzheimer-Krankheit.

Vor Einführung der neuen Genetik war es nicht gelungen, die Ursache der Alzheimer-Krankheit mit den vorhandenen modernen wissenschaftlichen Methoden zu
klären. Die senilen Plaques, die man nach dem Tod im Gehirn fand, bestanden aus
einer seltsamen Substanz namens Beta-Amyloid. Keiner wußte genau, was Beta-Amyloid war oder welche Rolle es in den Plaques der Alzheimer-Patienten spielte. Da
weitere Anhaltspunkte fehlten und die Alzheimer-Krankheit manchmal in Familien
gehäuft aufzutreten schien, suchte man mit Hilfe der Positionsklonierung nach einer
Lösung.

Der Suche nach dem Alzheimer-Gen ging eine entscheidende Beobachtung vor-
aus: Die neuronalen Knäuel und Plaques wurden auch in Gehirnen von Erwachsenen,
die am Down-Syndrom litten, gefunden. Für diese Krankheit ist eine zusätzliche Kopie des Chromosoms 21 veranwortlich, die von Geburt an vorhanden ist. Aus der
offensichtlichen Übereinstimmung schloß man, daß möglicherweise ein oder mehrere Gene von Chromosom 21 auch an der Alzheimer-Demenz beteiligt sind.

Es erwies sich als schwierig, Familien mit Alzheimer-Krankheit zu finden, da
eine endgültige Diagnose erst bei einer Autopsie gestellt werden kann. Trotzdem
testete St.George-Hyslop – jemand mit solch einem Namen kann nur ein Brite sein
– im Jahre 1987 einige Familien mit Markern für das Chromosom 21. Die betroffenen Familienmitglieder litten schon in jungen Jahren an besonders schweren Formen von Schwachsinn. Das frühe Auftreten der Krankheit erleichterte den Wissenschaftlern die Arbeit, da sie so einfacher ermitteln konnten, wer erkrankt war und
wer nicht. Als St. Georg-Hyslop und seine Gruppe ihre Daten analysierten, stießen
sie auf schwache Hinweise, daß ein Gen auf Chromosom 21 Alzheimer auslösen
könnte.

Andere Wissenschaftler versuchten es ebenfalls mit Markern von Chromosom 21.
Einige glaubten, eine Kopplung gefunden zu haben, andere wiederum hielten das
für unwahrscheinlich. Im nachhinein war es dem verantwortungsbewußten Handeln

der einzelnen Wissenschaftler zu verdanken, daß die Hinweise für oder gegen eine Kopplung so schwach ausfielen. Mit anderen Worten, sie manipulierten ihre Zahlen nicht in der einen oder anderen Richtung, um ihre vorgefaßten Meinungen zu bestätigen oder ihre Anträge auf Forschungsgelder zu unterstützen. Darüber hinaus veranlaßte wahrscheinlich noch eine Wende in dieser Geschichte die potentiell lautstarken Kritiker, sich zurückzuhalten. Etwa zur selben Zeit, als St. George-Hyslop seine Kartierungsdaten für Chromosom 21 publizierte, hatte Rudolph Tanzi am Massachusetts General Hospital in Boston das Gen für das Beta-Amyloid untersucht. Er entdeckte, daß es vom Chromosom 21 stammte – aus einem Bereich nahe der Stelle, an der St. George-Hyslop die Alzheimer-Krankheit kartiert hatte.

Das Gen für das Beta-Amyloid befand sich zwar in der Nähe der Stelle, an der sich ein Alzheimer-Gen befinden sollte; doch damit war, so oder so, noch lange nicht sicher, daß Beta-Amyloid und Alzheimer-Krankheit vom selben Gen ausgelöst werden. Es folgten langwierige Auseinandersetzungen darüber, ob überhaupt eine Kopplung vorhanden sei, ob das Syndrom durch mehr als ein Gen ausgelöst werde und ob die Krankheit überhaupt genetisch bedingt sei. Obwohl dieser Konflikt für alle Beteiligten sehr bedrückend war, unterschied er sich doch grundlegend von dem wütenden Streit um die Genetik von Schizophrenie und manisch-depressiver Psychose. Das läßt sich durch die Charakterunterschiede der verschiedenen medizinischen Spezialisten erklären.

Wie jeder weiß, ist ein Herzchirurg dann am glücklichsten, wenn es ihm gelungen ist, einen Patienten mit einer blutigen und gefährlichen Operation den Fängen des Todes zu entreißen. Klischee oder nicht, meiner Erfahrung nach stimmt diese Beobachtung. (Chirurgen sind übrigens oft ausgezeichnete Molekularbiologen, denn sie besitzen die Kühnheit, den Schwierigkeiten der geheimnisvollen molekularen Kochkunst erhobenen Hauptes ins Auge zu blicken.) Neurologie und Psychiatrie sind jeweils für völlig gegensätzliche Charaktere attraktiv. Man sagt, daß sich Psychiater von ihrem Fachgebiet angezogen fühlen, weil sie ihre eigenen Marotten in den Griff bekommen wollen. Von der Veranlagung her voller Gefühl, werden sie dann trainiert, der menschlichen Natur zutiefst zu mißtrauen und sie geschickt zu manipulieren. Ein Psychiater untersucht seine Patienten, indem er mit ihnen redet; dabei nutzt er den breiten Strom ihrer Gedanken und Stimmungen, um die in ihnen verborgene Pathologie zu diagnostizieren. Neurologen sind vollkommen anders. Sie sind Pessimisten, voller Gram und Sorgen – durch und durch anal fixiert, wie die Psychiater sagen. Ein Neurologe hat in seiner Arzttasche einen Satz Nadeln, Hämmerchen, Stimmgabeln und seltsam riechender Fläschchen. Eine neurologische Untersuchung ist ein zwanghaftes Ritual: Es beginnt mit den „höheren Funktionen" Erinnern und Rechnen, steigt dann unerbittlich abwärts in jeden Winkel und jede Spalte des Nervensystems und endet schließlich mit der Position der Zehen.

Leider führen diese stilistischen Verfahrensunterschiede dazu, daß neurologische Kliniken voll sind von Leuten, die eher verrückt als organisch krank sind, und daß Psychiater zwangsläufig eine Reihe von Patienten in ihrer Obhut haben, die unter hartnäckigen und unerkannten organischen Krankheiten leiden.

Neurologen, selbst die, die sich an der Genjagd beteiligten, empfanden die Unsicherheit, die sich mit der Alzheimer-Krankheit verband, als zutiefst beunruhigend. Die bestmögliche Untersuchung stammte von St. George-Hyslop: Sie berücksichtigte die meisten Familien von allen Gruppen und deutete sowohl darauf hin, daß die Krankheit wahrscheinlich durch mehr als ein Gen verursacht wird, als auch darauf, daß die Kopplung mit Chromosom 21 nur in Familien zum Tragen kommt, bei denen die Krankheit früh ausbricht. Nach wie vor blieb unklar, ob die Krankheit überhaupt an Chromosom 21 gekoppelt war; alle Beteiligten saßen weiterhin wie auf glühenden Kohlen.

Dann fanden auf einmal 1991 Alison Goate und andere Wissenschaftler vom St. Mary's Hospital in London eine Mutation im Beta-Amyloid-Gen. Ihre Veröffentlichung wurde allgemein skeptisch aufgenommen und erst nach etwa einem Monat widerstrebend akzeptiert. Innerhalb eines Jahres folgte jedoch eine wahre Flut von Artikeln, die alle beschrieben, wie es aufgrund dieser Mutation zur Knäuelbildung kommt. Der Schleier über den Geheimnissen der Alzheimer-Krankheit begann sich zu lüften. Vier Jahre Vorhölle wurden mit dem Einzug in den wissenschaftlichen Himmel belohnt. Das Team von St. Mary's wurde in die Vereinigten Staaten verpflichtet und siedelte beinahe geschlossen nach Florida über. Dieser Bundesstaat ist der bevorzugte Alterssitz vieler schwerreicher Amerikaner. Könnte man mit Geld ein Heilmittel gegen das Altern kaufen, würde es wahrscheinlich in Florida erfunden.

Im selben Jahr wurde eine weitere Arbeit über eine Kopplung mit der Alzheimer-Krankheit veröffentlicht, diesmal auf Chromosom 19. Der Befund stammte von der Duke-University in Nord-Carolina, USA; die Kopplung war nur dann statistisch signifikant, wenn man die Familiendaten mit einer neuen Analysemethode untersuchte. Das Verfahren berücksichtigte die Unsicherheiten bei der Diagnose, indem es ausschließlich definitiv erkrankte Personen einbezog. Es war von einem Genetiker namens Dan Weeks entwickelt worden.

Wissenschaftler sind äußerst skeptisch gegenüber jeder Art von Analyse, die nur einen Teil der Daten berücksichtigt; sie argwöhnen, durch die Auswahl der Daten sollten Schwachstellen verborgen werden. Da Dan Weeks' Verfahren neu und kaum erprobt war, ignorierten die meisten konkurrierenden Forschergruppen sowohl seine solide theoretische Grundlage als auch die damit erzielten Ergebnisse zu Chromosom 19.

An der Duke-University arbeiteten auch noch zwei Biochemiker namens Warren Strittmatter und Guy Salvesen. Die beiden benutzten ein nichtgenetisches Verfahren, um Hinweise auf die wahre Natur der Alzheimer-Krankheit zu erhalten. Gegen Ende

1992 inkubierten sie das Beta-Amyloid-Protein in zerebrospinaler Flüssigkeit, der Flüssigkeit, die Gehirn und Rückenmark umspült. Nach der Inkubation entdeckten sie, daß einige Proteine aus der zerebrospinalen Flüssigkeit am Amyloid klebten.

Eines dieser Proteine, das sogenannte Apolipoprotein E (ApoE), war ein alter Bekannter. ApoE transportiert im Blutstrom Cholesterin. Nun mögen zwar Cholesterin und ApoE für einen Kardiologen von Interesse sein, einem Neurologen sagen sie nicht viel. Salvesens und Strittmatters kluge Beobachtung wäre sicher irgendwo in einer unbedeutenden Veröffentlichung untergegangen und hätte nie zu etwas geführt, wären nicht zufällig zwei Dinge zusammen gekommen. Zum einen hatte bereits jemand das Gen für ApoE auf Chromosom 19 lokalisiert. Zum anderen arbeiteten Strittmatter und Salvesen an derselben Universität wie die Genetiker, die vermuteten, daß sich ein Alzheimer-Gen auf Chromosom 19 befand.

So stieß die Verbindung von ApoE und Alzheimer zumindest innerhalb der Duke University auf lebhaftes Interesse. ApoE existiert als polymorphes Gen in verschiedenen Formen (S. 30 ff.). Das war bereits ein guter Anfang. Denn damit einige Menschen eher für eine Krankheit anfällig werden als andere, muß ein Gen natürlich variabel sein. Bei Menschen, deren Gene aus Europa stammen, findet man drei Allele des ApoE-Gens: ApoE2, ApoE3 und ApoE4. 90 Prozent der Gesamtbevölkerung tragen ApoE2, die häufigste Variante, 30 Prozent ApoE4. Die Wissenschaftler der Duke University untersuchten die ApoE-Varianten von dreißig Personen, die an Alzheimer erkrankt waren: Etwa bei der Hälfte von ihnen fanden sie ApoE4 – das waren 20 Prozent mehr als in der Gesamtbevölkerung. Aufgrund dieses Befundes kam es in Boston zu einer größer angelegten Untersuchung von 500 Alzheimer-Patienten. Der Anteil der ApoE4-Träger war 64 Prozent, doppelt so hoch wie erwartet. Schließlich wurde in *Science*, nicht einmal ein Jahr nach den ersten Befunden von Strittmatter und Salvesen, eine weitere Studie der Duke-University veröffentlicht. Sie zeigte, daß Personen ohne ApoE4 ein Risiko von 20 Prozent besaßen, mit 75 Jahren an Alzheimer zu erkranken. Dieser Anteil stieg bei Personen mit einem ApoE4-Gen auf 45 Prozent und bei den Unglücklichen mit zwei Kopien dieses Gens sogar auf 90 Prozent.

Die ApoE4-Befunde drängten ein anderes wichtiges Ergebnis in den Hintergrund. Als wären die beiden Gene für die Alzheimer-Krankheit noch nicht genug, berichtete ein anderer *Science*-Artikel wenige Wochen vor der Publikation der Duke University von einem dritten Alzheimer-Gen, das diesmal auf Chromosom 14 lokalisiert wurde.

All diese Ergebnisse haben unsere Kenntnisse über die Alzheimer-Krankheit geradezu explosionsartig anwachsen lassen. Noch vor fünf Jahren hätte niemand bestritten, daß die Ursache für diese Krankheit vollkommen unbekannt war. Mittlerweile kann man das Risiko, die Krankheit zu bekommen, weitgehend abschätzen. Darüber hinaus sind erstmals Ansatzpunkte für eine Therapie erkennbar.

Dieser Erfolg war möglich, weil die verschiedenen Arbeitsgruppen angesichts der Schwierigkeiten mit den unbewiesenen Kopplungen nicht einfach nur die Ergebnisse der anderen Teams verrissen. Ihre Sorge galt, möglicherweise weil viele von ihnen besessene Neurologen waren, vielmehr ihren eigenen Untersuchungen und Resultaten, und sie fuhren fort, in großem Stil Familiendaten zu sammeln. Das war nötig, um das Problem in den Griff zu bekommen. Wie viele gute Wissenschaftler waren sie mehr als nur ein bißchen vom Glück begünstigt. War die Entdeckung des Beta-Amyloid auf Chromosom 21 gewissermaßen verdient, muß man den Fund von ApoE4 auf Chromosom 19 als ein Geschenk des Himmels betrachten.

Die Erfahrung mit der Alzheimer-Erkrankung zeigt, daß die reverse Genetik schwierige Probleme zu lösen vermag. Die Probleme, mit Hilfe der Statistik zu entscheiden, ob eine Kopplung vorliegt oder nicht, lassen sich mit einer Flut von Daten bewältigen: Indem man statt von 100 Personen aus nur zwei oder drei Familien Daten von Hunderten von Familien sammelt. Nicht ganz so einfach ist es jedoch, den Einfluß der guten Fee einzukalkulieren, die dafür sorgt, daß ein Kandidaten-Gen wie ApoE4 gefunden wird, das bereits bekannt ist und das auf dem Chromosom, das man sich ausgesucht hat, schon auf den glücklichen Finder wartet. Ebenso unberechenbar ist das Glück, auf eine Kopplung zu stossen, bevor man durch eine endlose Suche von Chromosom 1 bis Chromosom Y vollkommen erschöpft ist.

Wenn sich wissenschaftliche Forschung nicht auf das Glück verlassen muß, ist sie sehr viel effektiver und sicher weniger nervenaufreibend. Diesen zuverlässigeren Weg zur Erkenntnis hat als erster John Todd gewiesen, dessen Labor in Oxford ein Stockwerk unter meinem Labor liegt. Todd ist daran interessiert, die Gene zu finden, die Diabetes verursachen; und er ist ein Mann, der es stets eilig hat. Sein nordirischer Akzent dringt durch englische Gedankengänge wie ein heißes Messer durch Butter. Todd und ich schwimmen in der Mittagszeit, um unsere Körper zu stählen und für den Rest des Tages den Kopf frei zu bekommen. Todd durchpflügt das Wasser bahnauf, bahnab wie ein Hai auf der Suche nach einer ordentlichen Mahlzeit, ich wirke dagegen wie ein Wal, der in seichten Gewässern gestrandet ist. Nachher unter der Dusche hält mir Toddy, splitternackt und tropfnaß, einen Vortrag über die Feinheiten der Genetik.

Todd arbeitet an einem Tiermodell für Diabetes, der sogenannten NOD-Maus, die spontan eine ererbte Form von Diabetes entwickelt. Er hat sich dafür entschieden, weil es viel einfacher ist, Gene in Mäusen als in Menschen zu kartieren. Die Laborstämme der Mäuse bestehen vollkommen aus Inzuchtmäusen; das heißt, die Mäuse in den jeweiligen Stämmen sind alle genetisch identisch. Durch Kreuzung zweier Stämme ist es möglich, Hunderte von Nachkommen zu züchten, die alle dieselben Eigenschaften wie ihre Eltern haben. Das ist natürlich ein Vorteil gegenüber der Situation beim Menschen: Er hat nur eine begrenzte Anzahl von Kinder, man weiß nie genau, wer der Vater ist, und man muß, bevor man mit einer Studie beginnt, erst eine Erlaubnis einholen.

Bevor John mit seiner Arbeit an der NOD-Maus begann, waren bereits zahlreiche Mausgene kartiert. Die meisten Kartierungen stammten aus langwierigen Kreuzungen und Rückkreuzungen von Mäusen mit verschiedenen Defekten oder Merkmalen, die schon bestimmten Chromosomen zugeordnet waren. Das ist ein äußerst langwieriges und aufwendiges Verfahren. John erkannte, daß man einen Satz Maus-DNA-Marker brauchte, der zu der genetischen Karte des Menschen paßte. Er konzentrierte sich ganz auf die repetitiven Mikrosatelliten – DNA-Bereiche, in denen einfache Sequenzen wie CACA zwanzigmal oder häufiger wiederholt werden. Die Länge solcher Sequenzwiederholungen variiert stark von Mausstamm zu Mausstamm. Repetitive Mikrosatelliten sind sehr häufig, und man weiß, daß sie in vielen bekannten Sequenzen von Mausgenen enthalten sind. Todd und sein Team quälten sich durch all diese Maussequenzen, um möglichst viele Mikrosatelliten und neue Wiederholungen für ihre Zwecke zu finden. Innerhalb von zwei Jahren hatte Todd den größten Teil des Mausgenoms mit solchen „Repeats" abgedeckt und vier Gene, die in NOD-Mäusen Diabetes auslösen, auf Chromosomen lokalisiert. In der Folge kamen weitere hinzu. Jetzt geht es darum, ob diese Gene auch beim Menschen Diabetes erzeugen.

Ich kann nur staunen, wie John das geschafft hat: Er hatte erkannt, daß eine Karte mit Markern für die Maus her mußte, sah, daß man das mit Mikrosatelliten erreichen konnte und trieb sich und seine Mitarbeiter solange an, bis die Karte fertig war. Ich habe gehört, wie er seine Mitarbeiter anfeuerte: „Ihr müßt euch als Handwerksmeister sehen. Eure Gilsons sind die Werkzeuge, mit denen ihr eure Kunstwerke herstellt!" (Eine Gilson ist eine Pipette, das Standardinstrument, mit dem man die winzigen Volumina abmißt, um die es in der Molekularbiologie geht). Eine Person, die nicht so beherzt wäre wie der gute Todd, hätte nur die Schwierigkeiten gesehen und nie mit dem Projekt begonnen.

Nach demselben Prinzip gelang es Mark Lathrop in Paris, in einer Bluthochdruckratte Gene für diese Erkrankung zu kartieren. Lathrop hatte sich sein genetisches Wissen bei Ray White in Salt Lake City erworben. Früher beruhte sein Ruhm auf einem Computerprogramm, mit dem man Lod-Werte abschätzen kann: Fast alle Genetiker benutzen Lathrops Kopplungssoftware. Lathrop fand zwei Gene: Eines ließ sofort an ein menschliches Pendant denken, von dem inzwischen nachgewiesen werden konnte, daß es beim Bluthochdruck des Menschen eine Rolle spielt. Lathrops und Todds Arbeiten haben erstmals gezeigt, daß es auch bei einem komplexen Merkmal möglich ist, sämtliche Chromosomen systematisch abzusuchen und alle oder fast alle Gene zu lokalisieren, die ihren Träger für die entsprechende Krankheit empfänglich machen.

Mark Lathrop benutze dann am Généthon in Paris zusammen mit Jean Weissenbach die Mikrosatellitentechnik, um eine Genkarte des Menschen zu erstellen. Ihre

Bemühungen führten zu der außergewöhnlich großen Zahl von 850 Markern, die über sämtliche Chromosomen verteilt waren. Diese Marker waren ideal, um Erbkrankheiten zu kartieren. Ihre *Nature*-Arbeit trug den Titel: „Eine Kopplungskarte der zweiten Generation für das menschliche Genom". Die Zukunft hatte begonnen. Wichtiger noch als diese Unmenge von Markern war allerdings die Tatsache, daß die Verfahren, die die beiden Wissenschaftler für ihre Typisierung benutzen, sich gut für eine Automatisierung eignen.

Kämmt man sämtliche Chromosomen vom ersten bis zum letzten durch, nennt man das eine komplette Genomsuche. Vor Todds und Lathrops Arbeiten brachen die Genjäger die Suche ab, wenn sie auf eine Kopplung gestoßen waren. Das lag zum Teil daran, daß die Krankheiten, die sie studierten, meist nur von einem einzigen Gen ausgelöst wurden; teilweise war es jedoch auch zu schwierig, das gesamte Genom zu durchforsten. Jetzt kann eine komplette Genomsuche zur Routineangelegenheit werden; sie kann erfolgreich abgeschlossen sein, noch bevor alle Beteiligten im Labor vor Langeweile gestorben oder an Frustration zugrunde gegangen sind. Die Genjäger haben das Stadium verlassen, in dem sie wie die Goldsucher des 19. Jahrhunderts für einen einzigen Glückstreffer lange schürfen müssen. Heute operieren sie in einer Größenordnung, die man mit der geologischen Vermessung eines ganzen Kontinents vergleichen kann.

Mittlerweile ist klar, wie man in Zukunft Kopplungen bei anderen komplexen Erbkrankheiten nachweist. Zuerst müssen viele Familien gesammelt werden, vielleicht bis zu tausend Personen. Dann folgt, was der Weiße König zu Alice sagt: „Beginne am Anfang und mach' weiter, bis du ans Ende kommst; dann hörst du auf." Das ist teuer. Die Ausgaben für jemanden, der eine Familie mit vier Personen auftreibt und sie ausführlich untersucht, betragen bis zu zweitausend DM. Eine vollständige Genomsuche bei Hunderten von Familien kostet bis zu zwei Millionen DM. Man muß diese Zahlen jedoch im Zusammenhang sehen: Dividiert man die Kosten einer Genomsuche nach einem Gen für Bluthochdruck durch die Anzahl der fünf Millionen Personen in Großbritannien, die an dieser Krankheit leiden, kommt man auf etwa 40 Pfennig pro Kopf. Die Aufwendungen einer Arzneimittelfirma, um ein neues Medikament auf den Markt zu bringen, liegen bei 200 Millionen DM. Im Vergleich dazu ist eine Genomsuche eine Kleinigkeit.

Kapitel 10

Asthma

Was bedeutet es eigentlich, Wissenschaftler zu sein? Heißt das, man lebt in einer erhabenen Welt großen Intellekts und kühler Berechnung, in der jeder Schritt so berechnet ist, daß er den Forscher unaufhaltsam der richtigen Lösung näherbringt? Wohl kaum. Mich hat meine Forschung über die Genetik des Asthma gelehrt, daß wissenschaftliche Arbeit alles andere als eine einfache Angelegenheit ist. Wissenschaft macht Fortschritte aufgrund von falschen Annahmen und Halbwahrheiten, und erst ganz am Ende ist alles klar.

Mein Interesse an der Genetik des Asthma wurde geweckt, als Julian Mergwlin Hopkin nach Oxford kam. Dieser Kelte kannte sich ein bißchen in Genetik aus und hatte den verrückten Einfall, Asthma könne von einem Gen ausgelöst werden. Und er hielt es für eine gute Idee, nach diesem Gen zu suchen. Julians Gedanke faszinierte mich, da sie die erste Regel der Wissenschaft erfüllte: Stell' dir die schwierigste Frage, die dir einfällt!

In diesem Sommer hatte ich den Vortrag eines Molekulargenetikers namens Ron Wise gehört. Er befaßte sich mit neuen Erkenntnissen über Onkogene, Gene, die Krebs auslösen. Sein Forschungsgebiet erschien mir recht ansprechend: Es war grundlegend und erklärte, was Krebs wirklich ist. Damals entschied ich mich auf der Stelle, nach Möglichkeit ebenfalls Genetik zu betreiben. Hier in Oxford hatte Steve Reeders anscheinend ohne große Mühen gerade herausgefunden, daß sich das Gen für die adulte polycystische Nierenerkrankung auf Chromosom 16 befindet; Gene zu finden, war offensichtlich ein Klacks. Ich bot Julian meine Hilfe an, und so zogen die beiden wackeren Helden Hopkin und Cookson los, um den Sieg über Asthma zu erringen.

Nachdem wir uns einmal dazu entschlossen hatten, mußte man uns fast mit Gewalt davon zurückhalten, nicht gleich am nächsten Tag loszustürmen, um die entsprechenden Familien zusammenzubringen. Wir brauchten dann doch etwa sechs Monate, nur um zu planen, wie wir vorgehen sollten. Als erstes galt es, sämtliche bereits erschienenen wissenschaftlichen Artikel über die Genetik des Asthma zu lesen. Zu den früheren Koryphäen für Asthma gehörte Maimonides. Er hatte bereits im 12. Jahrhundert erkannt, daß Asthma in bestimmten Familien gehäuft auftrat. Mir kam es so vor, als wäre man seitdem nicht nennenswert weitergekommen. Die neue-

besitzt; niemand konnte jedoch mit Sicherheit sagen, ob ein oder mehrere Gene daran beteiligt sind und inwieweit das Erscheinungsbild der Krankheit von nichtgenetischen Faktoren mitbestimmt wird. Ich erinnere mich, daß für mich klar war: Niemand hatte die Krankheit richtig studiert. Ich hegte nicht den geringsten Zweifel, daß wir es besser machen würden.

Fehlende Selbstzweifel angesichts eigener erdrückender Unkenntnis ist, wie mir scheint, eine entscheidende Komponente wahren wissenschaftlichen Denkens: Man muß daran glauben, daß man alles, was vorher war, verbessern kann, und darf keine Angst davor haben, starres Festhalten an etablierten Lehrmeinungen anzugreifen. Leider bedeutet die Kehrseite des Wunsches, alles zu verwerfen, was irgend jemand vorher gemacht hat, daß die Welt voller Leute ist, die die herrschende Meinung ignoriert haben – und leider haben die wenigsten mit dieser Strategie den gewünschten Erfolg!

Bei unserer Planung mußten Hopkin und ich uns entscheiden, wie wir die Familien untersuchen wollten, die an dieser Studie beteiligt sein sollten: Welche Fragen sollten wir ihnen stellen, und wie sollten die Tests aussehen? Ich war früher bereits eine Zeitlang im australischen Busch herumgefahren und hatte Saisonarbeiter, die mit Getreide zu tun hatten, auf Asthma und Allergien untersucht. Ich hatte daher so halbwegs eine Vorstellung, wie so etwas in den Familien vor sich gehen sollte. Die Philosophie, die mir Bill Musk, mein Chef in Perth, eingebleut hatte, hieß: Versuch' möglichst viel Informationen aus deinen Versuchspersonen herauszuholen – geh' dann noch einmal zurück und versuch's noch einmal! Von Genetik verstand ich nichts, aber Reeders und Kay Davies erklärten mir, die DNA würde, wenn ich meinen Versuchspersonen soviel Blut wie möglich abnähme und die Proben in einen genügend kalten Gefrierschrank stecken würde, solange auf mich warten, bis ich Zeit für sie hätte.

Wir begannen also die Suche nach den Familien mit einem Minimum an Erfahrung und einigen Vorurteilen – etwa so, als würde man in einem mit nur wenig Proviant beladenen Kanu zur Erforschung Afrikas aufbrechen. Mir war klar, keiner würde uns aufsuchen, wenn wir nur im Krankenhaus sitzen blieben und die Familien bäten, zu uns zu kommen. Wer geht schließlich freiwillig zu einem Arzt, den er nicht kennt, und unterzieht sich ihm zuliebe aus völlig unverständlichen Gründen einigen äußerst unerfreulichen Untersuchungen? Ich suchte deshalb die Familien meist in den Abendstunden zu Hause auf, beladen mit Dutzenden von Spritzen, Nadeln und Fläschchen voll Hausstaub und Pollenextrakten sowie einem Vitalographen, um die Lungenfunktion zu messen. Der tragbare Vitalograph wog etwa sechzig Pfund – und verstärkte so nur noch mehr mein Gefühl, Afrika zu erforschen. Von derselben Firma gab es zwar auch kleine elektronische Geräte, aber ich war der Ansicht, die Ergebnisse, die der mechanische Apparat lieferte, seien besser reproduzierbar, und bestand deshalb darauf, ihn mitzunehmen.

Normalerweise untersuchte ich nach Möglichkeit alle Familienmitglieder. Ich hatte gelernt, große Familien seien für eine solche Untersuchung am besten geeignet. Deshalb suchte ich beharrlich in ganz England nach Onkeln und Tanten sowie Cousins und Cousinen ersten, zweiten und dritten Grades. Rechnet man die Anreise nicht mit, dauerte das gesamte Testprogramm pro Person mindestens 30 Minuten beziehungsweise etwa zweieinhalb Stunden pro Haushalt. Andere Familienmitglieder wurden in gleicher Weise getestet – und beobachteten das Ganze mit offenkundiger Skepsis. Das ganze Vorgehen war ziemlich ermüdend und, nachdem ich auf diese Art etwa 300 Personen untersucht hatte, war ich am Ende; ich konnte einfach nicht mehr weiter. Eine wissenschaftliche Mitstreiterin, Pam Sharp, übernahm dann diesen Teil der Arbeit und testete noch 900 Personen, ohne je ihre Begeisterung oder ihre Fähigkeit zu verlieren, einem widerstrebenden Familienvater noch ein oder zwei Blutproben zu entlocken. Es waren übrigens immer Männer, die die Tests verweigerten.

Jeder, der am Wert des Menschen zweifelt, sollte sich einmal einer solchen Übung unterziehen. Ich war immer wieder überrascht, wie gutmütig und hilfsbereit die meisten Familienmitglieder waren. Sie holten mich vom Bahnhof ab, fuhren mich in ihre Wohnung, boten mir etwas zu essen an und beklagten sich nur äußerst selten einmal, wenn ich sie mit Nadeln stach und sie soweit brachte, daß sie ins Keuchen kamen. Das finde ich besonders bemerkenswert, weil sich die meisten von ihnen nicht krank fühlten. Es ist verständlich, wenn die Eltern eines kranken Kindes helfen wollen; viele Personen, die ich testete, waren jedoch nicht krank, selbst wenn sie ein paar kleinere Symptome zeigten. Ihre Bereitschaft zu helfen war reine Liebenswürdigkeit und Selbstlosigkeit.

Je mehr Familien ich untersuchte, desto mehr war ich überzeugt, daß wir es mit einer echten Erbkrankheit zu tun hatten. Asthma gehört zu einem Syndrom, das als Atopie bezeichnet wird. Dieser pseudogriechische Ausdruck besagt lediglich, daß sich die Krankheit nicht klassifizieren läßt. Atopiker sind Personen, die gegenüber Dingen wie Hausstaub und Pollen zu allergischen Reaktionen neigen und außer Asthma auch Ekzeme und Heuschnupfen bekommen. Julian und ich schlossen daraus, daß wir die Leute nicht nur auf Asthma, sondern auch auf Atopie testen müßten. Meist ließ sich einfach sagen, ob jemand Atopiker war oder nicht. War ein Elternteil erkrankt, schien auch die Hälfte der Kinder darunter zu leiden. Als Medizinstudent hatte ich etwas von Thalassämien gehört, Krankheiten, die von Fehlern in den Genen des Hämoglobins ausgelöst werden. In meinen Lehrbüchern gab es Diagramme, an denen man sehen konnte, wie die anomalen Gene in Kombination mit den normalen Genen unterschiedliche Formen der Thalassämie auslösten. Ich bildete mir ein, ich könnte sehen, wie sich die genetischen Anomalien auf dieselbe Art und Weise auch in meinen Testfamilien verteilten.

Wir waren an dem Vererbungsmuster der Krankheit interessiert, also daran, ob sie dominant oder rezessiv vererbt wurde. Wir glaubten, Atopie sei eine dominante

Krankheit, da wir relativ selten Krankheitsträger fanden. Einige Jahre später erkannten wir, daß das eine schreckliche Vereinfachung war und noch nicht einmal halbwegs stimmte. Unsere Ergebnisse stießen in Großbritannien allgemein auf Gleichgültigkeit. Auf der anderen Seite des Atlantiks, wo ein Großteil der früheren Forschungsarbeiten entstanden waren, waren die Reaktionen einiger Kreise dagegen weniger ermutigend.

Wir überzeugten unseren Chef, daß wir genug Material zusammen hätten, um zeigen zu können, daß es ein Gen gäbe, und genügend Blutproben von Familien im Gefrierschrank, um mit der Suche nach ihm beginnen zu können. Er stimmte zu; allerdings war in seiner Abteilung kein Laborplatz frei. Sir David Weatherall hatte das Department of Medicine fünfzehn Jahre lang Schritt für Schritt aufgebaut. Bei der Suche nach Wissenschaftlern war er so erfolgreich gewesen, daß sie einander in den Fluren ständig auf die Füsse traten. In einigen Labors, speziell in der Muskeldystrophie-Gruppe, herrschte eine solche Enge, daß Mitarbeiter auf Fremde losgingen und sich wie Ratten bei zu hoher Dichte ineinander verbissen. Selbst die Schränke schienen voller Molekularbiologen zu sein.

Unter diesen Umständen konnte ich mich ausschließlich nachts oder an Wochenenden, wenn die Anzahl der Wissenschaftler auf die Hälfte gesunken war und es etwas Platz gab, in die Molekularbiologie einarbeiten. Richard Wells mit seinem beißenden Sarkasmus brachte mir bei, was ich tun mußte. Dick war Rhodes-Stipendiat. Er war nicht nur sehr schlagfertig – „Du siehst heute sehr schick aus, Dick." „Danke, ich bin schick!" – sondern arbeitete auch unglaublich hart. Immer wenn ich zur Arbeit erschien, war Dick bereits da. Überhaupt war es erstaunlich, wieviele Leute immer da waren; die Molekularbiologie schien für Workaholics wie geschaffen zu sein. Dick lehrte mich die Grundlagen, und samstags, sonntags und werktags nach sechs plagten wir uns damit ab, DNA aus meinen Blutproben zu extrahieren.

Schließlich gab mir Mark Gardiner, Dozent der Kinderheilkunde, freundlicherweise einen Platz in seinem Labor, so daß ich werktags sowie auch zu anderen Zeiten arbeiten konnte. In Marks Labor gab es zwei Marys: Mary D. und Mary K. Beide waren mit der Arbeit im Labor sehr viel besser vertraut als ich; außerdem besaß Mary K. ein sehr viel größeres Vokabular unanständiger Worte. Erst als sie mir erklärte, sie sei in einer Klosterschule erzogen worden, verstand ich, wie ein solches Engelsgesicht zu einer so schillernden Ausdrucksweise kommen konnte.

Im Labor gab es dann noch Jo. Jo war die vollkommene Verkörperung des Geistes von Oxford und Cambridge: Sie hielt sich sehr gerade, hatte blonde Haare, einen klaren Blick, verschliff beim Sprechen die Vokale und war furchtbar gescheit. Jeder wußte sofort, wo sie herkam. Als wir uns das erste Mal trafen, grüßte sie mich so, wie etwa Lady Bracknell einen Eisenbahnschaffner begrüßen würde: „Wer sind Sie? Was machen Sie so?" Im Gegensatz zu Lady Bracknell hat Jo jedoch das Herz auf dem rechten Fleck – zusätzlich zu einigen liebenswerten Eigenheiten. Ich erinnere mich, wie sie einmal so in ihre Versuche vertieft war, daß sie nicht einmal mitbekam, daß aus der Laufmasche in ihrer Strumpfhose ein riesiges Loch geworden war. Sie machte unverdrossen weiter, ohne auf den kaputten Strumpf zu achten, der sich wie der Socken eines Schuljungen um ihren Knöchel ringelte. Das ganze nächste Jahr hindurch beharkten wir uns ununterbrochen; dabei teilte sie mehr aus, als sie einstecken mußte.

In dieser Umgebung startete ich mein großes Projekt, das Genom nach dem Asthma-Gen abzusuchen. Ich erkannte sehr bald, wie unzureichend das Material war, das ich in den Familien gesammelt hatte. Um eine Krankheit irgendwo im Genom kartieren zu können, ist die Sicherheit entscheidend, mit der man sagen kann, daß bestimmte Familienmitglieder erkrankt sind oder nicht. Der Psychiater Hugh Gurling prägte den Begriff der „Grenzphänotypen", um Personen zu charakterisieren, die normal oder anomal erscheinen, je nachdem, aus welchem Blickwinkel man sie betrachtet (S. 114). Eine genetische Kopplungsanalyse, in der auch Grenzphänotypen berücksichtigt werden, ist einfach zum Scheitern verurteilt, denn wenn man nicht besonders gut aufpaßt, können solche Grenzfälle allzu leicht dazu benutzt werden, um dem Ergebnis die eine oder andere Richtung zu geben. Als ich mir unsere größte Familie ansah und alle unsicheren Diagnosen ausschloß, erkannte ich, daß mir von allen Familienmitgliedern, die wir für die Kopplungsstudie getestet hatten, für die Analyse nicht einmal ein Viertel blieb.

Zu meinem Kummer über diese Entdeckung kam noch die Verzweiflung über mein technisches Unvermögen im Labor. Was ich tun wollte, war nach molekularbiologischen Maßstäben eigentlich sehr einfach. Ich mußte die DNA jeder einzelnen Probe mit Restriktionsenzymen schneiden und sie mit radioaktiven Markern von verschiedenen Chromosomen testen. Man konnte dann die Ergebnisse auf einem Röntgenfilm sichtbar machen, den man vorher über Nacht bei $-80\,^{\circ}C$ in den Gefrierschrank legen mußte. Morgens, wenn ich die Kassette mit dem Röntgenfilm aus dem Gefrierfach nahm und mit ihr die Treppe hinunterstürzte, um sie zu entwickeln, bevor der Film durch die eintretende Kondensation feucht werden konnte, riskierte ich Frostbeulen. In der Dunkelkammer kämpfte ich mit der zugefrorenen Kassette, um den Film herauszuholen und ihn zwischen die Walzen der Entwicklungsmaschine zu stecken. Bei der Bastelei mit den Walzen wurde mir klar, warum richtige Wissenschaftler keinen Schlips tragen. Erst wenn der Film in der Maschine war, konnte ich die Dunkelkammer verlassen und draußen warten, bis der Film entwickelt war.

Ich hoffte immer, endlich einmal ein schönes, ordentliches Bandenmuster zu bekommen, das aussah wie ein vereinfachter Strichcode auf den Waren im Supermarkt. Was ich jedoch in den ersten Monaten zu Gesicht bekam, erinnerte mich meist eher an Luftaufnahmen eines nächtlichen B52-Bombardements auf Bagdad. Anstelle des Bombardierungsmusters fand ich manchmal zarte Impressionen von Wolken bei Mondlicht, an anderen Tagen wirkten die Muster wie die Haut eines Menschen, der gerade die Pocken überstanden hat, oder – im schlimmsten Fall – vollkommen leer war der Film. Mary K. und Mary D. waren in dieser Phase sehr freundlich zu mir, aber eine Zeitlang kamen mir doch Zweifel, ob bei dem, was ich tat, überhaupt je etwas herauskommen würde.

Ich begann meine Suche bei Chromosom 13, da irgend jemand Jahre zuvor der Ansicht gewesen war, Atopie könne mit einem Marker auf diesem Chromosom gekoppelt sein. Es kostete mich drei Monate, um herauszufinden, daß dieses Chromosom mit Atopie überhaupt nichts zu tun hat. Immerhin gab es damit ein Chromosom weniger, und ich konnte fast ein Prozent des Genoms aus meinen Überlegungen streichen. Wenn ich genügend Familien untersucht hätte – was ich allerdings ernsthaft bezweifelte –, würden 150 Sonden ausreichen, um das gesamte Genom abzudecken: 150 mal drei Monate, das bedeutete etwas mehr als 37 Jahre Arbeit.

In diesem Stadium wurde mir klar, daß Molekularbiologie gesundheitsgefährdend sein kann. Ich bin und bleibe von Natur aus faul; ich arbeite nur, wenn es unbedingt nötig ist. War viel zu tun, arbeitete ich auf Hochtouren, um die Arbeit abschließen und mich erneut entspannen zu können. Diese Art zu leben, war mir jahrelang gut bekommen, so daß ich viel Zeit in einem angenehm entspannten Zustand verbringen konnte. Jetzt war es erstmals so weit gekommen, daß selbst ein dauerhafter Arbeitseinsatz für dieses Pensum nicht annähernd ausreichen würde.

Ich arbeitete, so hart ich konnte. Wir wurden aus unserem Haus hinausgeworfen, weil die Frau unseres Vermieters es verkaufen und stattdessen eine Wohnung in London kaufen wollte. Irgendwann habe ich damals wohl einen Bart getragen, aber keiner nahm es zur Kenntnis. Ich schlief schlecht und bekam die Symptome eines Magengeschwürs. Die Röntgenaufnahmen wurden allmählich etwas besser; manchmal konnte ich Ergebnisse eintippen, und das teuflisch komplizierte Kopplungs-Computerprogramm lieferte mir einen negativen Wert. Ein Jahr lang kämpfte ich mich durch 16 Sonden. Zehn Prozent des Genoms, also noch zehn Jahre Arbeit. Der Direktor meiner Bank war höflich, aber mißtrauisch.

Dann erzählte mir Babs aus dem Labor von Kay Davies im St. Mary's Hospital von Jeffreys Sonden. Diese Chromosomenmarker stammten aus seiner Untersuchung zum genetischen Fingerabdruck (S. 37 f.). Babs sagte, sie wären in Ordnung. Ich schrieb an ICI, die das Patent hielten, und bat um die Erlaubnis, die Sonden benutzen zu dürfen. Sie genehmigten mir fünf von den Sonden. Anstatt ICI die Benutzungsgebühr zu bezahlen, überredete ich Babs, mir die Box mit den Sonden zu überlassen, die sie schon von ICI bekommen hatte.

In der Box befanden sich sieben Sonden.

„Zieh' eine heraus", sagte ich zu Mary D. „und sag' mir, welche Nummer sie hat!".

„51!" erwiderte sie.

„Bist du sicher?" Ich hatte den Eindruck, daß da etwas nicht stimmte. 51 stammte von Chromosom 11. Es war keine der fünf Sonden, die ich benutzen durfte: Babs mußte vergessen haben, sie aus der Box zu nehmen.

„Bestimmt. Du kannst mir glauben!". 51 kam mir immer noch sonderbar vor, aber Mary D. hatte mir alles beigebracht, was ich wußte; ich wollte sie deshalb nicht kränken. Ich setzte alle Reaktionen an. Alles klappte vorzüglich. Drei Tage später kam ich mit den Aufnahmen aus der Röntgenabteilung.

„ Was hast du denn da?", fragte mich Jo in einem Ton, als würde das, was ich da trug, keine Katze hinter dem Ofen hervorlocken können.

„Das Asthma-Gen natürlich!", erwiderte ich und legte die Aufnahmen auf den Sichtkasten, um sie mir anzusehen. Jo warf mir einen mitleidigen Blick zu und ging zurück in ihr Labor. Ich legte einen Familienstammbaum neben die Röntgenaufnahme, um erkennen zu können, welcher Vater vermutlich zu wem gehörte und wer krank war und wer nicht. Es gab drei Kinder mit Asthma, die die Krankheit von ihrer Mutter geerbt hatten.

„Sieh mal", rief ich Jo durch die Tür zu, „die Kinder haben alle dieselbe Bande wie ihre Mutter". Das konnte leicht Zufall sein. Ich bluffte. Die kranke Mutter besaß allerdings noch einen kranken Bruder und auch der hatte die gleiche Bande; bei ihrer gesunden Schwester fehlte sie dagegen. Es gab neun Personen in der Familie. Bei sieben von ihnen korrelierte die Bande mit der Krankheit. Bei zweien saß die Bande an einer anderen Stelle. Nur bei zwei von neun? Ich hatte vier oder fünf von neun erwartet! Interessant, aber nicht überzeugend. Ich legte eine zweite Aufnahme auf den Kasten. Sie stammte von einer größeren Familie; auf ihr befanden sich Proben von 16 Personen. Nur bei vier von ihnen saß die Bande an einer anderen Stelle. Sechs von insgesamt 25 Fällen! Ich konnte es nicht glauben.

„Was ist los?", fragte Jo und streckte ihren Kopf um die Ecke.

„Schau dir das mal an!", sagte ich. Wir warfen nochmal zusammen einen Blick auf die Aufnahmen. Dann kam auch noch Mary D. herein, und ich zeigte sie auch ihr. Wir waren einhellig der Meinung, daß das kein Zufall sein konnte. Aber ich konnte es immer noch nicht glauben.

In der größeren Familie gab es mehrere Mitglieder, deren DNA ich noch nicht untersucht hatte. Ich nahm deshalb ihre Proben aus dem Gefrierschrank und setzte die Reaktionen an. Als ich an diesem Abend nach Hause fuhr, war mein Kopf noch ganz benommen davon, wie unglaublich das alles war. Es gab ein Gen für Asthma, und es befand sich auf Chromosom 11, und ich war der erste auf der Welt, der es wußte. Konnte das wirklich wahr sein? Bestimmt hatte ich irgend etwas falsch gemacht. Ich erzählte Fiona und ihrem Vater alles; sie waren genauso aufgeregt wie ich. Ich schlief schlecht und ging alles immer wieder durch: Stimmte es oder stimmte es nicht? Der nächste Tag war ein Samstag. Ich ging zurück ins Labor und sah mir alles noch einmal an, bevor ich Julian anrief. Er kam, und wir überprüften es noch einmal zusammen. Es änderte nichts. Ich errechnete mit dem Computer den Lod-Wert, der angibt, wie groß die Wahrscheinlichkeit ist, daß wirklich eine Kopplung vorliegt. Der Wert war größer als drei, angeblich der Beweis für eine Kopplung. Aber konnten wir das wirklich glauben? Keiner von uns war sicher. Vor unseren Augen tauchten immer wieder die jüngsten Erfahrungen aus der Psychiatrie auf. Die nächsten vier Jahre lang beherrschte uns ein ausgeprägtes Gefühl von Unsicherheit, das sich im nachhinein als durchaus berechtigt erwies.

Am Montag bekam ich die Röntgenaufnahmen mit den Ergebnissen von den anderen Mitgliedern der Großfamilie. Nochmals sechs Personen; fünf hatten die richtige Bande, eine nicht. Vorübergehend war ich sicher, daß das Ergebnis wirklich stimmte. Julian machte mit Weatherall aus, daß wir die Resultate einigen erfahrenen Genetikern aus der Abteilung zeigen sollten. Eine halbe Stunde vor dem Vortrag bereitete ich die Röntgenaufnahmen dafür vor und verglich die Bandenmuster mit den Familienstammbäumen. Ich kam zu der entscheidenden Familie. Zu meinem schieren Entsetzen stimmte das Bandenmuster nicht mit der Verteilung der Atopie in diesem Stammbaum überein. Ich hatte einen Fehler gemacht. Sämtliche Größen der genetischen Fakultät von Oxford waren versammelt, warteten bereits ungeduldig, und ich war schon spät dran. Ich kann mich nicht erinnern, jemals mehr in Panik gewesen zu sein. Das Elend dauerte fünf Minuten – dann sah ich, daß ich die Aufnahme seitenverkehrt gehalten hatte.

In den nächsten drei Monaten überprüften wir alles so sorgfältig wie möglich. Die anderen Familien, die ich durchsah, lieferten kaum noch zusätzliche Hinweise für oder gegen eine Kopplung. In den entscheidenden Familien konnten nur drei oder vier Personen zu den Grenzfällen gerechnet werden. Selbst wenn wir sie nicht berücksichtigten, lag der Lod-Wert immer noch über vier. Als sich der Druck von seiten der Kritiker verstärkte, machte ich mir immer wieder Sorgen über diese Grenzfälle, da sie einen Unsicherheitsfaktor in unsere Ergebnisse brachten. Andere Forscher waren durch falsche Kopplungen in die Irre geführt worden. Warum sollte es uns besser ergehen?

John Bell, heute Nachfolger von Weatherall, schlug vor, ich solle Mark Lathrop in Paris meine Daten zeigen. Lathrop hatte das Computerprogramm „Linkage" geschrieben, das überall auf der Welt benutzt wird, um den Lod-Wert zu bestimmen. Man kann die Anzahl der Personen auf der Welt, die in der Lage wären, ein solches Programm zu schreiben, an einer Hand abzählen. Ich war nicht sicher, ob ich die Daten richtig gedeutet hatte; ich nahm deshalb den Frühflug nach Paris mit gemischten Gefühlen. Lathrop ging die Auswertung geduldig mit mir durch. Ich hatte keine wesentlichen Fehler gemacht – ein riesiger Stein fiel mir vom Herzen. Er gab sich große Mühe, mir zu zeigen, wie empfindlich sein Programm auf das „Modell" reagierte, die Annahmen über die Wahrscheinlichkeit, daß es eine Beziehung zwischen dem Gen und der Krankheit gab. Diese Sensitivität oder besser Instabilität des Lod-

Werts bedeutete, daß man die Stärke der Kopplung zwischen Atopie und dem Chromosom-11-Marker nur ungefähr angeben konnte.

In den nächsten vier Jahren flog ich häufig bei Tagesanbruch nach Paris. Jedesmal lernte ich mehr über Genetik, theoretisch und praktisch. Mark war oft erschöpft, da er zwischen all seinen Kollegen auf der ganzen Welt, die mit ihm zusammenarbeiteten, hin und her reiste. Dann starrten sich neben dem Computer zwei bleiche Gesichter an. Ich bin sicher, ohne seine Hilfe wären wir kaum vorangekommen.

Im folgenden Jahr veröffentlichten wir unsere Ergebnisse. Wir erhielten vom Wellcome Trust einen großzügigen Etat, um das Gen auf Chromosom 11 zu lokalisieren. Alles, was wir nach den ersten Ergebnissen sagen konnten, war, daß sich das Gen in einem DNA-Bereich von 30 Millionen Basen befinden mußte, etwa in der Mitte von Chromosom 11 auf dem langen Arm. Wir konnten ein eigenes DNA-Labor einrichten, und ich erhielt ein Wellcome-Stipendium. Der Wellcome-Trust ist eine große britische Institution. Er ist die größte medizinische Wohltätigkeitsorganisation der Welt, noch größer als die Howard Hughes Foundation in den Vereinigten Staaten. Man erzählte uns, unsere Forschung würde als „flyer" eingestuft, als sehr riskant, aber man sei trotzdem bereit, uns zu unterstützen.

Eine weitere Konsequenz unseres Erfolgs war, daß frühere Fördermittel von der National Asthma Campaign nicht verlängert wurden. Von diesem Geld hatten wir Pam bezahlt; es war daher ein schmerzlicher Verlust. Man sagte uns, das Geld würde aufgrund der „Kontroverse" um unsere Ergebnisse nicht weiter bewilligt. Wir wußten nichts von einer Kontroverse. Wir hatten interessante Ergebnisse und wollten versuchen, sie zu wiederholen. Lagen wir falsch – und die meisten Forscher machen irgendwann in ihrer Laufbahn Fehler –, dann hatten wir uns eben geirrt und mußten aus dieser Erfahrung lernen.

Was diesen Streit auslöste, ist nicht entscheidend. Wissenschaft ist wie jeder andere menschliche Zeitvertreib: Hat man Erfolg oder auch nur scheinbar Erfolg, tauchen sofort Feinde auf, von deren Existenz man vorher noch nicht einmal eine Ahnung hatte. Wenn ich hier jetzt David Marsh erwähne, so bin ich trotz allem, was vorgefallen ist, sicher, daß es ihm nichts ausmacht. David hatte jahrelang die genetischen Grundlagen der Allergie untersucht und ein Gen gefunden, das entscheidend an einer Allergie gegenüber Ambrosien beteiligt war. Er hatte von vielen Dingen eine klare Vorstellung und vertrat sie auch mit Überzeugung. Ich war oft und gern mit ihm zusammen; er war ein wunderbarer Gastgeber, wenn ich ihn in Baltimore besuchte. Seine Kommentare zu unseren Resultaten waren jedoch voll beißender Häme; besonders hart attackierte er unsere Definition von Atopie. Für unsere neuen „Feinde" kam dies gerade recht; sie nahmen seine Meinung für bare Münze.

Rob Young aus Neuseeland, stolze zwei Meter groß, blond und blauäugig, schloß sich unserer Gruppe an. Er sammelte weitere 64 Familien – wenn er nicht gerade für die Oxford University ruderte oder an der türkischen Küste windsurfte. Er achtete sorgfältig darauf, nur junge Familien in die Untersuchung einzubeziehen, da man bei ihnen zuverlässiger den Phänotyp bestimmen kann. Das Ergebnis war ein Lod-Wert von 3,8. Es gab nur eine einzige kleine Unstimmigkeit in unseren Daten: Vererbte der Vater die Krankheit, war der genetische Abstand zwischen Atopie und der Sonde Nummer 51 größer, als wenn die Mutter sie weitergab. Solche Unterschiede sind normal, aber in der Regel ist der Abstand größer, wenn die Krankheit von der Mutter vererbt wird. Wir konnten uns das nicht erklären; deshalb vergaßen wir es. Das Entscheidende war der positive Lod-Wert. Zumindest eine Zeitlang ließ die Anspannung nach; das ursprüngliche Ergebnis schien richtig zu sein.

Wir schickten einen Artikel mit unseren Befunden an *Nature*. Er bestätigte nur noch einmal die früheren Ergebnisse; deshalb waren wir überrascht, daß er nochmals an Gutachter verschickt wurde. Es gab vier anonyme Gutachter. Zwei wiesen auf Probleme in unserem Artikel hin, die behoben werden konnten. Die anderen beiden griffen unsere Arbeit an. Einer war offensichtlich David Marsh, der seiner Überzeugung treu blieb und besonders unsere Klassifizierung der Krankheit kritisierte. Das vierte Gutachten endete mit den Worten:

> Wir müssen davon ausgehen, daß Lathrop die ihm vorgelegten Daten richtig analysiert hat. So bleibt nur die Alternative, daß die Ergebnisse entweder unglaublich oder undenkbar sind: Entweder haben die Autoren ein Gen gefunden, das in 36 Prozent der Bevölkerung vorhanden ist und das die nicht genannte Klassifizierungsregel der Autoren mit nahezu äußerster Empfindlichkeit und höchster Spezifität in Stammbäumen über sieben Generationen aufspürt, oder Atopie und Minisatelliten wurden nicht unabhängig voneinander gemessen.

Mit anderen Worten, der Gutachter traute unseren Ergebnissen nicht. Die einzig mögliche Folgerung war „das Undenkbare": Wir mußten sie erfunden haben. Das Gutachten war nicht unterzeichnet und hielt sich nicht immer an die Wahrheit. Zum Beispiel hatte sich unsere Studie bewußt auf Familien mit zwei Generationen konzentriert. Natürlich wurde die Arbeit abgelehnt. Darüber hinaus waren wir jetzt als Betrüger verschrien, und es gab keine Möglichkeit, unseren anonymen Rufmörder zur Rechenschaft zu ziehen.

Kommentare anonymer Gutachter werden als „Peer Reviews" bezeichnet. Meist funktioniert dieses System ausgezeichnet. Ungeeignete Artikel fallen durch, und die Beanstandungen der Gutachter erhöhen im Endeffekt häufig die Qualität des Artikels. Allerdings kommt es auch vor, daß Gutachter die Artikel zurückhalten und die beschriebenen Versuche in ihrem eigenen Labor wiederholen. Sie können auch einen Artikel ablehnen, weil sie das Gefühl haben, daß die Ergebnisse falsch sind, oder eine fehlerhafte Arbeit akzeptieren, weil die Ergebnisse sich mit ihren Vorurteilen decken. Nur das Urteil des Herausgebers der entsprechenden Zeitschrift bietet dann die Möglichkeit, dem Machtmißbrauch der Gutachter Einhalt zu gebieten.

Obwohl wir von unseren Resultaten weitgehend überzeugt waren, war es doch erschütternd, auf diese Weise als Lügner hingestellt zu werden. Ich wußte indes nur zu gut, wie sehr sich Wissenschaftler schon in einer Situation, die mit der unseren vergleichbar war, in ihren Ergebnissen geirrt hatten. Obwohl mir nicht klar war, wieso alles falsch sein sollte, war doch die ganze Angelegenheit höchst unerfreulich.

Dann nahm Dr. Shirakawa aus Japan Kontakt mit Julian auf. Taro Shirakawa wollte die Genetik des Asthma untersuchen und dafür nach Oxford kommen. Zuerst lehnte Julian ab. Taro war jedoch ungewöhnlich hartnäckig – wofür wir ihm letztlich sehr dankbar waren – und schrieb so lange, bis Julian zustimmte. Einen Monat, bevor er ankam, rief er Julian an, um ihm mitzuteilen, daß er einige japanische Familien auf eine Kopplung hin untersucht hatte.

„Was glaubst du, wie hoch sein Lod-Wert ist?", fragte mich Julian.

Das konnte nur eine schlechte Nachricht sein: „Minus zwanzig?"

„Nein", erwiderte er, „fünf!".

Endlich mal eine gute Neuigkeit. Vielleicht lagen wir doch richtig.

Pam hatte unermüdlich weitere Familien aufgetrieben. Auf ihre Annoncen in den *Asthma News* sowie in anderen Zeitschriften hatten sich nahezu 1000 Familien gemeldet. Sie hatte sich vehement in die Arbeit gestürzt, und nahezu jeden Morgen warteten neue Blutproben, die sie der Menge entlockt hatte und die im Labor weiter verarbeitet werden mußten. Die Ergebnisse des DNA-Tests in den Familien hätten eigentlich den Lod-Wert immer weiter in die Höhe treiben und uns damit endlich in die Lage versetzen müssen, die lange Durststrecke zum Gen selbst in Angriff zu nehmen. Doch leider stieg der Lod-Wert nicht weiter an – im Gegenteil, er fiel stetig. Wir hatten uns weiterhin ausschließlich auf eindeutige Phänotypen konzentriert; zumindest daran konnten die negativen Ergebnisse nicht liegen.

Am verblüffendsten war die Tatsache, daß in diesen Familien scheinbar jeder erkrankt war: Väter, Mütter, Kinder und Enkel, alle reagierten ausnahmslos stark allergisch. Es konnte sein, daß wir das der Methode zu verdanken hatten, nach der wir unsere Familien auswählten: Familien, in denen alle erkrankt sind, neigen eher dazu, sich freiwillig als Versuchskaninchen für die klinische Forschung zur Verfügung zu stellen.

Auch im Labor ging einiges schief; das war meine Schuld. Der Wellcome-Trust hatte uns genügend Geld für die Gehälter gegeben. Ich besaß wenig Erfahrung in Molekularbiologie und befaßte mich mit Fragen, die über meinen Horizont hinausgingen. Anstatt das Labor richtig zu organisieren, wurde ich intolerant und jähzornig, und am Ende dieses immer unglücklicher verlaufenden Jahres verließen uns beide Postdocs.

Ich reiste nun häufiger nach Paris, um die Daten mit Mark Lathrop durchzugehen. Ich hatte begonnen, das Material mit einer Methode zu untersuchen, die einfacher war als das Lod-Verfahren: die sogenannte „Methode der erkrankten Geschwister". Sie war aber auch nicht so „effizient" wie das Lod-Verfahren; das bedeutete, daß wir sehr viel mehr Familien untersuchen mußten. Da bei ihr aber ausschließlich erkrankte Personen berücksichtigt werden, führte sie nicht so häufig zu Fehlinterpretationen und Fehlern wie das Lod-Verfahren. Damit konnte ich zeigen, daß unser Beweis für die Kopplung nicht darauf beruhte, daß wir die Krankheit eigentümlich definierten.

Mark hatte ein kurzes Programm geschrieben, mit dem man Geschwisterpaare auf Kopplung hin untersuchen konnte. Da es für eine andere Untersuchung über Diabetes erforderlich war, Unterschiede in den Kopplungen auszumachen, je nachdem, ob das Gen vom Vater oder der Mutter vererbt wurde, hatte Mark das Programm in einem bestimmten Punkt abgewandelt. Wir ließen das Programm mit den Daten der Asthmastudie durchlaufen, weil es auch noch die Standardanalyse machte, an der wir interessiert waren; nur die letzten vier Zeilen des Ausdrucks gingen darüber hinaus.

Kurioserweise zeigten diese zusätzlichen vier Zeilen, daß die Atopie auf Chromosom 11 ausschließlich maternal vererbt wird. Mark wies mich darauf hin, aber ich verstand nicht richtig, was es bedeutete. Ich gab ihm irgendeine oberflächliche Erklärung, die er nicht besonders gut fand; doch da wir keine bessere hatten, setzten wir die Analyse fort.

Erst als ich wieder zurück in Oxford war, begann ich, mir die Daten genauer anzusehen. Ich glaubte, es handele sich um ein zufälliges Phänomen, das etwas mit dem größeren genetischen Abstand zu tun haben könnte, den man in diesem besonderen Teil des Genoms bei Männern findet. Ich wiederholte die Untersuchung mit allen Markern, die wir bereits getestet hatten: Das Ergebnis war dasselbe. Die Krankheit wurde immer durch die Mutter vererbt. Was war da los? Das ergab keinen Sinn.

Dann erinnerte ich mich an eine Konferenz in Zürich, die ich besucht hatte. Strahlender Sonnenschein hatte über der schönen Stadt gelegen, und auf der anderen Seite des Sees konnte man die Alpen sehen, die majestätisch über den Wolken thronten. Im Park hüpften die Junkies um ihre Dealer wie Krähen um ein Stück Fleisch; sie entfernten sich eilig mit ihrer Dosis und zogen sich unter den Augen der Passanten glücklich ihren Stoff rein. Rob und ich trugen unsere Daten in einer Sitzung vor, die Julian leitete. Zusammen mit den anderen drei Referenten und dem zweiten Vorsitzenden waren wir insgesamt sieben Personen im Saal. Einer der Vorträge befaßte sich damit, daß bei Kindern von allergischen Müttern häufiger Ekzeme auftraten als bei Kindern mit einem allergischen Vater. Damals schien das unwichtig zu sein; jetzt konnte es bedeutsam werden.

Nachdem ich die Autoren dieser Arbeit in London aufgestöbert hatte, erfuhr ich von ihnen, daß es bereits seit langem Veröffentlichungen zu diesem Phänomen gab. Selbst die alte Generation von Allergologen pflegte anscheinend bereits von den „Kindern asthmatischer Mütter" zu sprechen, wenn sie nach dem Mittagessen in der Royal

Society of Medicine miteinander plauderten und darauf warteten, daß der Chauffeur mit dem cremefarbenen Rolls-Royce vorfuhr. Ich fand die alten Arbeiten; es gab keinen Zweifel: Atopie wird vor allem über die mütterliche Seite vererbt. Neuere Arbeiten, Untersuchungen an Tausenden von Kindern, waren zu demselben Ergebnis gekommen.

Die Gründe für die maternale Vererbung waren unbekannt. Es konnte sein, daß das Immunsystem der Mutter das Kind in irgendeiner Weise beeinflußte und seine Immunität über die Placenta oder über die Muttermilch vorprogrammierte. Eine andere Möglichkeit bestand darin, daß das Gen durch den Vater geprägt war und daher abgeschaltet wurde, wenn der Vater es vererbte. Der Mechanismus ist weiterhin ungeklärt. Außerdem ist es offensichtlich, daß einige Allergien, die von Genen auf anderen Chromosomen ausgelöst werden, auch über den Vater vererbt werden können. Trotzdem bekam von da an alles, was die genetische Kopplung in unseren Familien betraf, mehr Sinn.

Zum erstenmal war ich vollkommen davon überzeugt, daß Asthma wirklich mit Chromosom 11 gekoppelt ist. Anstatt durch eine Reihe zweifelhafter Annahmen über Dinge, die man nicht kennt, einen Lod-Wert auf den Computer zu zaubern, lieferte die Analyse der kranken Geschwisterpaare einfache, für jedermann verständliche und interpretierbare Berechnungen der gemeinsamen Chromosomen. Die Doktoranden Andy Sandford und Miriam Moffatt übernahmen die Kontrolle im Labor. Da sie einen Erfolg nach dem anderen erzielten, kam die Arbeit gut voran. Die Informationen, die sie mit Hilfe zusätzlicher genetischer Marker gewinnen konnten, zeigten, daß sich das Gen in der Mitte des Chromosoms befindet. Darüber hinaus wurde deutlich, daß mehr als ein Gen für Asthma und Allergie verantwortlich sein muß.

Als nächstes brachten uns Mäuse einen Schritt weiter. Im Labor ein Stockwerk tiefer erforschte John Todd Diabetes beim Menschen, aber auch mit viel Erfolg bei Mäusen. Er hatte gezeigt, daß man bei Tieren Gene für eine komplexe Krankheit kartieren kann. Das hatte mein Interesse geweckt, ähnliche Kreuzungsversuche mit Mäusen für den Allergie-Antikörper, das Immunglobulin E, zu machen.

Ich hatte in einer Literaturrecherche nach sämtlichen Artikeln gesucht, die in den letzten fünf Jahren über die Kontrolle von Immunglobulin E in Mäusen geschrieben worden waren. Das Ergebnis war ein dickes Bündel bedruckter Seiten voller „Abstracts", wie man die Zusammenfassungen von wissenschaftlichen Veröffentlichungen nennt. Es war früh am Abend, und alle waren nach Hause gegangen. Das war immer ein guter Zeitpunkt zum Nachdenken. Das Telefon klingelte nicht, und niemand stellte mir komplizierte Fragen, auf die ich keine Antworten wußte. Ich machte mir eine Tasse Kaffee und begann, die Abstracts durchzugehen. Dabei notierte ich, welche mir interessant genug erschienen, um sie später noch einmal genauer zu studieren. Da ich sie sehr schnell überflog, hätte ich leicht den sechzigsten Abstract übersehen können – doch aus irgendeinem Grund geschah das nicht. Der Abstract besagte, daß bei der Maus ein Gen für den hochaffinen Rezeptor für Immunglobulin E auf Chromosom 7 lokalisiert ist.

Der hochaffine Rezeptor ist ein faszinierendes Molekül. Er löst die allergischen Reaktionen aus. Ohne ihn gäbe es keine Allergie. Julian und ich kannten den Rezeptor, glaubten jedoch nicht, daß er für unsere Arbeit von Bedeutung sein könnte, da er sich beim Menschen auf Chromosom 1 und nicht auf Chromosom 11 befand. Wir hatten dabei nicht bedacht, daß der hochaffine Rezeptor aus drei verschiedenen Proteinen zusammengesetzt ist, den sogenannten α-, β- und γ-Ketten. Die Gene für die α- und γ-Ketten befanden sich auf Chromosom 1, doch niemand wußte, auf welchem Chromosom die β-Kette des Menschen lokalisiert ist.

Der Abstract, den ich las, besagte, daß bei Mäusen die β-Kette in der Nähe eines Gens namens CD20 lokalisiert ist. Das ließ mich aufhorchen. Beim Menschen findet man CD20 auf Chromosom 11, ganz in der Nähe des Atopie-Gens. Da die Chromosomen von Maus und Mensch in ihrer Grundstruktur übereinstimmen und nur etwas anders angeordnet sind, lag die β-Kette – sehr wahrscheinlich der Auslöser des gesamten allergischen Prozesses – mit ziemlicher Sicherheit genau in der Mitte unserer Karte für das Asthma-Gen. Ich machte keinen Luftsprung vor Aufregung, sondern dachte nur, wie außergewöhnlich es doch war, daß sich dieses Gen auf Chromosom 11 befand, genau da, wo das Asthma-Gen sein sollte. Ich las den Abstract nochmals sorgfältig durch, für den Fall, daß ich etwas übersehen hatte. Es blieb dabei. Ich hatte das Gefühl, daß alles richtig war: Die β-Kette mußte das Asthma-Gen sein. Es existierte wirklich, und das war etwas Wunderbares.

Das menschliche Gen für die β-Kette war noch nicht kloniert – oder wenn, dann war es noch nicht bekannt. Wenn jemand es klonieren würde, so waren es sicher Henry Metzger und Jean-Pierre Kinet von den National Institutes of Health in den Vereinigten Staaten. Wenn man sich ansah, wie sie bei ihrer Arbeit am hochaffinen Rezeptor vorgegangen waren, dann waren die beiden ganz schön clever. Shirakawa kam aus Japan und begann sofort mit sprichwörtlich japanischem Fleiß zu arbeiten. Er erhielt von Andy Sandford genügend menschliche DNA-Sequenzen, um zeigen zu können, daß sich die menschliche β-Kette auf Chromosom 11 befand.

Dann publizierte Kinet die gesamte Sequenz der menschlichen β-Kette. Um beweisen zu können, daß es sich bei der β-Kette um das Atopie-Gen handelt, mußten wir zeigen, daß es in gesunden Personen und Atopikern unterschiedlich ausfällt. Shirakawa arbeitete mehr als je zuvor – oft achtzehn Stunden am Tag. Er verbrauchte unser Geld wie nichts. Wir achteten nicht darauf. Wir mußten wissen, ob wir das Gen gefunden hatten.

Die Arbeit ging nur schleppend voran. Verstanden wir vorher nichts von genetischer Kopplung, kannten wir uns jetzt nicht mit der Sequenzierung langer Basenfolgen aus. Außerdem konnten wir mangels Erfahrungen auf dem Gebiet der Zellbiologie nicht richtig verstehen, wie ein Zelloberflächenrezeptor, der in der β-Kette Proteinvarianten enthält, Asthma verursachen sollte.

Etwa zu diesem Zeitpunkt besuchte ich eine eindrucksvolle Vorlesung. Sie half mir, die Oberflächenrezeptoren der Zellen besser zu verstehen. Weshalb ich mich aber immer an sie erinnern werde, hat eher etwas mit den höheren Zielen der Menschheit und der Wissenschaft zu tun. Die Vorlesung hielt Professor Alan Williams, ein Immunologe der William Dunn School of Pathology in Oxford.

Der Vorlesungssaal war brechend voll. Der Redner war ein kleiner Mann von kräftiger Statur mit rotblondem Haar und runder Brille. Er war älter als die meisten seiner Zuhörer, aber kaum älter als 45: Ein Mann in den besten Jahren, kräftig und voller Vitalität. McMichael hatte Wasser für ihn besorgt und es ihm in einem Plastikbecher auf das Pult gestellt. Die letzten Zuhörer setzten sich; diejenigen, die keinen Sitz finden konnten, ließen sich auf der Treppe nieder. Alan Williams entschuldigte sich, als er zu reden begann, erst einmal dafür, daß der Titel des Vortrags zu hochtrabend sei; er wolle lediglich, daß wir seine Forschung verstehen lernten, in die er mittlerweile schon 20 Jahre Arbeit investiert hatte. Es sprach ein klares australisches Englisch, offen und einfach. Ein leichtes Stocken in der Stimme erklärte, warum er das Wasser brauchte, möglicherweise Reste einer Erkältung. Er erläuterte uns seine Arbeit, den systematischen Versuch, die Moleküle auf der Zelloberfläche zu verstehen. Die Zellen, erklärte er, kommunizieren über diese Moleküle miteinander – in unzähligen Interaktionen, wie sie unsere wundersame Existenz erfordert. Er führte uns von der Entdeckung der ersten einfachen Proteine zu Molekülen mit immer komplexeren Formen und Funktionen. Er wies darauf hin, daß er, wie er sagte, die Pfade der Evolution zurückverfolge, die Wege, die die Natur bei ihrem Versuch beschreitet, Organismen von immer größerer Raffinesse und Schönheit entstehen zu lassen.

Während seines Vortrags lächelte er häufig – in der Regel über seine eigenen früheren Fehler und Mißverständnisse. Er war nicht nur ein außergewöhnlicher Wissenschaftler, sondern auch ein außergewöhnlicher Mensch. Sein Vortrag war nicht bis ins kleinste durchformuliert, aber gut aufgebaut und kompakt wie der Sprecher selbst. Von der souveränen Gestalt am Pult ging eine ungewöhnliche Kraft der Einsicht und Erkenntnis aus. Gegen Ende erlaubte er sich, Vermutungen über die zahlreichen noch vorhandenen Geheimnisse anzustellen – normalerweise ein Wagnis für einen Redner. Aber jede neue Idee, mit viel Witz vorgetragen, beschwor Sphärenklänge herauf, fundamentale Wahrheiten der Natur. Es wurde deutlich, daß wir einen großen Moment erlebten, einen Menschen in vollkommener Einheit mit den Kräften der Biologie, die er so lange untersucht hatte.

Nach einer Stunde endete der Vortrag mit beinah zu heftigem Applaus. Das Wasser war noch unberührt. Die Zuhörer durften Fragen stellen. Williams antwortete ausführlich, die Antworten kamen wie aus der Pistole geschossen, so schnell, daß er fast außer Atem geriet. Warum hatte er es so eilig? Er war erst 45, er würde also noch vor vielen Zuhörern Vorträge halten. Der Grund lag in der leidenschaftlichen Begeisterung für sein Forschungsgebiet. Er hatte so viel zu sagen, und die Zeit verstrich. Längst war die für das Ende des Vortrags festgesetzte Zeit überschritten. Noch eine letzte Frage, eine letzte Antwort. Der Strom der Ideen sprudelte weiter; so vieles, was unbekannt, faszinierend, seltsam und schön war. Genug für mindestens weitere zwanzig Jahre Arbeit. Die Uhr blieb nicht stehen. Er beendete seine Ausführungen in einem Meer von Applaus. Erst jetzt, ganz am Ende zeigte er ein trauriges, ein wenig schiefes Lächeln. Der Krebs in seiner Brust war unheilbar. Hier an diesem Rednerpult, im Beisein all derer, die das Privileg hatten, seine Zuhörer zu sein, verabschiedete sich Alan Williams von der Wissenschaft, die er liebte.

Da das Protein des β-Gens ein Zelloberflächenrezeptor ist, ging ich nach der Vorlesung zu ihm, um ihn um Rat zu fragen. Er hatte furchtbar viel zu erledigen, versuchte gerade, ein sehr wichtiges Buch abzuschließen, während er sich gleichzeitig einer Chemotherapie unterwarf und eventuell noch für eine Herz-Lungen-Transplantation vorgesehen war. Er sagte, er würde mich gerne treffen, aber das wäre nur in der Zeit möglich, wenn er zur Therapie im Krankenhaus wäre.

Eine Woche später besuchte ich ihn. Er saß im Bett und bearbeitete einen Stoß Artikel, ungeachtet der Drähte und Schläuche, die an seinem Körper befestigt waren, um seine Schmerzen zu lindern. Er war wirklich an meiner Forschung interessiert, buchstabierte sich durch die Sequenz des β-Gens der Maus und übersetzte sie in die Aminosäuresequenz – wie es ein griechischer Gelehrter bei einem alten Text getan hätte. Er zeigte mir, wie sehr das β-Protein dem CD20-Protein ähnelt, das vom selben Teil von Chromosom 11 erstellt wird, und erklärte mir, daß beide zur selben Familie gehören. Die Sequenzen, die Mitglieder einer Genfamilie gemeinsam haben, kann man immer besser an der Aminosäuresequenz als in der DNA erkennen, da die Evolution in der Nucleotidsequenz eher Mutationen toleriert als in der Aminosäuresequenz. Er erklärte mir, wie die Zelle den Immunglobulin-Rezeptor zusammensetzt und wie dessen Funktion erforscht werden könnte. Er war es, der mich zum erstenmal auf die Möglicheit von „Polymorphismen" im β-Gen brachte; das bedeutete, daß wir wahrscheinlich eher nach Varianten eines normalen Gens suchen mußten als nach Mutationen, die zum Ausfall des Gens führten.

In der Stunde, die wir zusammen waren, lernte ich ungewöhnlich viel. Als wir fertig waren, sagte ich ihm, daß ich ihn wissen lassen würde, wie wir vorankämen. Er lächelte nur. „Viel Glück mit den Polymorphismen!", er lächelte erneut, als ich ging, und wandte sich wieder seiner Arbeit zu. Drei Wochen später war er tot.

Jetzt, als das Ende fast in Sicht war, wurden wir unerwartet vom Pech verfolgt. Im März flog ich nach Kanada, um Möglichkeiten einer Zusammenarbeit mit Genetikern aus Toronto zu besprechen. Der Rückflug war furchtbar. Beide Männer, die neben mir saßen, hatten etwa die Hälfte des Preises bezahlt, den man von mir verlangt hatte. Ein kleiner Junge dicht vor mir schrie die ganze Nacht, vielleicht weil er wußte, daß sein Vater, mit dem er allein unterwegs war, keine Ahnung hatte, wie er ihn trösten sollte. Als ich endlich eingeschlafen war, weckte mich das unverwechselbare Geräusch von jemandem, der sich in der nächsten Reihe erbrach. Der Flug war vollkommen frei von Turbulenzen. Es mußte also etwas sein, was diese Frau gegessen oder getrunken hatte. Am Ende des Fluges verließ der Junge selig schlafend in den Armen seines Vaters das Flugzeug, und ich machte mich erneut an die Arbeit.

Als ich im Krankenhaus ankam, wurde mir gesagt, daß sich die Presse für unsere Arbeit interessierte. Der Grund war, daß man allgemein mehr über den Wellcome-Trust erfahren wollte. Dieser war dabei, einen Großteil der Aktien, die er vom Pharmaunternehmen Wellcome besaß, zu verkaufen. Die genetischen Grundlagen von Asthma sollten den Hintergund für eine Geschichte über den Trust selber abgeben und irgendwo auf den hinteren Seiten versteckt erscheinen. Abends rief mich die Journalistin der *Sunday Times* an und stellte mir ein paar harmlose Fragen über Allergie und Umwelt. Ich wußte, sie hatte lange mit Julian gesprochen und würde ihm ihren Artikel vor der Veröffentlichung am Telefon vorlesen. Gut gelaunt ging ich zu Bett.

Am nächsten Morgen und Nachmittag waren meine Gedanken beim internationalen Rugby. Ich sah, wie England auf seinem Weg zum Grand Slam Wales schlug. Gegen zehn Uhr abends wurde ich von einem Journalisten aus dem Ausland angerufen. Er fragte mich, ob ich einer der beiden Ärzte sei, die Asthma geheilt hätten. Ich nahm an, er hätte sich vertan. Doch dann klingelte das Telefon pausenlos. Der einzige Anruf, an den ich mich noch erinnere, kam von einem verstörten Julian. Er war völlig verzweifelt und hatte den größten Teil des Abends damit verbracht, die *Sunday Times* zu überreden, ihre Story umzuschreiben. Die, soviel konnte er mir erzählen, lief unter dem Motto „Asthma-Gen gefunden, Asthma ausgerottet". Entweder hatte die Journalistin Julian nicht ihren gesamten Beitrag vorgelesen, oder diese Geschichte war noch dazugekommen, nachdem sie mit ihm gesprochen hatte.

Die Kombination aus Allergien und Genen hatte zur Folge, daß sämtliche Nachrichtenredaktionen der Welt die Meldung aufgriffen. Das einfachste wäre gewesen, zu sagen, daß sich die *Sunday Times* alles aus den Fingern gesogen hätte. Das Problem war nur, daß tatsächlich ein mögliches Asthma-Gen, nämlich das für die β-Kette, existierte, und der Bericht so viel Wahres enthielt, daß man das Ganze nicht einfach in Bausch und Bogen abstreiten konnte.

Trotzdem waren wir verantwortlich für die ganze Angelegenheit und für den Kummer, den sie letztlich den Eltern so vieler asthmatischer Kinder bereitete. Ärzte und Wissenschaftler müssen, wenn sie mit den Medien sprechen, ganz allgemein verstehen lernen, daß die Medien ihr eigenes Programm haben. Mit Kollegen, die genug wissen, um es richtig einschätzen zu können, begeistert über die eigene Forschung zu reden, ist das eine. Eine ganz andere Sache ist es dagegen, einem Journalisten etwas vorzuschwärmen, der entweder zu wenig Wissen besitzt, um es kritisch bewerten zu können, oder aber sich leicht vom Eifer anderer mitreißen läßt.

Montags erhielt ich einen Anruf von Marcus Pembury, Professor für Genetik am Institute of Child Health in London. Er gehörte zu einer Gruppe, die von dem Dermatologen John Harper geleitet wurde. Harper hatte die Genetik von Ekzemen untersucht. Man ging davon aus, daß Ekzeme mit zur Atopie gehören; sie arbeiteten also möglicherweise an derselben Krankheit wie wir in Oxford. Ihre Studie war sorgfältig geplant; man konnte sich also auf ihre Ergebnisse verlassen. Pembury erzählte mir, daß ihr Lod-Wert mit dem Marker auf Chromosom 11 minus zehn betrug – dieser Befund war so negativ, wie man ihn sich nur denken konnte. Entweder handelte es sich bei atopischen Ekzemen zumindest zeitweise um eine andere Krankheit als bei atopischem Asthma, oder wir hatten unsere Daten tatsächlich falsch interpretiert. Das war ein passender dramatischer Kontrast zu dem übertriebenen Lob unserer angeblichen Befunde, das in den Nachrichtenredaktionen der Welt ein so großes Echo gefunden hatte.

Im Verlauf der Woche kritisierte Richard Smith, der Herausgeber des *BMJ*, die „unheilige Allianz" zwischen Wissenschaftlern und Medien. Er hatte vollkommen recht. Bald darauf übte ein Fernsehprogramm namens *Hard News* ganz vorsichtig Kritik an der *Sunday Times* wegen ihrer Berichterstattung zum Thema Asthma. Darüber hinaus griffen sie die Zeitung etwas ausführlicher wegen einer Sensationsmeldung über ein antivirales Arzneimittel namens Acyclovir an, das zur Behandlung von Sekundärinfektionen bei AIDS-Patienten eingesetzt wird.

Einen Monat später erreichten uns zwei Briefe. Einer stammte von *Lancet*. Die Zeitschrift hatte unseren Artikel über die maternale Vererbung von Asthma angenommen. Unter normalen Umständen wäre das eine wunderbare Neuigkeit gewesen. Der zweite Brief kam von Stephan Holgate, einem führenden britischen experimentellen Allergologen. Er interessierte sich für Genetik und hatte in Southampton zusammen mit Newton Morton eigene Untersuchungen aufgenommen. Er schrieb mir als Mitherausgeber von *Clinical and Experimental Allergy*, einer ganz hervorragenden wissenschaftlichen Zeitschrift. In dem Umschlag steckten vier Artikel von unterschiedlichen Gruppen aus verschiedenen Teilen der Welt. Sie alle hatten Familien mit Atopie untersucht und unsere Ergebnisse nicht reproduzieren können. Dazu gab es ein kämpferisches Editorial von Newton Morton, der die Untersuchungen zusammenfaßte und Ausdrücke wie „entweder-oder" und „Gene aus Oxfordshire" benutzte. Wir saßen ganz schön in der Tinte. Alles wurde noch dadurch verschlimmert, daß kurz vorher die ganze Welt die Namen Hopkin und Cookson im Zusammenhang mit der Behauptung gehört hatte, „das Asthma-Gen" sei gefunden und Asthma könne geheilt werden.

Später in dieser Woche erzählte mir Richard Smith im BMA-Gebäude in London, daß die *Sunday Times* das Programm der *Hard News* vor die Broadcasting Complaints

Commission bringen wollte. Das gab der Geschichte eine neue und noch unheilvollere Wendung. Die *Sunday Times* wollte die *Hard News* wissen lassen, wer Chef im Ring war. Es war einfach widerlich. Die Journalisten von *Hard News* hatten verantwortlich gehandelt, als sie versucht hatten, die Übertreibungen des *Sunday Times*-Artikels richtigzustellen. Wenn es zu einer Auseinandersetzung käme, wäre es moralisch unveranwortlich, dieser aus dem Wege zu gehen. Wir würden erneut in die Schußlinie der Medien geraten – diesmal als betrügerische Wissenschaftler. Bevor ich mich auf den Weg zur Paddington Station machte, setzte ich mich unter die schönen Platanen zu den weniger schönen Stadtstreichern am Tavistock Square und versuchte, Ordnung in das Chaos zu bringen.

Alle Anzeichen einer größeren Krise waren vorhanden. Die erste Sorge galt der wissenschaftlichen Seite. Hatten wir alles falsch interpretiert? Führten all unsere Befunde zu nichts? Wenn wir sie falsch verstanden hatten, dann waren wir außergewöhnlich dumm. Wie auch immer, die Möglichkeit bestand. War Betrug im Spiel? *Nature* war immer voll von den schrecklichsten Geschichten über wissenschaftlichen Betrug. Betrug und Rechtsstreit mit der *Sunday Times*. Lieber Gott, nur das nicht! Wir hatten die Kopplung zweimal wiederholt. Der dritte Beleg, die Untersuchung Shirakawas war noch zwingender gewesen, war aber noch nicht veröffentlicht worden. Enthielt sie Mängel, die wir nicht kannten? Dann gab es noch die maternale Vererbung. Wie konnte es sein, daß unsere Daten eine maternale Vererbung des Atopie-Gens auf Chromosom 11 nahelegten und wir dann feststellten mußten, daß mehrere andere Gruppen schon vorher – ohne irgendwelche Daten von Chromosom 11 – genau zu dem gleichen Ergebnis gekommen waren? Sollte das Zufall sein, dann wäre es schon eine ganz ungewöhnliche Übereinstimmung. Und die anderen Marker auf Chromosom 11, die doch offensichtlich dichter als die erste Sonde am Gen lagen, lagen sie wirklich näher oder hatten wir die Ergebnisse so stark verzerrt und geschönt, daß sie uns nur näher erschienen? Ich glaubte es nicht, aber ich war mir nicht sicher. Und schließlich war da noch die β-Kette, der Joker im Spiel.

Ich fuhr zurück nach Oxford, ging nochmals sämtliche Daten durch und teilte sie danach ein, wie und warum sie gewonnen worden waren. Das Ergebnis war das gleiche, egal, wie man die Daten aufteilte und wer sie zusammengetragen hatte: Es gab auf der mütterlichen Seite eine Kopplung mit Chromosom 11.

Ich schrieb allen Gruppen, die negative Ergebnisse gehabt hatten, und bat sie, ihre Daten einsehen zu dürfen. Drei der vier erlaubten uns, ihre vorläufigen Resultate einzusehen. Das ist beste wissenschaftliche Tradition. Zwei Studien waren sehr dünn, die dritte enthielt einen entscheidenden Fehler. Insgesamt widersprachen sie unseren Befunden nicht. Auch die Dermatologen ließen uns ihre Daten über die Ekzeme sehen. Ihre Untersuchung war umfangreich, aber – genau wie es Pam schon bei unseren Asthmafamilien erlebt hatte – nahezu jeder in den Familien war erkrankt. Das hatte – genau wie bereits bei Pam – die Aussagekraft ihrer Ergebnisse verringert: Man konnte ein maternales Vererbungsmuster erkennen, wenn auch nur schwach. Trotz ihrer Mängel waren diese „Negativ"-Untersuchungen breit zitiert worden, meist von Leuten, die die Komplexität der Genetik nicht verstanden. Allgemein machte sich die Ansicht breit, wir seien im Irrtum in Hinsicht auf die Kopplung mit Chromosom 11. Mir fiel es schwer, meine Post zu öffnen; sie konnte weitere schlechte Nachrichten enthalten.

Shirakawa arbeitete ein Jahr lang Tag und Nacht. Er hatte das Gen bei einem Dutzend Leuten sequenziert und keine einzige Mutation gefunden. Er war völlig erschöpft. Der Druck wuchs ständig. Die Gelder vom Wellcome-Trust für mein Gehalt wurden fällig. Es war klar, daß es nicht einfach würde, meine Stelle verlängert zu bekommen. Nach vier Jahren pausenlosen Mißtrauens und Zweifels fühlten wir uns alle sehr müde. Kafka hätte uns verstanden: „Jemand mußte Josef K. verleumdet haben..." Ich begann zu ermessen, warum unschuldige Leute, wenn sie von der Straße weggezerrt und in Gefängniszellen geprügelt werden, Verbrechen gestehen, die sie nie begangen haben.

Shirakawa hatte am Anfang des Gens begonnen und arbeitete sich unter Julians Aufsicht bis ans Ende vor. Das Gen bestand aus sieben Teilen. Am Anfang des sechsten Teils stieß er auf etwas. Drei Basen stimmten nicht mit der von Kinet publizierten Sequenz überein. Er und Julian übersetzten den Code und zeigten so, daß die Mutationen zu Veränderungen in den Aminosäuren führten, die die β-Kette bildeten. Es wurden die richtigen Basen ausgetauscht, um die Funktion des Gens zu ändern. Selbst in diesem Stadium konnten wir noch nicht feiern. Vor uns lagen noch neun Monate, in denen wir die Mutationen in den Familien untersuchten. Um vollkommen sicher zu sein, führten wir die Versuche in Doppelblindtechnik durch: Die Wissenschaftler, die die Mutationen untersuchten, wußten nicht, vom wem die DNA stammte.

Eines Tages im Hochsommer war alles eitel Sonnenschein. Wir machten die Ergebnisse fertig und fütterten den Computer damit. In einer Gruppe mit zufälligen Proben war das Ergebnis positiv: Die Konzentration an Immunglobulin E im Blut korrelierte mit Taros Mutationen. In Familien mit Asthma hatten 15 Prozent der Personen diese Mutationen. Die Statistik ergab, daß das kein Zufall sein konnte. Wir konnten abschätzen, daß weitere Mutationen den Wert auf 50 Prozent ansteigen lassen würden. Es gab noch mehr Gene für Asthma – aber das erste hatten wir gefunden.

Kapitel 11

Krebs

Die Krankheit, die in unserer Gesellschaft am meisten gefürchtet wird, ist Krebs. Diese Angst ist bis zu einem gewissen Grad unberechtigt; viele Krebsarten sind chronische Erkrankungen und sprechen völlig oder zumindest teilweise auf eine Behandlung an. Trotzdem erkranken viele von uns oder unseren Verwandten an Krebs. 20 Prozent der Menschen in unserer Gesellschaft sterben daran; die Hälfte davon an Lungen-, Brust- oder Darmkrebs.

Die verschiedenen Arten von Krebs werden in der Öffentlichkeit oft als eine einzige Krankheit dargestellt. Gewöhnlich erfolgt diese Verzerrung, wenn ein neues Heilmittel gegen Krebs vorgestellt wird. Dabei wird stillschweigend so getan, als könne ein einziges Zaubermittel sämtliche Krebsarten heilen. Nicht selten profitieren diejenigen, die solche Vereinfachungen in die Welt setzen, von diesem Mißverständnis; beispielsweise, indem sie unwirksame Mittel an Leute verkaufen, die für einen Hoffnungsschimmer alles tun würden. Es ist deshalb wichtig, sich klar zu machen, daß mit dem Begriff „Krebs" nicht eine einzige Krankheit gemeint ist, sondern viele.

Ein Charakteristikum haben jedoch zahlreiche Krebsarten gemeinsam: Sie gehören alle zu den Krankheiten, bei denen Umwelteinflüsse und genetisch bedingte Anlagen zusammenwirken. Umwelt und Gene müssen beteiligt sein, damit sich die Krankheit entwickelt. Das wichtigste Karzinogen (krebsauslösender Stoff) in unserer Umwelt ist der Zigarettenrauch. Bei Rauchern ist das Risiko, an Lungenkrebs zu erkranken, 40mal größer als bei Nichtrauchern. Trotzdem erkranken nicht alle Raucher an Lungenkrebs. Vermutlich werden sie von ihren Genen vor dem unerbittlichen chemischen Angriff des Zigarettenrauchs geschützt. Neben Chemikalien können auch andere Faktoren aus unserem Umfeld wie etwa Strahlen oder Viren Krebs auslösen. Wie wir noch sehen werden, hat einer dieser Umweltfaktoren, nämlich eine Virusinfektion, dazu beigetragen, die genetischen Grundlagen von Krebs auf vollkommen unerwartete Weise aufzuklären.

Krebs ist in mehrfacher Hinsicht genetisch bedingt. Wie andere Erbkrankheiten auch treten einige Krebsformen familiär gehäuft auf. Die meisten Krebsfälle treten jedoch spontan auf, das heißt, ohne Vorgeschichte in der Familie. Diese Krebserkrankungen sind jedoch insofern genetisch bedingt, als sie auf erworbenen Funktionsstörungen in den Genen beruhen, die Zellteilung und -wachstum kontrollieren.

Zwar zeichnen sich sämtliche Krebsformen durch unkontrolliertes Wachstum aus, die Zellteilung selbst ist jedoch ein vollkommen normaler Vorgang. Beide, der alte Mann wie auch das Kind auf dem Arm der Mutter sind aus einer einzigen Zelle hervorgegangen, der befruchteten Eizelle. Nach Milliarden von Teilungen, Differenzierungsschritten und Positionsverschiebungen hat sich die einzelne Zelle erkennbar zu einem Menschen entwickelt. Sämtliche Zellteilungen unterliegen, so atemberaubend kompliziert die Vorgänge auch sein mögen, strengster Kontrolle: Lunge oder Leber wachsen jeweils nur zu einer bestimmten Größe heran und nicht weiter.

Beim Erwachsenen hält ein in den Genen festgeschriebenes Programm für das Wachstum Anordnung und Zahl seiner Zellen in einem stabilen Gleichgewicht. Die Stabilität unserer äußeren Erscheinung täuscht jedoch über das riesige Ausmaß an Zellteilungen hinweg, die pausenlos in unserem Körper stattfinden. Selbst bei älteren Menschen werden Lungen- und Darmschleimhaut alle 14 Tage vollständig erneuert. Unsere roten Blutkörperchen leben nur 120 Tage; der Umsatz der weißen Blutkörperchen in dieser Zeit geht in die Milliarden. Trotzdem verändern Lungen und Darm nicht ihr äußeres Erscheinungsbild, und auch die Zahl der weißen und roten Blutkörperchen hält sich, solange keine Infektion erfolgt, strikt im vorgegebenen Rahmen. Wenn wir uns schneiden, setzt sofort an den Wundrändern die Zellteilung ein. Ist die Wunde verheilt, wird die Zellteilung wieder eingestellt.

Das Wachstum wird über ein ausgeklügeltes Meldesystem zwischen den Zellen reguliert. Soweit man das System kennt – bisher wurden erst Bruchstücke der Gesamtregulation aufgeklärt – haben die Signale oft die Form löslicher Proteine.

Zu diesen Proteinen gehören beispielsweise die „Wachstumsfaktoren". Sie werden von einer Zelle ausgeschüttet, um eine Nachbarzelle zu derselben oder einer anderen Reaktion zu bewegen. Die Zellen wählen die Faktoren, auf die sie reagieren, über einen „Rezeptor" aus, ein anderes Protein oder einen Proteinkomplex auf der Zelloberfläche. Der Wachstumsfaktor paßt zum Rezeptor wie ein Schlüssel ins Schloß. Zellen mit einem falschen Schloß reagieren nicht auf das Wachstumssignal. Wird der Rezeptor aktiviert, löst er in der Zelle eine Kette von Ereignissen aus, die entweder Zellteilung oder Wachstum in Gang setzt oder abbricht oder aber andere Schlüssel-Schloß-Systeme dazu bringt, weitere Türen für andere Zellaktivitäten zu öffnen.

Auch die Zellen des Immunsystems kommunizieren untereinander über Signalproteine, sogenannte „Cytokine", die die Zellen in ihrer Nachbarschaft aktivieren: Im Gegensatz zu den Wachstumsfaktoren müssen sich die Zellen dabei jedoch nicht berühren. Signalmoleküle wie die Hormone senden ähnliche Meldungen auch über größere Entfernungen. Wissenschaftlern sind die Hormone bereits seit der ersten Hälfte dieses Jahrhunderts bekannt, Cytokine und Wachstumsfaktoren wurden dagegen im wesentlichen erst in den letzten zehn Jahren entdeckt. In fieberhafter Eile, angetrieben von den Kräften und Gesetzen der Marktwirtschaft, entdeckt man laufend neue Wachstumsfaktoren und Cytokine. Ein Patent für ein Cytokin, das kranken Patienten hilft, kann pro Jahr eine Milliarde Dollar wert sein.

Allerdings haben nicht nur die Biotechnologiefirmen den Nutzen des Zusammenspiels der Cytokine erkannt. Die Cytokinrezeptoren auf der Oberfläche der weißen Blutkörperchen werden normalerweise von Viren besetzt, die Einlaß in die Zelle begehren. Besonders einfallsreich benimmt sich dabei das Epstein-Barr-Virus mit seiner ganz eigenen Art, in die Zellen einzudringen. Das Virus löst in westlichen Gesellschaften das Pfeiffersche Drüsenfieber, auch Kußkrankheit genannt, aus; bis zum Erwachsenenalter hat etwa die Hälfte der Bevölkerung eine Infektion durchgemacht. Wenn die Teenager anfangen, lieber einander als ihre Eltern zu küssen, kommt es zu einer zweiten Infektionswelle. In Afrika, wo Versorgungslage und Auftreten von Infektionen jeden Tag aufs Neue über Leben und Tod entscheiden, verursacht das Epstein-Barr-Virus einen scheußlichen Krebs, das sogenannte Burkitt-Lymphom. Wie viele andere Viren auch wird man das ansteckende Epstein-Barr-Virus ein Leben lang nicht mehr los. 15 bis 20 Prozent der Menschen scheiden die infektiösen Epstein-Barr-Viren, die man im Speichel nachweisen kann, besonders stark aus. Sie sorgen dafür, daß das Virus weiter in der Bevölkerung zirkuliert.

Im Laufe seiner langen Beziehung zu den Menschen hat das Virus ein menschliches Gen erhalten. Dieses Gen imitiert ein wichtiges Cytokin des Menschen, das sogenannte Interleukin 10. Bei einer Infektion mit dem Virus wird das virale Interleukin 10 ausgeschüttet; das dämpft die Immunabwehr und regt die infizierte Zelle an, sich schneller zu teilen. Beide Reaktionen eignen sich hervorragend dazu, dem Virus ein unbeschwertes Weiterleben in seinem Wirt zu garantieren.

Es ist kaum anzunehmen, daß das Epstein-Barr-Virus ein eigenes Interleukin-10-Gen entwickelt hat. Höchstwahrscheinlich hat das Virus irgendwann in der Vergangenheit das Gen einer menschlichen Zelle „gestohlen". Es gibt ein halbes Dutzend anderer Beispiele für Viren, die Gene für Cytokine oder andere Immunmodulatoren entwendet haben. Die geraubten Gene sind in der Regel relativ harmlos. Es gibt aber auch Viren, die sehr viel verhängnisvollere Auswirkungen haben.

Krebs bildet sich immer dann, wenn eine Zelle im Körper nicht mehr den normalen Kontrollmechanismen gehorcht. Solch eine subversive Zelle teilt sich unablässig, bis sie einen Zellhaufen gebildet hat, der entweder erkannt werden kann oder sich selbst bemerkbar macht. Ein Gewächs dieser Größe bezeichnet man als Tumor. Manche Tumoren wachsen sehr langsam und scheinen – abgesehen davon, daß sie ständig wachsen – ansonsten einer normalen Kontrolle zu unterliegen. Solche Tumore bezeichnet man als gutartig, da sie, wenn sie einmal entfernt sind, nicht wieder nachwachsen. Andere Tumoren wachsen sehr viel schneller, sogar über die Grenzen ihrer Blutversorgung hinaus, verteilen sich oder metastasieren im Körper. Solche Tumoren werden als bösartig bezeichnet. Der Begriff „Krebs", wie er von Laien benutzt wird, gilt für jede Form malignen Wachstums. Entarten weiße Blutkörperchen, bezeichnet man die entsprechende Krankheit als Leukämie; bösartige Tumore in Lymphdrüsen nennt man Lymphome, in Bindegeweben wie Muskel oder Knochen spricht man dagegen von Sarkomen.

Aufgrund der Verbindung zwischen Krebs und Viren nahm die Entdeckung der Krebsgene einen völlig anderen Verlauf als andere Genjagden. George Klein hat in seinem Buch *Ateisten och den Heliga Staden* (Der Atheist und die Heilige Stadt) die Geschichte vom Krebs und den Viren wunderschön in der „Sage vom großen Kukkucksei" erzählt. Auszüge davon will ich hier kurz wiedergeben.

Das wissenschaftliche Abenteuer von Viren und Krebs begann mit dem Amerikaner Peyton Rous. Rous zeigte im Jahre 1911, daß er Sarkome von kranken auf gesunde Hühnchen übertragen konnte. Dafür zerstörte er das Sarkomgewebe in einem Mixer und filtrierte es anschließend. Das Filtrat enthielt keine Zellen mehr, da die Poren des Filters zu klein waren, um Zellen oder Bakterien passieren zu lassen. Rous verabreichte gesunden Hühnchen die zellfreie Flüssigkeit aus den Tumoren. Daraufhin bildeten einige dieser Hühnchen ebenfalls Sarkome. Viren wurden dabei nicht entdeckt, und so konnte Rous seine Befunde nicht erklären. Er konnte nur sagen, daß irgendetwas in seinem Filtrat Sarkome bei Hühnchen auslösen konnte. Andere Wissenschaftler fanden heraus, daß man andere Tumoren nicht auf diese Weise übertragen konnte. Die Ergebnisse waren daher, obwohl sie interessant waren, nicht direkt anwendbar. Folglich gerieten Rous Arbeiten jahrzehntelang fast vollkommen in Vergessenheit.

In den frühen 30er Jahren begannen Wissenschaftler am Jackson Laboratory in den Vereinigten Staaten, Mausstämme mit hohen und niedrigen Krebsraten zu züchten. Nach vielen Mausgenerationen gelang es ihnen, Stämme zu entwickeln, die für verschiedene Arten maligner Tumoren empfänglich waren, sowie solche, die äußerst resistent waren. Die Ergebnisse bedeuteten, daß Krebs zumindest teilweise genetisch bedingt ist. Aufgrund von Kreuzungsexperimenten konnten die Forscher zeigen, daß hohe und niedrige Krebsraten polygen vererbt werden; das heißt, daß nicht ein oder zwei, sondern viele Gene an der Vererbung beteiligt sind.

Entscheidend bei diesen Kreuzungen war ein Experiment, bei dem sich zeigte, daß das Risiko einer bestimmten Mausart, an Brustkrebs zu erkranken, nur dann erhöht war, wenn die Krebsgene von der Mutter vererbt wurden. Heute, in den 90er Jahren unseres Jahrhunderts, fallen einem Genetiker, der so geheimnisvolle Mechanismen wie genomisches Imprinting kennt, für diesen maternalen Effekt gleich mehrere Erklärungsmöglichkeiten ein.

Glücklicherweise wußten damals die Forscher vom Jackson Laboratory nichts vom genomischen Imprinting. Sie begannen nach dem infektiösen Agens zu suchen, das den Krebs von der Mutter auf das Kind überträgt. Ein Forscher namens John

Bittner isolierte die dafür verantwortliche Substanz aus der Milch erkrankter Mäuse. Er nannte das Agens „Milchfaktor", denn man nahm allgemein an, daß Viren keinen Krebs auslösten. Hätte Bittner behauptet, ein krebsauslösendes Virus gefunden zu haben, wäre er, wie er wußte, heftig angegriffen worden. Heute weiß man, daß der Milchfaktor nichts anderes ist als das sogenannte Brusttumorvirus der Maus oder das Bittner-Virus. Der Milchfaktor allein genügte jedoch nicht, um Krebs auszulösen, sorgte jedoch bei für Krebs empfänglichen Mäusen dafür, daß das Risiko zu erkranken um den Faktor vier anstieg. Das Bittner-Virus erlitt deshalb das gleiche Schicksal wie der Rous-Sarkom-Faktor: Es wurde vergessen. Wiederum kamen die Befunde zu früh, um allgemein verstanden und damit in ihrer Bedeutung richtig gewürdigt werden zu können.

George Klein hat in seinem Buch beschrieben, wie enorm der Wissenszuwachs in den nächsten zwanzig Jahren war. In dieser Zeit zeigten weitere Untersuchungen zur Genetik des Krebs an Mäusen, daß ein breites Spektrum von Genen, die zu unterschiedlichen Zeiten in verschiedenen Geweben aktiv sind, für die Krebserkrankungen verantwortlich sind. Obwohl die Wissenschaftler damals nicht die Gene selbst identifizieren konnten, waren sie doch Wegbereiter für die eigentliche Überraschung, die die Viren bereit hielten, eine Überraschung, die Klein als „Kuckucksei" bezeichnet.

Zwanzig Jahre, nachdem Bittner den Milchfaktor entdeckt hatte, erkannte ein Forscher namens Ludwick Gross, daß man Mäusen über ein zellfreies Filtrat Leukämie übertragen konnte. Gross verwendete einen besonderen Stamm Leukämie-empfindlicher Mäuse. Da er der Ansicht war, daß man das Immunsystem der Maus umgehen mußte, injizierte er das Filtrat in Mäuse, die weniger als 24 Stunden alt waren und deren Immunsystem noch nicht genügend ausgereift war, um die Viren angreifen zu können. Mit diesem Transfer einer Krebserkrankung mittels eines zellfreien Filtrats von einem Tier zum anderen wurden die Arbeiten wieder aufgenommen, die Rous etwa vierzig Jahre zuvor gemacht hatte. Diesmal gelang es jedoch keinem, die Experimente von Gross zu reproduzieren. Gross war in die Vereinigten Staaten eingewandert. Er sprach nicht gut Englisch und mußte, da seine Zeugnisse nicht anerkannt wurden, als Techniker arbeiten. Das hatte leider zur Folge, daß Gross allgemein geächtet wurde. Da keiner seine Ergebnisse verifizieren konnte, blieb nur die Schlußfolgerung, daß seine Resultate getürkt waren.

Mit dieser Misere lebte Gross fünf Jahre. Schließlich unternahm Jacob Furth – der Wissenschaftler, der die Leukämiemäuse gezüchtet hatte – den Versuch, die Experimente von Gross zu wiederholen. Im Gegensatz zu seinen Vorgängern machte er das Experiment wirklich ganz genau so, wie Gross es vorexerziert hatte: Er injizierte das Filtrat neugeborenen Mäusen, die weniger als 24 Stunden alt waren. Es gelang ihm, die Leukämie zu übertragen, wie Gross es beschrieben hatte.

Man kann sich leicht vorstellen, wie unglücklich Gross die fünf Jahre über gewesen war. Nachdem es allerdings der angesehene Furth geschafft hatte, die Ergebnisse zu reproduzieren, konnte man sie nicht mehr ignorieren. Innerhalb eines Jahres wurden viele weitere Viren isoliert, die bei verschiedenen Tieren Krebs auslösten. Schon bald darauf wurde das Konzept eines „Onkogens" formuliert, eines Krebsgens innerhalb des Virusgenoms. Die Resultate waren so aufregend, daß man darüber die Ergebnisse der Kreuzungsexperimente aus den vorangegangenen zwanzig Jahren vergaß. Nun war man einhellig der Meinung, sämtliche Krebsarten seien virusbedingt.

In den 60er Jahren wurde es möglich, virale Gene direkt zu untersuchen. Die Onkoviren entpuppten sich als Retroviren, das heißt, ihr genetischer Code lag als Einzelstrang in RNA-Form vor. Retroviren produzieren das Enzym Reverse Transkriptase, das Viren in die Lage versetzt, ihre Gene in die DNA der infizierten Wirtszelle einzubauen. Auf diese Weise werden die viralen Gene bei allen Nachkommen der ersten infizierten Zelle fest in die DNA integriert. Retroviren haben eine sehr einfache Struktur und besitzen normalerweise nur drei Gene. Alles weitere, was sie noch brauchen, nehmen sie sich von der Zelle, die sie infiziert haben. Das geht so weit, daß sie sich sogar in die Membran dieser Zelle hüllen, anstatt sich eine eigene Schutzschicht zuzulegen.

Als man das Rous-Virus für das Hühnchen-Sarkom sequenzierte, stieß man neben den üblichen drei Genen noch auf ein viertes Gen. Konnte dies ein Onkogen sein? Diese äußerst aufregende Hypothese erwies sich als richtig. Das vierte Gen war für die Krebsbildung beim Hühnchen verantwortlich; es wurde *src* (sprich: „sarc") als Abkürzung für Rous-Sarkom-Gen genannt. Das erste Krebsgen war entdeckt. Peyton Rous wurde 1966 im Alter von 86 Jahren der Nobelpreis verliehen. 55 Jahre hatte er auf die Anerkennung seiner Versuche warten müssen.

Nachdem das erste Onkogen eines Virus isoliert worden war, fand man bei anderen durch Inzucht erzeugten Tieren rasch weitere Onkogene und andere Arten von Tumoren. Interessanterweise waren diese Onkogene mit dem normalen Gen eines normalen Gewebes, wie es von Viren infiziert wurde, in allen Fällen identisch oder doch nahezu identisch.

George Klein wirft die spannende Frage auf: Was tun die Onkogene eigentlich im Virus? Evolutionär bieten sie der Wildtypform des Virus keinen Vorteil. Krebs auszulösen, hilft dem Virus weder, sich zu vermehren, noch, sich in anderen Wirten auszubreiten. Stattdessen stellt ein nutzloses zusätzliches Gen für ein solch einfaches Virus, dessen genetisches Material auf diese Weise um ein Viertel vermehrt wird, eine enorme Last dar.

Klein antwortet darauf mit der überzeugenden Hypothese, in den vorliegenden Fällen gehe das zusätzliche Onkogen auf ein Mißgeschick zurück. Virale Gene springen in die DNA ihrer Wirtszelle hinein und auch wieder heraus. Diese Bewegung gehört elementar zum Lebenszyklus eines jeden Virus. In der Tat könnte das Leben der Retroviren, wie beispielsweise das der Krebsviren, sogar ursprünglich vom Wirtsgenom aus seinen Anfang genommen haben – etwa wie bei den Transposons (Kapitel 1, S. 14). Erst in einer späten Phase ihrer evolutionären Entwicklung wären die Viren dann der Zelle entschlüpft. Schneiden Viren ihre Gene nach einer Infektion wieder aus der Wirts-DNA heraus, um ein vollständiges Virus zu bilden, das dann weitere Zellen infizieren kann, kann dabei gelegentlich ein Fehler unterlaufen und sich ein Stück der genetischen Sequenz des Wirts im viralen Genom verfangen. In äußerst selten Fällen bleibt sogar ein ganzes Gen hängen.

Aufgrund des evolutionären Drucks kann sich das Krebsgen jedoch nur dann im Virus halten, wenn es für das Virus einen Vorteil bedeutet, Krebs auszulösen. Unter „normalen" Umständen führt jedoch der Aufwand, den ein zusätzliches nutzloses Gen erfordert, rasch zum Verlust des Gens. Allem Anschein nach nutzt es einem Viruswildtyp für sein Überleben in normalen Mäusen nichts, Krebs zu erzeugen. In den 30er Jahren wurden im Jackson Laboratory jedoch gezielt Mäuse gezüchtet, die Krebs entwickeln sollten. So hatten paradoxerweise gerade die krebsanfälligen Mäuse die besten Chancen, ihre Gene an die nächsten Generationen weiterzugeben. Die Kreuzungsversuche im Labor erzeugten einen enormen evolutionären Druck, so daß sich aus normalen Mausgenen Krebsgene entwickelten. Das Experiment gelang: Die Mausstämme, die für Krebs sehr anfällig waren, enthielten in ihren Chromosomen zahlreiche Krebsgene.

Die Auswirkung auf die Mausgene war leicht zu erkennen. Es genügte festzustellen, daß der Zweck des Experiments erreicht war. Was aber war mit den Viren? Der evolutionäre Druck der im Labor durchgeführten selektiven Kreuzungen hatte einen unerwarteten Nebeneffekt. Gleichzeitig mit der Selektion auf Krebsgene in den Mäusen beschleunigte das Zuchtprogramm auch die Entwicklung von Viren, die sowohl in der Lage waren, Mäuse zu infizieren, als auch, sie für Krebs anfällig zu machen.

Insgesamt gelang es, 20 virale Onkogene zu isolieren. Da das Virusgenom so einfach strukturiert ist und man aus dem Virus problemlos größere Mengen viraler RNA isolieren kann, konnten die Onkogene zwanzig Jahre früher sequenziert werden, als es Positionsklonierung oder andere moderne Methoden gestattet hätten. Die Evolution der viralen Onkogene ist George Kleins „Kuckucksei", die Überraschung im Nest der Viren.

Der Sequenzierung der viralen Onkogene ermöglichte es, ihre normalen Pendants in den Wirtstieren zu klonieren. Man entdeckte, daß Onkogene normalerweise an der Kontrolle des Zellwachstums beteiligt sind. Diese Gene sind in einer normalen Zelle abgeschaltet. In Zellen, die von einem Virus infiziert sind, sind die Gene dagegen permanent aktiv. Die Folge ist, daß sich die Zellen unaufhörlich teilen. Manchmal stellte sich heraus, daß das Onkogen eine mutierte Version des normalen Gens war, dessen normale Funktion, das Zellwachstum zu unterdrücken, verloren gegangen war; daraufhin geriet die Zellteilung außer Kontrolle.

Auch die traditionelle Genetik half mit, die Geheimnisse des Krebs zu entschlüsseln. Bei einigen Krebserkrankungen, besonders bei Leukämien, findet man ein charakteristisches Muster von Chromosomenbrüchen. Die chronisch-myeloische Leukämie (CML) ist ein Krebs einer bestimmten Art von weißen Blutkörperchen. Jahrelang ist der Krankheitsverlauf eher schleichend, bis der Krebs dann im finalen Stadium vollkommen entartet. In den Leukocyten erkrankter Personen findet man häufig ein anomales Chromosom 22. Dieses anomale Bruchstück nennt man nach dem Ort seiner Entdeckung das Philadelphia Chromosom; an ihm hängt in der Regel ein kleines Stück von Chromosom 9.

Erst Jahre nach der Entdeckung des Philadelphia-Chromosoms fand man auf Chromosom 9 ein Onkogen namens *c-abl*. Zerbrach Chromosom 9 im Laufe der chronisch-myeloischen Leukämie, wurde der Anfang von *c-abl* abgetrennt. Das verbleibende Bruchstück verband sich mit dem Anfang des *bcr*-Gens von Chromosom 22. Zusammen lieferten beide Gene ein anomales Protein, das die Zelle zwingt, sich permanent zu teilen. Diese ungehemmte Teilung ist die Ursache für den akuten Ausbruch von Leukämie.

Bei einer anderen Art der Leukämie führt ein Bruch in einem Onkogen auf Chromosom 11 zu dessen Fusion mit einem Gen, das normalerweise Antikörper produziert. Zahlreiche Leukocyten sind wahre Antikörperfabriken; sie schütten enorme Mengen von Antikörperproteinen aus, um Infektionen zu bekämpfen. In der Leukämiezelle wird das Onkogen von Chromosom 11 angeschaltet, als wäre es ein Antikörpergen. Das führt dazu, daß das Onkogen permanent abgelesen wird, und damit zu ununterbrochener Zellteilung und Krebs.

Diese Brüche und erneuten Verknüpfungen von Chromosomen nennt man „Translokationen". Sie sind offenbar nicht vollkommen zufällig; vielmehr ähneln sich, wie man in Cambridge herausgefunden hat, oft die DNA-Sequenzen der beiden Bruchstellen. Bei den üblichen Reparaturarbeiten im Genom werden dann die Chromosomenbruchstücke falsch miteinander verbunden – mit katastrophalen Folgen.

Einige Krebsarten sind erblich bedingt. Die Suche nach neuen Onkogenen konzentriert sich deshalb auf die Untersuchung von Familien, in denen diese Formen gehäuft vorkommen. Erbliche Krebserkrankungen machen jedoch nur einen geringen Prozentsatz aller Tumoren aus. Zwar haben viele Menschen das Gefühl, in ihrer Familie werde Krebs vererbt, doch dies ist meist nur darauf zurückzuführen, daß Krebs so weit verbreitet ist: Insgesamt sterben zwanzig Prozent aller Menschen an irgendeiner Art bösartigen Wachstums. Die meisten Krebsformen treten jedoch sporadisch auf, haben also offenbar keine erbliche Prädisposition.

Eine entscheidende Beobachtung war, daß in Familien, in denen wirklich erbliche Formen von Krebs auftreten, nicht alle Personen mit einem krebsauslösenden Gen zwangsläufig auch Krebs bekommen. Häufig dauert es vierzig bis fünfzig Jahre, bis sich ein Krebs manifestiert. Offensichtlich reicht eine einzige Mutation in einem Gen nicht aus, um Krebs auszulösen. Was also muß noch dazu kommen?

Adenomatosis coli oder familiäre Polyposis (APC) ist eine Erbkrankheit des Dickdarms. Es ist eine dominant vererbte Funktionsstörung, die nur von einem einzigen Gen ausgelöst wird, so daß jedes zweite Kind einer erkrankten Person daran erkrankt. In der Darmschleimhaut der Patienten bilden sich zahlreiche kleine Auswüchse, die Polypen. Mit den Jahren steigt die Zahl der Polypen; sie bleiben jedoch gutartig und wachsen nur bis zu einer bestimmten Größe heran.

Einige Personen führen trotz dieser Krankheit ein nahezu normales Leben. Bei vielen von ihnen passiert allerdings etwas anderes: Einer der Polypen entartet.

Da APC dominant vererbt wird, eignet sich diese Krankheit sehr gut für Ansätze aus der reversen Genetik. Wie bei anderen Krankheitsbildern wetteiferten und kooperierten auch bei der Suche nach diesem Gen zahlreiche Gruppen aus vielen Zentren. 1992 gelang es den beiden Arbeitsgruppen um Yusuke Nakamura vom Krebsinstitut der Universität von Tokio sowie um Bert Vogelstein von der Johns Hopkins University in Baltimore, das APC-Gen zu isolieren. Dank dieser Entdeckung konnten viele Rätsel beim Krebs gelöst werden.

Da die Darmschleimhaut dauernd erneuert wird, wachsen und teilen sich die Zellen der Darmschleimhaut permanent. Diese üppige Produktion neuer Zellen ist allerdings auf die „Krypten", ganz unten in der Tiefe der Schleimhautfalten, beschränkt.

Ist das APC-Gen mutiert, kann es seine Aufgaben nicht mehr richtig erfüllen. Dann wachsen die proliferierenden Zellen aus den Krypten heraus auf die Darmoberfläche. Die vermehrte Zellteilung ist an sich harmlos; doch bei jeder Zellteilung besteht eine wenn auch minimale Gefahr, daß in einem anderen Gen der Zelle ein Fehler passiert.

Hin und wieder mutiert unter den Milliarden sich teilender Zellen ein anderes Onkogen, etwa das mit dem Namen k-*ras*. Mutationen in k-*ras* führen zu einer Hyperaktivität dieses Gens. Dadurch kommt es sowohl in der betroffenen Zelle als auch bei ihren Tochterzellen zu geringfügigen Veränderungen, und die Polypen, zu denen diese Zellen gehören, werden größer und ausgeprägter. Es finden verstärkt Zellteilungen statt, und so steigt das Risiko zusätzlicher Genmutationen weiter an.

Später geht ein Gen namens *DCC* verloren, und das Zellwachstum beschleunigt sich noch mehr. Obwohl die Polypen in diesem Stadium nicht mehr so ordentlich strukturiert sind wie im normalen Gewebe und die Risiken eines Gendefekts weiter gestiegen sind, ist das Wachstum selbst jetzt noch gutartig. Doch schließlich verliert die Zelle mit „*p53*" ein entscheidendes Gen.

Das Gen *p53* wurde 1979 bei einem Krebsvirus gefunden. Wie andere Onkogene auch schien es das Zellwachtum zu beschleunigen. Es dauerte zehn Jahre, bis man entdeckte, daß das virale *p53*-Gen mutiert war. Als man die unveränderte Form des *p53*-Gens fand, erkannte man, daß beide Formen vollkommen entgegengesetzte Wirkung entfalten: Normalerweise bremst *p53* effizient die Zellteilung. Mittlerweise ist *p53* zum Megastar unter den Onkogenen avanciert. In zahlreichen Krebsformen – bei zwei Dritteln aller Darmtumoren, bei der Hälfte aller Lungenkrebse sowie einem Drittel der Brustkrebserkrankungen – ist das Gen mutiert. Ist *p53* entartet, sind die Tumoren mit großer Wahrscheinlichkeit viel aggressiver, als wenn *p53* unbeschädigt geblieben wäre, und die Aussichten für die Patienten sind sehr viel schlechter.

Ohne das intakte *p53* wachsen die Zellen der Darmpolypen hemmungslos. Die Zellen beginnen, sich durch das normale Gewebe ihrer Umgebung hindurch bis tief in die Darmwand auszubreiten. Das bösartige Wachstum hat eingesetzt. Später fallen eventuell noch andere Gene aus; dadurch wird es den Krebszellen möglich, sich aus dem Zellverband loszureißen und über den ganzen Körper zu verteilen.

Damit sich ein Krebs entwickeln und Metastasten bilden kann, müssen demnach zwischen fünf und sieben Gene mutieren. Genetische Untersuchungen anderer Formen von Dickdarmkrebs haben ergeben, daß das APC-Gen auch bei Personen ohne erblicher APC mutiert ist. Die Mutation war allerdings nicht vererbt, sondern zufällig in einer der sich teilenden Zellen aufgetreten. Die Konsequenzen waren jedoch dieselben.

Auch bei anderen Krebsarten findet man dieses Muster aus „vielfachen Mutationen". Gebärmutterhalskrebs ist eine der wenigen Krebsarten des Menschen, die mit Sicherheit von einem Virus verursacht wird. Das Virus, ein menschliches Papilloma- oder Warzenvirus, wird sexuell übertragen. Sexuelle Kontakte mit vielen verschiedenen Partnern erhöhen deshalb das Risiko einer Erkrankung. Das Papilloma-Virus enthält Gene für zwei spezielle Proteine, E6 und E7; beide inaktivieren das *p53*-Gen sowie ein weiteres Tumorsuppressorgen namens *RB*. Für das Virus lohnt es sich, diese Gene abzuschalten, da es sich so innerhalb der infizierten Zellen nahezu ungestört vermehren kann. Nebenbei verliert die infizierte Zelle auch noch die beiden Gene, die sie vor einem ungehemmten Wachstum bewahren; das entspricht zwei „Treffern". Zufällige Mutationen in weiteren wichtigen Genen können dann dazu führen, daß die Zelle krebsartig heranwächst.

Die Entstehung der häufigsten Krebsform bei Frauen, des Brustkrebses, ist sehr viel komplexer. Jede zehnte Frau erkrankt bis zum 80. Lebensjahr an diesem Krebs. In den letzten fünfzig Jahren ist die Häufigkeit von Brustkrebs im Anfangsstadium stetig gestiegen, obwohl die Anzahl an bösartigen Formen sowie der Prozentsatz der Frauen, die an der Krankheit sterben, konstant geblieben ist. Der Grund für diesen Anstieg ist unbekannt; sicher spielen dabei die Möglichkeiten der Früherkennung eine Rolle.

Das Besondere am Brustkrebs ist, daß das normale Brustgewebe auf Hormone reagiert; das gilt allerdings nicht nur für diese Krebsform: Auch andere Tumoren, ganz besonders der Prostatakrebs, sind für hormonelle Einflüsse empfänglich. Die relativ geringen Hormonschwankungen während eines normalen Menstruationszyklus beeinflussen die Brust ebenso wie die sehr viel stärkeren hormonellen Veränderungen während der Schwangerschaft. Man vermutete, daß die rhythmischen Hormonschwankungen des weiblichen Zyklus das Brustkrebsrisiko erhöhen. Denn das Risiko steigt parallel mit der immer früher einsetzenden Pubertät an.

Einen weiteren Hinweis auf die Verbindung von Hormonen und Brustkrebs lieferten Befunde bei Frauen, denen bereits vor den Wechseljahren die Eierstöcke entfernt worden waren: Ihr Brustkrebsrisiko liegt niedriger als das anderer Frauen. Andererseits schützt Schwangerschaft vor Brustkrebs. Kinderlose Frauen haben ein höheres Risiko, an Brustkrebs zu erkranken, als Geschlechtsgenossinnen, die schon eine Geburt hinter sich haben. Das könnte darauf zurückzuführen sein, daß das Brustgewebe bei einer Schwangerschaft den gesamten ihm vorbestimmten Weg, von normalem Wachstum über das Stillen und dann zurück in eine Ruhephase, bereits durchlaufen hat.

Die Gefahr, aufgrund von Kinderlosigkeit an Brustkrebs zu erkranken, ist nur zwei- bis dreimal so hoch wie das normale Brustkrebsrisiko. Bei einer frühen Pubertät steigt das Risiko auf noch nicht einmal das Doppelte. Frauen sollten sich deshalb aufgrund solcher oder ähnlicher Statistiken nicht in eine Schwangerschaft stürzen oder ihre Kinder hungern lassen, um deren Pubertät hinauszuzögern. Das Wachstumspotential ergibt sich aus der normalen Aufgabe der Brust, dem Stillen. Daher besitzt das Brustgewebe von vornherein ein erhöhtes Risiko zu entarten. Seine angeborene Empfänglichkeit für hormonelle Stimuli entspricht einem „Treffer" in einem Krebssuppressor-Gen, weil damit auch eine Instanz für die Wachstumskontrolle ausfällt.

Selbst bei bösartigen Brusttumoren hat das Brustgewebe oft noch nicht seine Fähigkeit verloren, auf hormonelle Signale zu reagieren. Darauf baut eine revolutionäre Methode für die klinische Brustkrebstherapie auf, die 1980 eingeführt wurde. Das Medikament Tamoxifen, ein Gegenspieler des Östrogens, zeigt nur sehr wenige ernsthafte Nebenwirkungen. Es blockiert in den Brustzellen den Hormonrezeptor für Östrogen und unterbindet so zumindest eine der Möglichkeiten, anomales Wachstum auszulösen. Obwohl es nicht in der Lage ist, „zerbrochene" Onkogene, die zum unkontrollierten Wachstum der Krebszellen führen, wieder zu reparieren, kann es doch soweit einen Ausgleich schaffen, daß das Wachstum gestoppt wird. Das reicht aus, damit sich die Zellen zurückbilden und der Tumor schrumpft.

Nicht jeder Brustkebs spricht auf Tamoxifen an. Auf den Zellen derjenigen Frauen, bei denen das Medikament versagt, fehlt oft der normale Östrogenrezeptor. In solchen Tumoren ist möglicherweise entweder das Gen für den Rezeptor selbst mutiert oder ein Gen, das die Präsentation des Rezeptors auf der Zelloberfläche kontrolliert.

Obwohl schon der jeweilige Hormonstatus einen gewissen Einfluß auf das Brustkrebsrisiko haben kann, gibt es noch einen Faktor, der das Krankheitsrisiko um das
100fache erhöht: Eine Häufung der Krankheit in der Familie. Das bedeutet, daß sich
die Veranlagung für die Krankheit auf einem bestimmte Gen befindet. Bei fünf Prozent der an Brustkrebs erkrankten Frauen ist der Tumor vererbt; das heißt 0,5 Prozent
aller Frauen tragen ein Brustkrebs-Gen. Von diesen bekommen 80 Prozent Krebs.
Damit gibt es in Großbritannien schätzungsweise 250 000 Frauen, die das defekte
Gen tragen; davon entwickeln wahrscheinlich 200 000 tatsächlich einen Tumor. Im
Jahre 1990 konnte ein Gen für eine besonders aggressive Form des Brustkrebs, die
früh in den mittleren Jahren auftritt, auf Chromosom 17 kartiert werden. Dieser
Befund war das Ergebnis fünfzehn Jahre langer Arbeit von Mary-Claire King, einer
kalifornischen Epidemiologin, die sich der Genetik zugewandt hatte. Die Suche ähnelte bereits beschriebenen Genjagden: internationale Kooperation, langwierige harte
Arbeit – die Kopplung wurde erst mit den 183. Marker entdeckt – sowie anfänglich
eine generelle Skepsis gegenüber dem Befund. Das Gen konnte bisher noch nicht
kloniert werden, aber der wie ein Schwerstarbeiter schuftende Yusuke Nakamura sowie andere starke Konkurrenten aus England und Amerika stehen kurz davor.

Mit der schrittweisen Aufklärung, wie genetische „Treffer" am Krebsgeschehen
beteiligt sind, wird sich auch die Krebstherapie bald erheblich wandeln. Gegenwärtig
können die Ärzte nur Vermutungen darüber anstellen, wie sich ein Krebs entwickeln
wird, indem sie sich Material aus dem Tumor unter dem Mikroskop ansehen. Man
hat jedoch viel präzisere Informationen zur Verfügung, wenn man weiß, ob ein bestimmtes Onkogen oder eine Untergruppe von Onkogenen mutiert ist oder nicht.
Dann läßt sich absehen, wie sich der Tumor verhalten und wie er auf bestimmte
Therapiekonzepte reagieren wird. Die Chirurgen werden in Zukunft sehr viel genauer
darüber Bescheid wissen, wie sie operieren müssen, um einen Krebs vollkommen entfernen zu können. Bei bestimmten Onkogenkombinationen wissen sie dann schon,
daß eine Operation keinen Erfolg haben wird. Aber selbst in diesen Fällen kann man
dann, wenn man sich mit den Mechanismen des Zellwachstums vollkommen auskennt, durch eine präzise Einstellung der Chemotherapie bei dem jeweiligen Tumor
eine maximale Wirkung erzielen.

Wir wissen mittlerweile so viel über die Onkogene und die Krebsentstehung, daß
wir endlich Abschied nehmen können von einer Theorie, die ich noch nie gemocht
habe. Jahrelang wurde Wissenschaftlern und Ärzten, die mehr über Krebs wissen wollten, die Doktrin der „Immunüberwachung" beigebracht. Sie geht davon aus, daß im
Körper permanent potentielle Krebszellen auftauchen und daß das Immunsystem
diese Zellen auf unbekannte Weise „im Auge behält" und zerstört. Die Hypothese
ging auf frühe Experimente zurück, bei denen man Tumore von einem Mausstamm
auf einen anderen transplantierte. In der Wirtsmaus schrumpfte der Tumor und ver-
schwand. Man schloß daraus, daß das Immunsystem Krebs besiegen kann.

Dieser Ansatz führt zu mehreren Widersprüchen. Zum einen bestehen Krebszellen, selbst äußerst bösartige, aus denselben Elementen wie die normalen Zellen eines Individuums. Es ist deshalb höchst unwahrscheinlich, daß das Immunsystem diese Zellen als fremd erkennt und zerstört.

Zweitens greift die Hypothese der Immunüberwachung einfach zu kurz. Im alltäglichen Leben läßt sich leicht verfolgen, wie die Zellteilung kontrolliert wird. Wenn man sich in den Finger schneidet, blutet es; es bildet sich ein Loch in unserer Schutzschicht, der Haut. Die Wunde füllt sich dann mit Blutgerinnsel. In wenigen Tagen wachsen Gewebezellen, neue Blutgefäße und neue Haut in und über das Gerinnsel. Ist die Wunde verheilt, kommt die komplexe Wundreaktion zum Erliegen. Ein Wunder an Koordination zwischen vielleicht fünfzig Zelltypen hat dafür gesorgt, daß der Finger wieder wie früher wird; das Immunsystem hat dabei nur die Wunde vor Infektionen geschützt und sonst in dem ganzen komplexen Geschehen keine Rolle gespielt. Dasselbe gilt – da bin ich mir sicher – für den Krebs. Krebs läßt sich auf Fehler in unseren Genen zurückführen.

Vertreter der Theorie der Immunüberwachung weisen auf die enorme Anzahl maligner Zellen in einem Tumor oder im Knochenmark eines Leukämiepatienten hin. Nach einer erfolgreich verlaufenen Chemotherapie sind all diese anomalen Zellen für immer verschwunden. Man kann jedoch mit der Chemotherapie, so lautet das Argument, unmöglich sämtliche entartete Zellen erfaßt haben; deshalb muß das Immunsystem bei der Zerstörung der restlichen Krebszellen eine entscheidende Rolle spielen. Doch das stimmt nicht. Zum einen gibt es im Körper Stellen, an denen sich die entarteten Zellen vor einer Chemotherapie verstecken können. Zu diesen Zufluchtsräumen gehören unter anderem die Hirnhäute und der Rückenmarkskanal. Das Immunsystem gelangt auch dort hin. Trotzdem findet man in diesen Bereichen erneut Krebs und Leukämie, die sich von da aus im ganzen Körper ausbreiten, wenn man sie nicht bei der Krebstherapie einer Spezialbehandlung unterzieht.

Der zweite Denkfehler liegt in der Annahme, alle Tumor- oder Leukämiezellen seien für sich genommen bösartig. Die häufigste Krebsart bei jungen Männern ist der Hodenkrebs. Bei dieser Krankheit verbreiten sich die Krebszellen schnell im ganzen Körper und bilden in Lunge oder Gehirn Metastasen von der Größe einer Kanonenkugel. Vor nur zwanzig Jahren hatte ein Patient, der das Unglück hatte, diesen Krebs zu bekommen, eine Lebenserwartung von weniger als 24 Monaten. Heute, im Zeitalter der Chemotherapie, werden über 90 Prozent dieser Fälle vollkommen ausgeheilt.

Als man zum erstenmal bei dieser Krankheit Chemotherapie einsetzte, konnte man ein seltsames Phänomen beobachten. Die Krebszellen sezernierten ein Hormon ins Blut, das sogenannte humane Choriongonadotropin. Das Hormon war ein äußerst empfindlicher Indikator dafür, daß sich im Körper entartete Zellen befanden. Man konnte die Chemotherapie als erfolgreich ansehen, wenn sich das Hormon im

Blut nicht mehr nachweisen ließ. Bei zahlreichen jungen Männer war das Hormon nach der Therapie nicht mehr nachweisbar; ihr Wohlbefinden war wieder soweit hergestellt, daß sie sich als geheilt fühlten. Die Gewebsmassen, die man auf dem Röntgenbild der Brust sehen und im Unterleib spüren konnte, schrumpften zwar, verschwanden jedoch nicht ganz.

Zuerst dachte man, der Krebs existiere fort und habe sich nur insoweit geändert, daß er das verräterische Hormon nicht mehr ausschüttete. Der Zellhaufen wurde jedoch nicht größer, wie es vorher beim malignen Wachstum der Fall war. Operierte man ihn heraus und untersuchte ihn unter dem Mikroskop, enthielt er ausschließlich normale Zellen, die sich allerdings nicht an der für sie vorgesehenen Stelle befanden.

Was war geschehen? Die Krebszellen hatten einige ihrer urspünglichen Zellfunktionen beibehalten. Deshalb konnten sie den Zellen in ihrem Umfeld signalisieren, sich so zu vermehren und zu differenzieren, als wären sie in einem normal wachsenden Gewebe. Obwohl die Krebszellen aufgrund der Chemotherapie verschwunden waren, blieb die Organisation, die sie um sich herum aufgebaut hatten, erhalten – genauso wie die Bauten der Inkas noch stehen, obwohl die Inkas selbst bereits lange verschwunden sind. Es ist daher wahrscheinlich, daß bei vielen bösartigen Tumoren ein Großteil des Zellhaufens nicht nur aus entartetem Gewebe besteht.

Krebs läßt sich auch noch auf eine andere Art verstehen. Wie wir gesehen haben, wird Krebs üblicherweise als Folge eines anomalen Wachstums angesehen. Es spielt jedoch auch noch etwas viel Raffinierteres und Aufsehenerregenderes eine Rolle. Entwicklungsbiologen untersuchen, wie Embryonen heranwachsen. Seit zwanzig Jahren wissen sie, daß zahlreiche embryonale Zellen sterben müssen, damit sich ein Lebewesen normal entwickeln kann. Erst vor kurzem tauchte die Idee auf, dieser Tod könne genetisch vorprogrammiert sein. Die Zelle begeht Selbstmord, wenn es ihr aufgetragen wird.

Im Nervensystem entstehen viel mehr Nervenzellen oder Neuronen als benötigt werden. Nur eine begrenzte Anzahl von ihnen überlebt. Diejenigen, die überleben, sind abhängig von den Wachstumsfaktoren anderer Neuronen. Damit ist garantiert, daß verschiedene Neuronenarten, aber auch Nerven und Muskeln richtig miteinander verknüpft werden. Martin Raff vom University College London nimmt an, daß dieser Überfluß entscheidend dazu beiträgt, daß die Zellen miteinander zu konkurrieren beginnen. Nur die tüchtigsten Neuronen überleben; diejenigen, bei denen sich Mängel eingeschlichen haben, gehen zugrunde. Deshalb müssen Entwicklungsgene nicht hundertprozentig fehlerlos funktionieren: Irrtümer können toleriert werden, weil falsch programmierte Zellen nicht überleben, und ein normaler, funktionstüchtiger Mitstreiter ihren Platz einnimmt.

Zellen, die auf Anweisung hin sterben, unterscheiden sich von Zellen, die aus anderen Gründen zugrunde gehen. Der wissenschaftliche Begriff für den programmierten Zelltod ist „Apoptose", ein Wort aus dem Griechischen, das das Fallen der Blätter im Herbst beschreibt. Apoptose findet statt, wenn die Zellen keine Hormone oder Wachstumsfaktoren mehr haben.

Forscher am Walter and Eliza Hall Institute in Melbourne und an der Washington University School of Medicine konnten einen Zusammenhang zwischen der Apoptose und dem Onkogen *bcl-2* aufdecken. Die Wissenschaftler bauten das *bcl-2*-Gen in weiße Blutkörperchen ein. Diese Zellen brauchen zu ihrem Überleben Cytokine. Erhalten sie diese nicht, durchlaufen sie das Apoptose-Programm und sterben. Das *bcl-2*-Gen verhindert den Selbstmord der Leucozyten sogar, wenn man ihnen die Cytokine entzieht.

Faszinierenderweise ähnelt *bcl-2* einem Gen des Fadenwurms. Dieser Wurm, *Caenorhabditis elegans*, besteht nur aus 1 090 Zellen, von denen 131 noch im Laufe der Entwicklung sterben. Ein wichtiger Teil des Genomprojekts sieht vor, alle Gene dieses Wurms zu sequenzieren. Er wird der erste Organismus sein, bei dem sämtliche Gene und deren Funktion vollkommen entschlüsselt sein werden. Man stellte fest, daß *bcl-2* dem *ced-9*-Gen ähnelt, das in sich entwickelnden *C. elegans*-Zellen Apoptose verhindert. Die Ähnlichkeit beider Gene in Lebewesen, die evolutionär so weit voneinander entfernt sind wie Mensch und Fadenwurm, deutet darauf hin, daß der programmierte Zelltod elementarer Bestandteil des normalen Zellverhaltens ist.

Es sieht so aus, als würde *bcl-2* in normalen Zellen von Cytokinen und Wachstumsfaktoren angeschaltet. Ohne Cytokine ist *bcl-2* abgeschaltet, und die Zelle stirbt. Das garantiert, daß eine Zelle Selbstmord begeht, wenn sie sich nicht dort befindet, wo sie hingehört. Bei der Apoptose spielen aber auch andere Onkogene eine Rolle: *p53* scheint diametral entgegengesetzt zu *bcl-2* zu wirken. Es löst Zelltod aus, wenn es angeschaltet wird. Ein weiteres Onkogen, *myc*, stimuliert ebenfalls die Apoptose. Mutationen in diesen Genen erlauben es den Zellen, ohne normale Unterstützung durch Wachstumsfaktoren und Cytokine zu überleben.

Hand in Hand mit dem Verständnis der Onkogenese werden so zunehmend auch die Geheimnisse des normalen Wachstums entschlüsselt, das von der befruchteten Eizelle bis zu den Billionen Zellen eines ausgewachsenen menschlichen Körpers führt. Allmählich wird klar, daß Zellen ständig miteinander kommunizieren und sich dabei über einen permanenten Austausch von Signalen und Rezeptoren unterstützen oder unterdrücken. Unter allen komplexen Erbkrankheiten hat die neue Genetik am meisten zur Untersuchung des Krebs beigetragen. Bei den vielen neuen Zielsetzungen wird es kaum ausbleiben, daß sich daraus weitreichende Ansätze für neue Krebstherapien ergeben.

Kapitel 12

Gentests: Die Büchse der Pandora

Wie wir gesehen haben, kann man mittlerweile zumindest prinzipiell für jede Krankheit die Ursache herausfinden, solange sie sich aus einer Abweichung von unserer normalen genetischen Ausstattung ergibt. Die Gene für die wichtigsten Erbkrankheiten sind isoliert, ihre Geheimnisse gelüftet. Auch weit verbreitete Krankheiten wie Diabetes, Krebs oder Bluthochdruck werden in wenigen Jahre von den Genjägern entschlüsselt sein. Wollte man alles glauben, was zu lesen ist, dann erwartet uns ein neues wunderbares Zeitalter molekularer Heilmittel. In Wirklichkeit führt natürlich noch lange nicht jede Entdeckung eines Gens oder einer Genmutation sofort zu einem Heilverfahren: Es kann durchaus sein, daß eine Krankheit auch weiterhin unheilbar bleibt.

Trotzdem eröffnet die Isolierung eines Gens, das eine Krankheit auslöst, auch stets neue Perspektiven für die Therapie. Die Möglichkeiten kann man grob in drei Gruppen einteilen; diese lassen sich so ordnen, daß sie einerseits immer wünschenswerter, andererseits aber, zumindest noch im Augenblick, immer weniger praktikabel sind.

Zuerst wird man in Familien mit einem hohen Risiko oder insgesamt in der Bevölkerung nach einem anomalen Gen suchen und die entsprechenden Personen samt ihren Verwandten entsprechend beraten. Zweitens kann man, wenn man dabei ein Krankheitsgen entdeckt, die Richtung für die Entwicklung neuer Medikamente vorgeben. Drittens kann man, da genetische Mutationen fehlende oder veränderte Proteine zur Folge haben, die Krankheit behandeln, indem man das normale Protein verabreicht oder sogar das falsche Gen ersetzt.

Obwohl diese Liste von Möglichkeiten auf den ersten Blick Mut macht, ergeben sich bei näherer Betrachtung bei jeder der zur Debatte stehenden Behandlungsmethoden Probleme, die überhaupt noch nicht geklärt sind.

Bereits auf die Entdeckung eines mutierten Gens hin macht sich umgehend ein erster therapeutischer Hoffnungsschimmer breit; die Aussicht auf einen genetischen Test. Schon Botstein und Bodmer erhofften sich, als sie für die erste Genkarte eintraten, vor allem einen besseren Test.

Der Gentest deckt auf, wie hoch das Risiko der Testperson ist, eine Erbkrankheit zu bekommen. Aus dieser Information ergeben sich manchmal erdrückende Konsequenzen für die betreffende Person. In anderen Fällen ist das Ergebnis eher für andere interessant: Erziehungspersonen wie die Eltern, verantwortliche Ärzte oder Versicherungsgesellschaften. Wichtig ist, daß das Risiko nicht immer exakt bestimmt werden kann. Bei Ein-Gen-Krankheiten kann das Krankheitsrisiko oft mit beinahe 100 Prozent angegeben werden; in anderen Fällen dagegen mit einem Promille oder weniger. Bei komplexen Krankheiten kann man dagegen die Wahrscheinlichkeit nie mit derselben Präzision ermitteln.

Die Durchführung des Tests ist sehr simpel. Eine Blutprobe oder die Zellen aus einer einfachen Mundspülung enthalten schon ausreichend DNA für die Untersuchung. Die DNA kann dann auf entsprechende Mutationen hin überprüft werden. Am genauesten ist der Mutationstest; er hängt jedoch davon ab, ob man weiß, durch welche Genmutationen die Krankheit voraussichtlich ausgelöst wird. Wenn das mutierte Gen selbst noch nicht gefunden wurde, kann man die Untersuchung auch auf der Ebene der genetischen Kopplung durchführen. Dafür muß allerdings gezeigt sein, daß der genetische Defekt in einem bestimmten Bereich eines bestimmten Chromosoms lokalisiert ist. In diesem Stadium des Tests ist es unbedingt erforderlich, zusätzlich die Eltern sowie weitere erkrankte Geschwister zu untersuchen; die Ergebnisse sind allerdings oft nicht eindeutig.

Zunächst ging man davon aus, daß sich Personen mit hohem Risiko, an einer Erbkrankheit zu erkranken, mit überwältigender Mehrheit für solch einen Test aussprechen würden. Das hat sich jedoch als völlig falsch erwiesen. Die Genetiker hatten nicht erkannt, daß die Resonanz einer solchen Untersuchung wesentlich davon abhängt, ob sie zu einer brauchbaren Therapie führt.

Ein gutes Beispiel für dieses Problem ist die Huntington-Krankheit. Sie tritt in der Regel erst auf, wenn die Menschen über vierzig sind, und endet zehn Jahre später mit vollkommenem Schwachsinn. Im Alter von vierzig haben die meisten Betroffenen bereits Kinder, an die sie ihre Gene weitergegeben haben. Bisher gibt es kein Heilmittel für die Huntington-Krankheit. Auch die Entdeckung des Gens hat bisher noch keinen Weg gewiesen, wie man das unerbittliche Hineingleiten in Wahnsinn und Verzweiflung aufhalten könnte. Angenommen, Sie sind dreißig Jahre alt, und Ihr Vater oder Ihre Mutter, die Sie beide sehr geliebt haben, sind an einer schrecklichen Krankheit gestorben. Es besteht eine 50prozentige Chance, daß das Schicksal beschlossen hat, Sie ebenfalls in zehn oder fünfzehn Jahren an diesem erbarmungslosen und unerträglichen Leiden erkranken zu lassen. Würden Sie jetzt, wo Sie noch gesund und munter sind, wissen wollen, ob Sie dasselbe Los haben? Werden Sie sich einem Test unterziehen? Es ist ganz und gar nicht selbstverständlich, daß Ihre Antwort „ja" lautet.

Denkt man einmal über diese Situation nach, stellen sich noch weitere Fragen. Wenn Sie Kinder haben, die das Gen für die Huntington-Krankheit in sich tragen, haben Sie dann das Recht, ihnen zu sagen, was sie erwartet? Kann Ihre Familie Sie dazu zwingen, den Test gegen Ihren Willen zu machen? Und besonders wichtig: Wer hilft Ihnen oder Ihren Kindern, wenn der Test positiv ausfällt?

Selbst wenn Sie von seinen Vorteilen überzeugt sind, was passiert, wenn Sie den Test machen, aber Ihre Ansicht ändern, bevor die Ergebnisse vorliegen? Müssen Sie dann gegen Ihren Willen das Ergebnis erfahren? Wie häufig sind die Befunde falsch oder nicht schlüssig?

Solchen Befürchtungen steht zweifellos die positive Wirkung gegenüber, die ein Test bei einer unheilbaren Krankheit haben kann. Zeigt sich, daß Sie die Mutation nicht haben, so sind Sie und Ihre Kinder von unnötigen Ängsten befreit, die Sie andernfalls ein Leben lang belasten würden.

Unter diesen Bedingungen ist es nicht möglich, genetische Tests einfach zu befürworten oder abzulehnen. Eine internationale Gesellschaft, die World Federation of Neurology, hat Richtlinien für eine Untersuchung auf die Huntington-Krankheit aufgestellt. Diese schützen den Einzelnen so weit wie möglich vor negativen Folgen eines Tests. Sie bestimmen, daß der Test freiwillig sein muß und nicht von dritter Seite veranlaßt werden darf, weder auf Betreiben eines zukünftigen Ehepartners noch einer Versicherungsgesellschaft. Er sollte ausschließlich in Zentren durchgeführt werden, die auf genetische Beratung spezialisiert sind. Die betreffenden Personen sollten ihre Zustimmung erteilen, nachdem sie schriftlich und mündlich alle nötigen Informationen erhalten haben. Pränatale Diagnostik ist zulässig, wobei der Wunsch der Mutter Vorrang hat vor dem des Vaters. Diejenigen, die sich dem Test unterziehen, sollten sich einen „Partner" suchen – jemanden, dem sie vertrauen, zum Beispiel einen Ehepartner oder einen Sozialarbeiter – der während des Tests bei ihnen ist. Früh hat man erkannt, daß Personen, die selbst befürchten müssen, erkrankt zu sein, keine guten Partner sind. Die Testergebnisse müssen absolut vertraulich behandelt werden. Vor der Untersuchung müssen mit der Testperson alle Eventualitäten durchgesprochen werden; er oder sie müssen das Recht haben, jederzeit die Annahme der Ergebnisse zu verweigern.

Diese Richtlinien sind sehr einfühlsam und schützen den Patienten, ganz wie es traditionell guter medizinischer Praxis entspricht. Ist das Ergebnis des Huntington-Tests positiv, greifen sofort alle Maßnahmen, die eine Verbindung zum Patienten herstellen und ihn unterstützen. Werden diese Richtlinien eingehalten, können die Gentests zu einem weiteren Bestandteil des ärztlichen Rüstzeugs werden, mit dem sich Krankheiten diagnostizieren und heilen lassen. Man sollte daran erinnern, daß Ärzte gewohnt sind, mit schlechten Nachrichten umzugehen. Selbst wenn eine Krankheit unheilbar ist – wie etwa bei fortgeschrittenen Stadien von Krebs, Herzversagen oder bei hundert anderen Krankheiten – ist es im allgemeinen weitaus besser für den Patienten, wenn der Arzt ihm die Wahrheit sagt.

Aufgrund der Tests könnten heute auch andere, ähnlich schwere Krankheiten erkannt werden. Bei Frauen, die ein Gen für Brustkrebs tragen, liegt die Wahrscheinlichkeit, letztlich an diesem Krebs zu erkranken, bei 85 Prozent; möglicherweise manifestiert er sich jedoch, wie etwa bei der Huntington-Krankheit, nicht vor dem 40. Lebensjahr. Wie bei der Huntington-Krankheit läßt sich einwenden, es sei besser, sein Schicksal nicht zu kennen. Aber im Gegensatz zu allem, was man gegenwärtig über die Huntington-Krankheit weiß, läßt sich Brustkrebs verhindern. Eine genaue Einschätzung des Risikos bedeutet, daß man fundiert über die Behandlung entscheiden kann. Der Entschluß kann, beispielsweise im Fall einer Patientin mit einem geringen bis mittleren Risiko, so ausfallen, daß man beobachtet und abwartet, regelmäßig Untersuchungen durchführt und Mammographien macht. Wenn es das Risiko erlaubt, können auch Anti-Östrogene oder andere Hormonderivate eingesetzt werden; letztlich kann es sich sogar als notwendig erweisen, eine präventive Abnahme der Brust in Betracht zu ziehen. Dasselbe gilt für andere erblich bedingte Krebsformen. Wenn Patientin und Arzt genau wissen, daß eine Veranlagung vorliegt, können sie viel leichter entscheiden, welche Schritte vorbeugend gegen die Krankheit unternommen werden sollen.

Es ist auch falsch anzunehmen, es sei ein glücklicher Zustand, nichts zu wissen: Daß man seine genetische Veranlagung für Krebs nicht kennt, verhindert keineswegs, daß sich ein Tumor bildet. Es ist besser, man ist darauf vorbereitet. Kommt man aus einer Familie, in der Krebs erblich ist, dann bedeutet das, daß man die Auswirkungen der Krebserkrankung sehr wahrscheinlich aus erster Hand kennt. Unter solchen Umständen wird man sich kaum von der Angst befreien können, daß man selbst betroffen sein könnte. Wenn dann klar ist, daß man das Gens nicht hat, kann das bereits eine beträchtliche Erleichterung bedeuten.

Kinder haben eine Sonderstellung bei diesem Test. Man ist allgemein übereingekommen, Kinder nicht auf Krankheiten zu testen, die erst im Erwachsenenalter auftreten. Zumindest bis zur Volljährigkeit haben sie das Recht, nichts zu wissen. Als Erwachsene können sie dann ihre eigene Entscheidung treffen.

Damit die Tests aussagekräftig sind, müssen medizinische Versorgung und genetische Beratung einen hohen Standard haben; das kann man jedoch nicht überall voraussetzen. Hohe Versorgungsstandards hängen davon ab, wie gut die Ausbildung des Pflegepersonals und wie hoch der Kenntnisstand innerhalb der Bevölkerung ist. Je mehr Fragen aus der Öffentlichkeit kommen, und je aufrichtiger sie von den Fachleuten aus dem Gesundheitswesen beantwortet werden, desto besser.

Testet man gutartigere Krankheiten als Krebs oder die Huntington-Krankheit, scheinen die Probleme auf den ersten Blick weniger gravierend zu sein. Wie bereits in früheren Kapiteln angesprochen, sind Thalassämie und Sichelzellanämie Erbkrankheiten, bei denen die Gene für das Hämoglobin betroffen sind. Thalassämie ist in den Mittelmeerländern weit verbreitet, Sichelzellanämie in Zentralafrika. Patienten mit Thalassämie können nicht genug Hämoglobin für ihre roten Blutkörperchen produzieren und benötigen in schweren Fällen regelmäßig Transfusionen, um die Zahl ihrer Erythrocyten in etwa normal zu halten. Kinder mit Sichelzellanämie sind weniger anämisch, machen jedoch, wenn der Sauerstoffgehalt des Blutes unter einen kritischen Wert fällt, äußerst qualvolle Schwächeperioden durch.

Beide Krankheiten sind weit verbreitet, da Personen mit mutierten Genen gegen Malaria gefeit sind. Malaria ist heutzutage in den Mittelmeerländern nicht mehr ein solches Problem, und Bewohner Zentralafrikas sind mittlerweile rund um den Globus in Gebiete versprengt, in denen Malaria überhaupt nicht vorkommt. Die Gene für die Anämie sind deshalb heute nur noch von Bedeutung wegen der Krankheiten, die sie auslösen. Im südlichen Mittelmeerraum liefen zwei Jahrzehnte lang Programme einschließlich entsprechender Tests, um die Öffentlichkeit auf die Thalassämie aufmerksam zu machen. Ein Erfolg ist bereits zu erkennen: Es werden keine Kinder mehr mit der Krankheit geboren. Ähnlich wird es bald bei der Sichelzellanämie aussehen. Die Gendefekte, die diese beiden vererbbaren Anämieformen verursachen, gehören zu den ersten, die noch vor der neuen Genetik entdeckt wurden. Aufgrund der Erfahrungen, die mit den Tests auf diese Krankheiten gewonnen wurden, werden in Zukunft wahrscheinlich auch Tests für andere Erbkrankheiten durchgeführt werden; denn es hat sich gezeigt, daß man die Öffentlichkeit vom Nutzen genetischer Tests überzeugen kann, selbst wenn die Gene in der Bevölkerung weit verbreitet sind.

Die Tests haben auf verschiedenen Ebenen Konsequenzen. Erwachsene mit Genen, die ein Krankheitsrisiko vermuten lassen, werden sich vielleicht dafür entscheiden, keine Kinder zu bekommen. Sind sie Merkmalsträger einer rezessiven Krankheit, können sie sich entschließen, nur einen Partner zu heiraten, mit dem sie normale Kinder haben können. Oder sie können sich in den ersten Schwangerschaftswochen einer pränatalen Diagnostik unterziehen und einen Fötus mit anomalen Genen abtreiben lassen.

Bei vererbten Anämien werden bereits sehr häufig pränatale Tests vorgenommen, an die sich eventuell eine Abtreibung anschließt; dies ist auch bei anderen schweren Erbkrankheiten wie dem Down-Syndrom (Trisomie 21) üblich. Nüchtern betrachtet würde ich sagen, sind die meisten Frauen sowie ihre Männer froh, daß es eine Möglichkeit gibt, mit der sie verhindern können, daß Kinder mit diesen Krankheiten zur Welt kommen.

Das Geschlecht ist keine Krankheit. Wir verdanken es jedoch ebenfalls nur einem einzigen Gen. Leider haben viele Eltern beim Geschlecht ihrer Kinder starke Präferenzen. Selbst im emanzipierten und aufgeklärten Westen bevorzugen die meisten eher einen Sohn als eine Tochter; in vielen unterentwickelten Ländern der Erde ist das Töten weiblicher Säuglinge gängige Praxis. Für unsere Gesellschaft ist eine nur zur Geschlechtsbestimmung durchgeführte pränatale Untersuchung nicht annehmbar; das Trennen männlicher und weiblicher Spermien wird dagegen beinah widerspruchslos hingenommen. Dieses Auswahlverfahren ist schwierig, teuer und würdelos; das wird zum Glück seinen generellen Einsatz verhindern. Man kann sich jedoch leicht ein „Do it yourself"-Spermienbehandlungskit vorstellen, der den Eltern dieselbe Möglichkeit bietet – allerdings mit einer geringeren Genauigkeit. Das entsetzt mich, obwohl ich nicht sagen kann, warum. Vielleicht weil es so leicht wäre, so etwas durchzuführen.

Die Methodik der künstlichen Befruchtung ist im Bereich der Tierhaltung und -züchtung bereits weit entwickelt; ihr wachsendes Potential führt zu neuen Problemen, die ab einem gewissen Stadium entschlossen angegangen werden müssen. Man kann heute bereits Embryonen im Acht-Zellstadium genetisch untersuchen. Dafür entnimmt man dem Embryo eine Zelle und testet sie auf genetische Veränderungen. Dann kann man je nachdem, wie der Test ausfällt, den Embryo verwerfen oder in die Gebärmutter einpflanzen. Viele Frauen ziehen das eventuell einer Abtreibung vor; es ist jedoch technisch sehr aufwendig und für die Frauen selbst keineswegs einfach. Von der Technik her ist es sogar möglich, die Zellen in einem frühen Embryonalstadium zu vereinzeln und jede dieser Zellen zu einem Embryo heranwachsen zu lassen. Das kann sogar zum Wohl der Mutter geschehen, da es ihr die Schmerzen und Anstrengungen vielfacher Operationen ersparen kann, die ansonsten nötig wären, um ihr weitere Eizellen zu entnehmen. Aber auch in diesen Fällen sind die ethischen Probleme nicht einfach zu lösen.

Bei weniger schweren Erbkrankheiten ist die Antwort auf die Frage, wann der Einsatz pränataler Tests „korrekt" ist, noch problematischer. Die adulte polycystische Nierenerkrankung (APKD) beispielsweise führt unweigerlich zu einem Nierenversagen. Eine schwangere Mutter wird sich, da bin ich mir sicher, lange und genau überlegen, ob sie ein Kind auf die Welt bringen soll, das dazu bestimmt ist, an Nierenversagen zu leiden. Der Ausfall der Nieren bringt es auf jeden Fall mit sich, daß das Leben des Kindes schwierig wird; denn es wird von der Dialyse oder den nicht unerheblichen Gefahren und den Enttäuschungen einer Nierentransplantation geprägt sein. Allerdings wird der Nierenverfall für alle, die mit einem APKD-Gen geboren werden, erst in mittleren Jahren zu einem Problem. Die Therapie bei Nierenversagen wird ständig verbessert, und es ist gut möglich, daß das Problem der Organabstoßung nach einer Transplantation in den nächsten zwanzig Jahren gelöst wird. Ist unter diesen Umständen eine Abtreibung gerechtfertigt?

Man kann diese Frage nicht einfach mit ja oder nein beantworten. Stattdessen wird in einer Gesellschaft, in der Abtreibungen aus sozialen Gründen an der Tagesordnung sind, jeder für sich selbst entscheiden müssen, ob er seinen Kindern eine bestimmte Krankheit weitergeben will oder nicht. APKD ist eine dominante Erbkrankheit: Wer das Gen hat, hat auch die Krankheit; es gibt keine symptomlosen Merkmalsträger in der Bevölkerung. Selbst wenn sich nur fünf Prozent der Mütter, die einen Fötus mit dem APKD-Gen tragen, für eine Abtreibung entscheiden, wird die Verbreitung der Krankheit in der Gesellschaft stetig abnehmen, bis sie schließlich vollkommen verschwunden ist. Dasselbe gilt für die Huntington-Krankheit und für erbliche Krebsformen.

Das Argument, es könne nur gut sein, wenn die Welt von Krankheiten wie APKD oder Huntington befreit wäre, ist sicher vernünftig. Doch was ist mit den Genen für allgemein verbreitete Krankheiten? Von 40 Menschen trägt einer das Gen für die cystische Fibrose. Das bedeutet wahrscheinlich, daß Personen, die nur ein solches Gen haben, irgendeinen Vorteil davon haben – im Gegensatz zu denen, die zwei anomale Gene geerbt haben und ernstlich behindert sind. Wahrscheinlich liegt der Vorteil in der Resistenz gegenüber einer Infektion, möglicherweise gegenüber Tuberkulose. Momentan ist die Menschheit dem krankheitsauslösenden Bakterium, *Mycobacterium tuberculosis*, überlegen. Doch das *Mycobacterium* wehrt sich und ist mit Stämmen, die gegen viele Antibiotika resistent sind, wieder stark auf dem Vormarsch. Werden wir möglicherweise einfach dadurch, daß wir das CF-Gen aus der Bevölkerung heraustesten, wieder anfällig für neue Tuberkulose-Epidemien? Wir wissen nicht, wie die Antwort auf diese Frage lautet. Wir können uns jedoch andere Populationen ansehen, etwa die Menschen in Afrika, und dann ganz beruhigt sein. Denn in Afrika ist das CF-Gen sehr selten, und die Menschen dort scheinen darunter nicht sonderlich zu leiden. Das Problem ist jedoch sowieso nicht akut, weil CF wie Thalassämie und Sichelzellanämie eine rezessiv vererbte Krankheit ist. Aufgrund der pränatalen Diagnostik werden nur Embryonen oder Föten abgetrieben, die zwei Kopien der anomalen Gene aufweisen. Solange man nicht auch die Merkmalsträger abtreibt, werden die fehlerhaften Gene in absehbarer Zukunft nicht aus der Bevölkerung verschwinden. Da jedoch nicht alle gängigen Erbkrankheiten rezessiv sind, stoßen wir erneut auf das Problem, wenn wir uns einem weiteren Aspekt der Gentests zuwenden: dem Austesten genetischer Varianten, die noch häufiger sind als CF – Gene, die ihre Träger für die komplexen genetisch bedingten Volkskrankheiten anfällig machen.

Das schlagendste Beispiel dafür ist das ApoE4-Gen, das, wie in „Komplexe Krankheiten" (S. 119) beschrieben, eng mit der Alzheimer-Krankheit gekoppelt ist. Es ist Mitglied einer Genfamilie, zu der auch ApoE2 und ApoE3 gehören. Menschen mit zwei Kopien von ApoE4 haben ein 90prozentiges Risiko, mit 75 Jahren an Alzheimer zu erkranken. Personen mit Kopien von ApoE2 oder ApoE3 erkranken dagegen nur mit 20prozentiger Wahrscheinlichkeit. Als die Kopplung zwischen der Alzheimer-Krankheit und ApoE4 veröffentlicht wurde, standen binnen Monaten Mitglieder von Familien, in denen diese Krankheit vorkam, Schlange, um sich auf ApoE4 untersuchen zu lassen. Kurz darauf wurde in *Science* und *Nature* für entsprechende Testkits geworben. Noch ein paar Monate später berichtete eine französische Gruppe, ApoE2 sei mit Langlebigkeit gekoppelt.

Unter diesen Umständen waren die Bedingungen für einen genetischen Test denkbar schlecht. Der wissenschaftliche Befund, daß ApoE4 mit präsenilem Schwachsinn gekoppelt war, war noch längst nicht ausgereift. Das reale Risiko, schwachsinnig zu werden, konnte viel geringer sein, als die ersten Studien ergeben hatten. Das bedeutet kein Versagen der ursprünglichen Forschungsarbeiten, sondern zeigt nur, wie neue Erkenntnisse zustande kommen; es dauert lange und erfordert viel Arbeit, bis Befunde wie diese richtig interpretiert werden können. Die von den ApoE4-Genen abgelesenen Proteine transportieren normalerweise die Fette im Blut. Es ist gut möglich, daß der Schwachsinn in Verbindung mit ApoE4 auf eine Verstopfung der Arteriolen im Gehirn zurückzuführen ist. Vielleicht stellt sich heraus, daß die ApoE4-Demenz nicht die wahre Alzheimer-Krankheit ist, sondern eine eigene Krankheit mit anderen Prognosen und daher auch anderen Behandlungsmöglichkeiten. Eine arterielle Ursache würde auch zu der Langlebigkeit passen, die ApoE2 anscheinend verleiht.

All das bedeutet, daß es noch viel zu früh ist, um auf ApoE zu testen. Gegenwärtig gibt es noch keine Heilung für Alzheimer-Patienten, und Personen mit dem ApoE4-Gen werden unter Umständen die nächsten vierzig Jahre ihres Lebens mit der völlig irrigen Befürchtung verbringen, sie würden auf ihre alten Tage schwachsinnig werden. Kommerzielle Interessen drängen auf die allgemeine Einführung eines ApoE4-Tests. Es gibt jedoch noch keine Möglichkeit, den Menschen zu helfen, bei denen der Test positiv ausgefallen ist. Es gibt keinen, der das Testergebnis erklären kann, weil man noch nicht die richtigen Antworten kennt. Wie soll Ordnung in dieses unglückselige Durcheinander kommen? Die Antwort fällt nicht leicht. Es wird auf jeden Fall hilfreich sein, die Öffentlichkeit zu einem kritischen Umgang mit Gentests zu erziehen.

Man sollte sich die Gene für komplexe genetisch bedingte Krankheiten als eine Art von Risikofaktor vorstellen, wobei vor allem betont werden muß, daß ihr Vorhandensein nicht zwangsläufig zur Erkrankung führt. Eine solche Veranlagung sollte stattdessen die Betroffenen veranlassen, alles in ihrer Umwelt zu meiden, was ihnen schaden könnte.

Eines von zehn Kindern erkrankt heute an Asthma – der Krankheit, mit der ich mich beschäftige – und es sieht so aus, als sei die Tendenz steigend. Asthma bei Kindern ist auf ihre sogenannte atopische Konstitution zurückzuführen, die sich in ihrer Neigung zu Allergien zeigt. Unter Umständen gehört die halbe Bevölkerung zu den Atopikern. Es ist deshalb falsch, diesen Zustand überhaupt als eine Krankheit zu betrachten: Wäre Atopie noch weiter verbreitet, würde man es als anomal ansehen, nicht Atopiker zu sein.

Die Zahl der Asthmakranken hat vor allem in den letzten 30 bis 40 Jahren zugenommen. Dieser Anstieg läßt sich nicht auf Veränderungen in unserem genetischen Repertoire zurückführen. So etwas würde eher Jahrhunderte als Jahrzehnte dauern, und darüber hinaus wäre dafür ein enormer evolutionärer Druck erforderlich. Von einem solchen Druck wissen wir jedoch nichts. Man kann die Zunahme an Asthmafällen nur auf eine Art erklären: Unsere Umwelt hat sich verändert.

Um welche Umweltfaktoren es sich dabei handelt, ist noch unbekannt. Ein populärer und häufig zitierter Kandidat ist die Umweltverschmutzung. So verschlimmert sich eindeutig die Krankheit, wenn beispielsweise die Eltern Zigaretten rauchen; Dieselabgase haben die gleiche Wirkung. Die Umweltverschmutzung ist jedoch in den westlichen Gesellschaften eher rückläufig. Das viktorianische London mit seinen dichten gelblichen Nebeln war erheblich schmutziger als das London, wie wir es heute kennen; trotzdem war Asthma damals viel seltener.

Die Ursache für den Anstieg der Asthmaerkrankungen ist wahrscheinlich sehr viel eher in der zunehmenden Häufigkeit der Hausstaubmilbe zu suchen. Dieses kleine Ungeheuer trägt den schönen Namen *Dermatophagoides*, die „Hautfresserin". Man findet die Milbe überall, im Bettzeug wie in den Teppichen. Sie ernährt sich dort und an anderen warmen und feuchten Plätzen von den Hautschuppen, die wir Menschen permanent verlieren. Die Milbe verabscheut die Kälte; Zentralheizungen haben deshalb ihre Fähigkeit, zu gedeihen und sich zu vermehren, enorm gesteigert. In Japan haben die traditionellen Häuser Holzfußböden. Sie sind häufig so gebaut, daß die Luft in einem Hohlraum unter den Dielen zirkulieren kann. In dem Maße, in dem die Japaner nach und nach zu westlichen Wohnungen und Bettzeug übergegangen sind, vermehren sich auch bei ihnen die Milben und mit ihnen die Asthmafälle.

Man kann der Hausstaubmilbe jedoch nicht sämtliche Allergien und Asthmafälle anlasten. In den nordischen Ländern ist der Frühling in der Regel kurz und intensiv. Die Birke ist in ganz Skandinavien weit verbreitet, und während des Frühlings blühen alle Birken zur selben Zeit. Für ein paar Wochen sind dann die Straßen und Büros voll von niesenden und keuchenden Leuten. Dieses Phänomen hat eine interessante Folgeerscheinung: Kinder, die in den drei Frühlingsmonaten geboren werden, haben für den Rest ihres Lebens ein höheres Risiko, eine Allergie gegen Birkenpollen zu entwickeln. Das bedeutet, daß es kurz nach der Geburt eine kritische Phase gibt; wird man in dieser Zeit „Allergenen" ausgesetzt, kann das eine lebenslange Allergie zur Folge haben. Richard Sporik und Thomas Platts-Mills haben gezeigt, daß dasselbe auch für die Hausstaubmilbe gilt. Überschreitet die Konzentration an Hausstaubmilben im Haus eines Babys in dessen erstem Lebensjahr einen bestimmten kritischen Wert, dann steigt die Wahrscheinlichkeit, daß das Kind in seinem späteren Leben Asthma bekommt, erheblich.

Bei Asthma zielen deshalb Gentests in eine andere Richtung. Findet man bereits kurz nach der Geburt heraus, daß ein Kind genetisch für Allergien prädisponiert ist, dann kann man Maßnahmen ergreifen, damit es weniger mit Hausstaubmilben oder anderen möglichen Allergenen wie Kuhmilch in Berührung kommt. Studien von David Hide auf der Isle of Wight haben bereits gezeigt, daß man die Anfälligkeit von Neugeborenen für Asthma oder Ekzeme in ihrem späteren Leben reduzieren kann, wenn man bestimmte Umwelteinflüsse verändert.

Das Beispiel des Asthma wirft noch einmal ein Licht auf die Problematik der Gene für Volkskrankheiten – ein Faktor, der bei komplexen genetisch bedingten Erkrankungen wichtig sein könnte. Sind 50 Prozent einer Bevölkerung Atopiker, dann ist klar, daß ein Vorteil damit verbunden sein muß, ein Atopie-Gen zu besitzen. Der Vorteil beruht wahrscheinlich auf einer Resistenz gegen Parasitenbefall. Nach Überzeugung von Genetikern können sich Gene, die bei mehr als einem Prozent der Bevölkerung vorhanden sind, dort nur deshalb halten, weil sie dem Merkmalsträger irgendeinen Vorteil verschaffen. Jede Art von Gentest, die dazu führen würde, daß diese weit verbreiteten Gene in der Bevölkerung seltener würden, könnte sehr ernste Folgen haben.

Andere allgemein verbreitete Gene, die beispielsweise eine Veranlagung für zu hohen Blutdruck, für Altersdiabetes oder hohen Blutfettspiegel vermitteln, könnten ebenfalls positive Wirkungen haben. Ein Vorteil des Bluthochdrucks ist nicht bekannt. Doch Diabetes-Gene oder Gene, die die Fettkonzentration im Blut verändern, haben sich wahrscheinlich entwickelt, damit wir besser mit Ernährungsmängeln zurechtkommen.

Sobald man die allgemein verbreiteten Gene für eine Veranlagung isoliert hat, wird es wahrscheinlich aus pragmatischen Gründen irgendeine Art von Programm geben, um diese Gene in der Bevölkerung zu testen. Wird das zu unerwünschten Effekten im Genpool der Bevölkerung führen? Das wäre denkbar, wenn wir unsere Ehe- oder Lebenspartner nur aufgrund der Ergebnisse ihres Gentests auswählten oder aus denselben Gründen eine Abtreibung für wünschenswert erachteten. Beispielsweise könnten zwei Menschen von einer Heirat absehen, wenn ihre Kinder dazu verurteilt wären, mit zwanzig an einem Myokardinfarkt zu sterben. Das wäre allerdings nur äußerst selten der Fall. Soweit ich sehen kann, verzichten Leute nicht deshalb auf die Ehe, weil ihre Kinder einen Cholesterinwert im Blut haben könnten, der 25 Prozent über dem Durchschnitt liegt, oder fordern eine Abtreibung, weil ihr Kind mit 50prozentiger Wahrscheinlichkeit zwischen fünfzehn und vierzig Jahren Heuschnupfen bekommt. Doch das genau sind die „Risiken", denen man mit solchen weit verbreiteten Veranlagungen ausgesetzt ist. Liebe ist viel zu irrational, um sich von solch lächerlichen Handicaps beeinflussen zu lassen. Höchstwahrscheinlich werden Tests auf diese Risikofaktoren hin dazu beitragen, daß verstärkt vorbeugende Maßnahmen gegen zukünftige Krankheiten ergriffen werden.

Allgemein verbreitet ist auch die Befürchtung, die Informationen, die sich aus Untersuchungen auf diese Art von Risikofaktoren hin ergeben, könnten in die falschen Hände geraten – seien es Versicherungsunternehmen oder der Staat. Zweifellos werden Versicherungsunternehmen, sofern es von Nutzen für sie ist, alles mögliche tun, um an genetische Informationen heranzukommen. Auch dabei ist nicht klar, wie man damit umgehen soll. Man sollte jedoch nicht vergessen, daß genetische Informationen längst routinemäßig in großem Umfang gesammelt werden: Versicherungsunternehmen fragen regelmäßig, ob in der Familie Personen vorzeitig gestorben sind, sie verlangen Tests über die Höhe der Cholesterinwerte, des Blutdrucks und des Blutzuckers. Außerdem ist es längst üblich und in unserer Gesellschaft allgemein akzeptiert, die Bevölkerung auf Bluthochdruck und Cholesterinwerte hin zu untersuchen.

Es ist deshalb gut möglich, daß – gemäß der Maxime: Vorbeugen ist besser als heilen – die genetischen Methoden, mit denen Veranlagungen ausgetestet werden können, ohne Probleme von der Allgemeinheit akzeptiert werden. Es könnte jedoch genausogut sein, daß die augenblicklich üblichen direkten Messungen des Blutdrucks oder des Blutfettwertes den vorausblickenden Versicherungsunternehmen viel mehr nutzbringende Informationen liefern können als jeder genetische Test. Bei einer Genvariante ist es bis zur Krankheit doch ein paar Schritte weiter als bei einer tatsächlich vorhandenen physiologischen Abweichung von der Norm.

Gentests offenbaren erst richtig ihre Schattenseiten, wenn sie in irgendeiner Weise der Bevölkerung aufgedrängt werden. In Westeuropa und den Vereinigten Staaten würde ein Erlaß einer Regierung, jeder solle sich auf Sichelzellanämie untersuchen lassen, wahrscheinlich – wenn auch nicht sicher – als zu autoritär abgelehnt werden. Einem ähnlichen Erlaß für die cystische Fibrose würde sich die breite Öffentlichkeit ganz bestimmt widersetzen. Subtilere Formen des Drucks, ausgeübt beispielsweise von Wohltätigkeitsorganisationen, würden dagegen wohl in beiden Fällen sehr viel weniger Opposition hervorrufen und hätten letztlich genetisch denselben Effekt. Der springende Punkt ist hier wahrscheinlich die Entscheidungsfreiheit des Einzelnen.

Die Schwierigkeiten, die sich ergeben, wenn Gene getestet werden sollen, die Krankheiten auslösen, sind deshalb alles andere als trivial. Bis zum Ende des Jahrhunderts werden zwanzig oder mehr bedeutende Risikofaktoren identifiziert worden sein – und jeder wird seine eigenen Probleme mit sich bringen. Mit Hilfe eines gesunden Menschenverstandes, einer angemessenen Aufklärung der Wissenschaftler und der Öffentlichkeit sowie einer öffentlichen Debatte kann es vielleicht einen Weg geben, mit diesen Schwierigkeiten fertig zu werden. Tests für Krankheitsgene sind eine Sache, Tests auf Gene für „wünschenswerte" Eigenschaften wie Intelligenz oder Schönheit sind jedoch noch etwas völlig anderes; etwas, das erhebliche Gefahren mit sich bringen könnte. Auf diese Gene will ich im letzten Kapitel eingehen.

Kapitel 13

Allheilmittel

Tests auf Erbkrankheiten dienen eigentlich nur der Prävention. Das wirklich Spannende an der neuen Genetik ist jedoch, daß die Entdeckung von Krankheitsgenen auch unmittelbar zu besseren Behandlungsansätzen oder gar Heilungsmöglichkeiten führen kann. Von der Entdeckung eines Gens führt allerdings kein direkter Weg zur Entdeckung eines Heilmittels; alles hängt davon ab, wie und wo das Gen wirkt.

Am günstigsten ist es, wenn das intakte Gen ein Protein oder Hormon codiert, das im Blut zirkuliert. Dann kann man das menschliche Gen klonieren und dem Patienten als Therapie unbegrenzte Mengen des fehlenden Proteins injizieren. Der Erfolg einer Firma wie Genentech beweist, daß das möglich ist. Bei Krankheiten wie juvenilem Diabetes oder Anämie im Anschluß an ein Nierenversagen besteht ein Mangel, der durch Proteine von klonierten Genen korrigiert werden kann. Solche Mängel sind jedoch nur selten genetischer Natur, und den meisten Erbkrankheiten ist nicht durch eine einfache Substitutionstherapie beizukommen.

Manchmal codiert das fragliche Gen einen Rezeptor für ein zirkulierendes Hormon oder auch für einen Wachstumsfaktor. Wird die Krankheit durch eine komplexe Veränderung des Rezeptorgens ausgelöst, kann man den Rezeptor möglicherweise nicht reparieren. In komplexen Krankheiten wie Bluthochdruck oder Asthma muß das Gen für den Rezeptor oder das Hormon nicht völlig defekt sein, sondern unterscheidet sich möglicherweise nur unwesentlich von der gesunden Form. Derartige Rezeptoren und Schalter kann man durch konventionelle Arzneimittel beeinflussen.

In großen pharmazeutischen Unternehmen wie Glaxo oder Sandoz lagern Tausende von chemischen Verbindungen, die im Industriejargon „kleine Moleküle" genannt werden. Ein Großteil der besten Forschungsarbeiten über grundlegende Krankheitsmechanismen wurde in Labors dieser Firmen durchgeführt. Ziel solcher Untersuchungen ist es, neue Ansatzpunkte für Therapien vorzugeben. Häufig nutzt man dabei die Wechselwirkung verschiedener Proteine wie Hormone und Rezeptoren, sei es innerhalb der Zellmaschinerie oder auf der Zelloberfläche. Ist ein Ansatzpunkt gefunden, testet die Firma ihre kleinen Moleküle durch, bis sie einige findet, deren Form dem Hormon oder der Chemikalie, die normalerweise zu dem Rezeptor passen, so ähnelt, daß sie die Wirkung des Rezeptors beeinflussen können. An diesen Molekülen wird anschließend lange herumgebastelt, um sie für den Einsatz am Menschen spezifischer und sicherer zu gestalten.

Das spektakuläre Ergebnis einer solchen zielgerichteten Suche nach einer Behandlungsmöglichkeit war Cimetidin, ein Arzneimittel gegen Magengeschwüre. Bestimmte Zellen im Magen werden durch die Nahrung veranlaßt, Histamin auszuschütten. Dieses paßt in die Rezeptoren, die die Säureproduktion auslösen. Cimetidin blockiert das Histamin am Rezeptor und hindert so den Magen daran, Säure zu bilden. Das Medikament war ungefährlich und unglaublich erfolgreich bei der Behandlung von Magengeschwüren. Da das Geschwür nach Absetzen des Medikaments oft wieder aufbrach, war es auch kommerziell gesehen ein phantastischer Erfolg. Ranitidin wirkte ähnlich wie Cimetidin, hatte jedoch weniger Nebenwirkungen. Es wurde von der britischen Firma Glaxo erfunden und ist mittlerweile das meist gekaufte Medikament auf der Welt.

Zahlreiche Fortschritte in der Genetik haben zu neuen Therapien geführt, weil sie auf neue Ansatzmöglichkeiten für die kleinen Moleküle hingewiesen haben. Es dauert mindestens fünf Jahre, um aus einem neuen Ansatz einen effektiven Wirkstoff zu entwickeln, wahrscheinlich sogar eher zehn Jahre oder noch länger. Auf die Entdeckung einer möglicherweise nützlichen Verbindung folgen jahrelange klinische Tests, die die Zulassungsbehörde für Arzneimittel kritisch verfolgt. Rechnet man sämtliche erfolglosen Behandlungsansätze mit, die nie auf den Markt kommen, kann die Entwicklung eines neuen erfolgreichen Medikaments 200 Millionen DM und mehr kosten. Es ist deshalb wichtig, sich immer wieder klarzumachen, daß ein „Durchbruch" in der genetischen Forschung, wie ihn die Medien hinausposaunen, niemals sofort zu einem Heilmittel führt.

Außerdem sind Erbkrankheiten, die sich durch eine Behandlung mit kleinen Molekülen oder eine medikamentöse Therapie beeinflussen lassen, leider eher die Ausnahme als die Regel. Ein gutes Beispiel für den Normalfall ist die Muskeldystrophie. Ein intaktes Muskeldystrophie-Gen liefert ein Protein namens Dystrophin. Dieses verankert die kontraktilen Proteine in der Wand der Muskelzellen und wird unerreichbar tief in den Muskelfibrillen produziert. Es ist ein Strukturprotein: Muskelzellen ohne Dystrophin sind so schwach wie ein Betonhaus ohne Stahlskelett. Kleine Moleküle könnten nie die strukturellen Anforderungen eines Dystrophins erfüllen.

Da Dystrophin nicht vom Blutstrom aus in die Muskelzellen eindringen kann, spricht die Muskeldystrophie auch nicht auf eine einfache Substitutionstherapie an. Das Gen für die Huntington-Krankheit wirkt im Gehirn, das ebenfalls Proteinen nicht zugänglich ist. Man kennt die genetische Basis der Thalassämie schon seit vielen Jahren, doch die Behandlungsmöglichkeiten zur Substitution beschränken sich nach wie vor auf Bluttransfusionen. Bei der cystischen Fibrose, der häufigsten Ein-Gen-Krankheit, sind viele verschiedene Gewebe betroffen; hier spielt ein großes Protein eine Rolle, das in der Zelle gefaltet werden muß, um richtig funktionieren zu können. Damit greift auch hier eine simple Substitutionstherapie zu kurz.

Es gibt auch kompliziertere Formen der Substitutionstherapie. Einige wenige genetische Immundefekte können mit Knochenmarkstransplantationen behandelt werden. Das ist möglich, weil zahlreiche Zellen des Immunsystems im normalen Knochenmark vorkommen. Auch einige ererbte Stoffwechselstörungen lassen sich auf diese Weise therapieren, obwohl das Knochenmark des Spenders das defekte Enzym nur teilweise ersetzen kann. Zudem ist eine Knochenmarkstransplantation keine einfache Sache.

Injiziert man einem Empfänger ein fremdes Immunsystem, können sich zwei verschiedene unerwünschte Nebenwirkungen einstellen. Zum einen stößt das Immunsystem des Rezipienten unter Umständen das Transplantat ab, so daß damit jegliche positive Wirkung der gesamten Prozedur hinfällig wird. In diesem Fall ist es von Vorteil, wenn ein schwerer Immundefekt vorliegt, da der Wirt dann das Transplantat nicht mehr abstoßen kann. Unglücklicherweise kann jedoch auch ein übertragenes fremdes Knochenmark den Rezipienten abstoßen und so eine Reaktion des Transplantats gegen den Wirt auslösen. Das kann sowohl für die Haut als auch für viele innere Organe sehr ernste Folgen haben. Beide Arten der Abstoßung müssen mit starken Immunsuppressiva behandelt werden, die viele Nebenwirkungen haben und das unglückliche Opfer zum Spielball zahlreicher Infektionen machen können. Dank der Fortschritte im Umgang mit immunologischen Abstoßungsreaktionen kann man vielleicht die Transplantatabstoßung in zehn bis zwanzig Jahren vollkommen verhindern. Man wird dann häufig Knochenmarkstransplantationen zur Therapie einsetzen können; augenblicklich eignet sich diese Methode jedoch noch nicht als Heilverfahren für die meisten Erbkrankheiten.

Um ein intaktes Protein oder Gen in ein Gewebe einzubringen, dem diese Elemente fehlen, wünscht man sich deshalb andere Methoden. Hier betreten wir die Welt der Gentherapie, über die schon viel gesprochen und geschrieben worden ist.

Es schien utopisch, Gene jemals in etwas so komplexes wie eine eukaryotische Zelle – also eine Zelle mit Kern – einbauen zu können. Längst ist es alltäglich geworden, Gene in Bakterien einzusetzen; aber Bakterien sind simpel, und bei ihnen kann man die fremden Gene einfach in Plasmide inserieren, die vom Hauptchromosom des Bakteriums unabhängig sind.

Zur allgemeinen Überraschung lassen sich jedoch fremde Gene ganz einfach in eine Zelle einführen, entweder, indem man sie direkt in den Kern injiziert oder indem man die Zelle mit Glaskügelchen beschießt, die mit Genen beschichtet sind. Sind die Gene erst einmal im Innern der Zelle, werden sie häufig von der normalen DNA aufgenommen und funktionieren – zumindest in etwa.

Mit genau diesem Verfahren, der Integration von Genen aufs Geratewohl, kann man auch „transgene" Tiere herstellen. Dabei injiziert man in die Eizellen eines Tieres

DNA oder beschießt sie damit. Einige Nachkommen werden dann die fremden Gene in ihre eigenen einbauen. Auf diese Weise kann man Ziegen dazu bringen, menschliche Proteine herzustellen, und Mäuse mit einer Anlage ausstatten, Krebs zu entwickeln. Das ist zwar sehr clever, alles in allem aber nicht unbedingt positiv.

Die Fremdgene werden zufällig in das Genom des Wirtstiers eingebaut. Dabei landen sie fast immer an der falschen Stelle. Folglich fehlen ihnen die Sequenzen, die normalerweise garantieren, daß sie richtig funktionieren. Sie sind deshalb eventuell immer oder, was häufiger vorkommt, nur sehr schwach aktiv. Sehr oft befinden sich mehrere Kopien des Fremdgens auf verschiedenen Chromosomen. Manchmal setzt sich das Gen an eine gefährliche Stelle, reißt beispielsweise ein Tumorsuppressor-Gen auseinander oder aktiviert ein Onkogen.

Diese transgenen Tiere sind deshalb genetische Monster, die mit normalen Tieren nichts mehr zu tun haben. Häufig sind sie aufgrund des zusätzlichen genetischen Materials, das in ihrem Genom verteilt ist, deformiert oder behindert. Mit Abscheu erinnere ich mich hier an die Geschichte von H.G. Wells über Dr. Moreau, der Vivisektionen durchführte, oder an die sowjetischen Experimente aus den 60er Jahren, bei denen einem Hund der Kopf eines anderen Hundes aufgesetzt wurde. Die Herstellung solcher Monster erweckt zwar den Anschein von Wissenschaft, da sie mit wissenschaftlichen Methoden arbeitet, doch im Gegensatz zur wahren Wissenschaft verstehen oder erkennen wir dadurch etwas nicht wirklich besser. Es macht keinen rechten Sinn, eine Ziege oder eine Kuh dazu zu bringen, menschliche Proteine in ihrer Milch zu erzeugen. Es ist viel einfacher, tierische Zellen oder Hefezellen in Bottichen und Fermentern Proteine produzieren zu lassen. Auch ethisch erscheint mir das einwandfreier. Ein bekanntes Beispiel für ein transgenes Tier ist die „Krebsmaus". Sie wurde gentechnisch so verändert, daß sie Krebs bildet. Dieses arme Geschöpf, das sich die Harvard University patentieren ließ, wird nicht nur geboren, um früh zu sterben, sondern leidet außerdem noch furchtbar unter den Tumoren, denen es nicht entrinnen kann, und zu allem Überfluß noch unter der experimentellen Chemotherapie, für deren Überprüfung es vermarktet wird. Es gibt andere Möglichkeiten, Mittel für die Chemotherapie zu testen, bei denen man nicht auf empfindungsfähige Tiere angewiesen ist. Zudem ist die moralische Rechtfertigung, ein solches Geschöpf zu schaffen, äußerst fragwürdig.

Pflanzen hingegen haben nicht die Gefühle von Säugetieren; ihnen kann man Fremdgene einfach und problemlos einsetzen. Die Gene, die Pflanzenzüchter einzuführen versuchen, übertragen Resistenzen gegen Insekten oder steigern den Ertrag von Nutzpflanzen. In diesen Fällen liegt der Nutzen des Verfahrens einigermaßen klar auf der Hand. Es kann jedoch passieren, daß die Gene in ihren neuen Wirten nicht stabil sind, oder daß die Insekten gegenüber den neuen Pflanzen schnell resistent werden. Außerdem befürchtet man ungeahnte Konsequenzen, wenn die Pflanzen in der freien Natur gezogen werden dürfen. Solche Ängste basieren oft auf mangelhafter Information und Antipathien gegenüber der technologischen Entwicklung; da sie jedoch lautstark geäußert werden, garantieren sie zumindest, daß die Pflanzen nach wissenschaftlich kontrollierten Richtlinien eingeführt werden.

Obwohl der Vorteil transgener Tiere für die Wissenschaft und die Menschheit eher ungewiß ist, muß nicht jede Forschung falsch sein, bei der Gene von Tieren experimentell verändert werden. Ein gutes Beispiel dafür ist die „Knockout-Maus", bei der ein bestimmtes einzelnes Gen zerstört wird. Diese Art von Experiment ist wissenschaftlich sehr viel ergiebiger, als nach dem Zufallsprinzip fremde Gene ins Genom einzubauen. Denn damit läßt sich mit größerer Sicherheit die Frage beantworten, was das Gen bewirkt. Knockout-Mäuse wurden benutzt, um die vielen verschiedenen Gene, die im Immunsystem zusammenwirken, logisch aufzuschlüsseln; anders wäre diese Aufgabe nicht zu lösen gewesen. Mit den Knockout-Mäusen stehen den Wissenschaftlern außerdem Tiermodelle für spezielle Krankheiten des Menschen wie die cystische Fibrose zur Verfügung. Mit Hilfe dieser Tiere können dann, wiederum hochspezifisch und fundiert, neue Medikamente getestet werden.

Die Forschungsarbeiten an transgenen Tieren haben gezeigt, daß es möglich ist, fremde Gene in Tierzellen einzusetzen und dort arbeiten zu lassen. Zumindest theoretisch könnte man also fehlerhafte Gene durch entsprechende normal funktionierende Gene ersetzen. Darauf basiert die Gentherapie – mittlerweile ein heiß umstrittenes Thema in der Genetik, bei dem man noch auf enorme Probleme stoßen wird, die bis jetzt noch nicht allgemein diskutiert worden sind.

Die breite Öffentlichkeit verbindet mit der Gentherapie vor allem die cystische Fibrose. Es wurde bereits auf verschiedene Weise versucht, normale CF-Gene in die Zellen der Lungenschleimhaut einzuschleusen; man bedient sich dabei eines Trägers – im wissenschaftlichen Fachjargon „Vektor" genannt.

In den Vereinigten Staaten hat man ein umgebautes Influenzavirus als Vektor ausprobiert. Der Gedankengang, der diesem Ansatz zugrunde lag, war einfach folgender: Das Influenzavirus ist bereits darauf programmiert, in die Lungenschleimhaut einzudringen und dort seine eigenen Gene einzuschleusen. Erste Experimente aus dem Jahr 1993 haben gezeigt, daß das modifizierte Virus tatsächlich in der Lage ist, ein normales CF-Gen in die Lunge zu transportieren. Das Gen erfüllte seine Aufgabe immerhin gut genug, um die Lungenfunktion in einigen Parametern zu verbessern. Da ein Bruchteil der normalen Lungenfunktion ausreicht, um die CF-Symptome zu unterdrücken, waren diese Befunde äußerst ermutigend.

Sofort tauchte jedoch ein Problem auf. Das Immunsystem der CF-Patienten erkannte Virus und Vektor und griff sie an. Jeder, der schon einmal eine gewöhnliche Erkältung gehabt hat, weiß aus eigener Erfahrung, wie das Immunsystem nach einer Infektion zum Angriff auf das Virus übergeht. Die Nasenschleimhaut rötet sich, schwillt an und erhöht ihre Schleimproduktion. Die Nase läuft. Diese Art von Entzündung hat in den Lungen von CF-Kindern wesentlich ernstere Konsequenzen. Das erkannte man schnell, als man das veränderte Virus in die Lungen einiger Kinder gesprüht hatte. In einem Fall wurde ein Kind nach der Behandlung erst recht krank. Es gibt jetzt ernsthafte Überlegungen, auf einen Einsatz dieses Vektors zu verzichten.

In England, speziell im Labor von Bob Williamson am St. Mary's Hospital in Paddington arbeiten die Wissenschaftler mit einem anderen Vehikel für das CF-Gen. Das Team von Williamson benutzt „Liposomen"; diese ähneln Fettkügelchen oder ganz einfachen Zellen. Im Gegensatz zu den Viren können sie das Gen an sein Ziel bringen, ohne eine Entzündungsreaktion auszulösen. Damit die Liposomen in die Lungen gelangen können, werden sie zerstäubt. Diesen „Nebel" atmen dann die Patienten durch eine Maske ein.

Obwohl die ersten Ergebnisse mit den Liposomen ermutigend sind, müssen noch viele Hindernisse überwunden werden. Da sich die Lungenschleimhaut alle paar Wochen erneuert, muß die Therapie in regelmäßigen Abständen wiederholt werden. Vereinzelt treten auch Entzündungsreaktionen gegenüber den Liposomen auf. Unter Umständen erreicht man mit dieser Therapie entscheidende Bereiche der Luftwege nicht, so daß die Lungenfunktion trotz allem weitgehend gestört bleibt. Hier wird man erst mit der Zeit und nach vielen weiteren Versuchen eine Lösung finden.

Beim augenblicklichen Stand des Wissens ähnelt die Wirkung der Gentherapie eher einer Schrotflinte als einem Gewehr. Das Ersatzgen wird genau wie bei den transgenen Mäusen irgendwo im Wirtsgenom eingebaut. Das bedeutet, daß die normalen Kontrollsequenzen des Gens fehlen. Da ein Bruchteil der Wirkung eines normalen Gens ausreicht, um eine CF-Anomalie zu beseitigen, ist es in diesem Fall wahrscheinlich nicht problematisch, daß eine präzise Kontrolle fehlt. Für Krankheiten wie die Thalassämie, bei der die Produktion zweier Hämoglobinproteine exakt aufeinander abgestimmt sein muß, ist es jedoch unerläßlich, daß das Ersatzgen einer völlig normalen Kontrolle unterliegt. Das ist jedoch überhaupt noch nicht möglich.

Da die Gene nach dem Schrotschußprinzip in die Zellen geschossen werden, werden dabei vereinzelt normale Gene zerstört – manchmal auch Tumorsuppressor-Gene. Auf diese Weise kann man mit der Gentherapie auch Krebs verursachen. Frühe Versuche mit einer Gentherapie bei Krankheiten des Knochenmarks oder bei Immundefekten ließen die Vermutung aufkommen, daß auf diese Weise Krebs entstehen kann. Noch weiß man allerdings nicht, ob der Krebs wirklich der Therapie oder der zugrundeliegenden Krankheit zuzuschreiben ist. Möglicherweise ist in einigen Geweben die Chance, Krebs zu entwickeln, deutlich größer als in anderen: Das Knochenmark ist voller Zellen, die sich schnell teilen. Es ist deshalb ein guter Nährboden für krebsartiges Wachstum. Im Gegensatz dazu ist der Lungenkrebs zumindest bei Nichtrauchern recht selten. Eine Gentherapie im Bereich der Lungen wäre daher möglicherweise weniger riskant als eine Therapie im Knochenmark.

Trotzdem sind Krankheiten des Knochenmarks sowie Immundefekte die vielversprechendsten Kandidaten für eine Gentherapie. An das Knochenmark kann man leicht herankommen. Alle Zellen des Knochenmarks und damit alle weißen und roten Blutkörperchen, entwickeln sich aus „Stammzellen". Diese äußerst primitiven Zellen werden anspruchsvoll als „pluripotent" bezeichnet, da sich aus ihnen sämtliche weißen und roten Blutkörperchen entwickeln. Sie sind jedoch recht unscheinbar in ihrem Aussehen. Erst in den letzten beiden Jahren ist es gelungen, sie von anderen Zellen des Marks zu trennen.

Hat man erst einmal die Stammzellen isoliert, können sich alle Gentherapieversuche ganz auf sie konzentrieren. Nach Einbringen des Ersatzgens kann man vorsichtig ausschließlich die Stammzellen selektionieren, bei denen die neuen Gene an der richtigen Stelle inseriert sind. Diese mit Sicherheit reparierten Zellen kann man dann zurück ins Mark spritzen. Dabei wird es zu keiner Abstoßung kommen, da die Zellen vom Patienten selbst stammen und deshalb nicht als Fremdlinge angegriffen werden.

Es gibt auch Leute, die Krebs gentherapeutisch behandeln wollen. Wenn Krebs durch Onkogene ausgelöst wird, warum repariert man nicht einfach diese Gene und heilt so den Krebs? Diese sträflich vereinfachende These hat schon viele Forschungsgelder eingebracht. Bedauerlicherweise beginnt Krebs mit einem Fehler in der DNA einer einzigen Zelle. Dieser veranlaßt die Zelle, sich ungewöhnlich stark zu vermehren. Jedes Stadium der Krebsentstehung beruht nur auf einem einzigen Fehler. Jedes Mal führen die Tochterzellen dieser einen fehlerhaften Zelle den Krebs auf eine neue Stufe der Malignität. Soll eine Gentherapie Erfolg haben, muß sie jede einzelne Krebszelle erreichen. Bleibt nur eine einzige Zelle verschont, genügt das, um den Krebs wieder neu aufleben zu lassen. In absehbarer Zukunft wird es uns jedenfalls nicht gelingen, eine Gentherapie zu entwickeln, die auch nur annähernd einen nennenswerten Teil der Zellen in einem soliden Tumor erreicht.

Eine anderes mögliches Ziel der Gentherapie ist die Muskeldystrophie. Viele Fälle von Muskeldystrophie beruhen auf neuen Mutationen: Das Gen ist so lang, daß es für Brüche ungewöhnlich anfällig ist. Deshalb kann man die Krankheit auch mit dem besten Testprogramm nicht verhindern. Es ist nicht möglich, in alle Muskeln des Körpers, einschließlich des Herzens, eine DNA mit einem normalen Gen zu injizieren. Hier hätte ein viraler Vektor Vorteile. Viren besitzen raffinierte Mechanismen, bestimmte Arten von Zellen zu erkennen. Normalerweise hilft ihnen dabei ein Rezeptor, der für den jeweiligen Zelltyp charakteristisch ist. Influenzaviren infizieren nur Zellen der Luftwege, Epstein-Barr-Viren ausschließlich weiße Blutkörperchen. Nur diese Zellen haben das richtige Schloß, durch das sich das Virus mit seinem Schlüssel Eintritt verschaffen kann. Einige Viren befallen bevorzugt Muskelzellen. Sie könnten genau das sein, was man braucht, um ein normales DMD-Gen dahin zu transprotieren, wo es am dringendsten benötigt wird. Da sich Muskelzellen im Gegensatz zu den Zellen der Lungenschleimhaut nicht permanent erneuern, muß

man bei ihnen die Gentherapie wahrscheinlich nur einmal durchführen. Immunre-
aktionen und Entzündungen dürften daher kein Problem darstellen.

Eventuell gibt es Wege, Gene in Zellen einzuführen, ohne daß sie auch an unerwünschte Stellen gelangen – etwa mit Hilfe künstlicher Chromosomen. Sie könnten
sich als effiziente Vektoren für die Gentherapie erweisen, da man bereits weiß, daß
sich Säugerzellen auch mit zusätzlichen Chromosomen normal vermehren können
– auch wenn die zusätzlichen Gene in diesen Chromosomen Probleme bereiten können. Man könnte meinen, ein Chromosom hätte eine äußerst komplexe Struktur,
die sich nicht leicht gentechnisch verändern läßt. In Wirklichkeit ist jedoch alles viel
einfacher, als man sich das vorstellt. Nur drei wesentliche Elemente eines Chromosoms, sein Anfang, seine Mitte und sein Ende, sind erforderlich, damit es in allen
Tochterzellen exakt kopiert wird. Die Chromosomenenden, die „Telomere", besitzen
eine besondere Struktur, die es ihnen ermöglicht, das Chromosom bei den wiederholten Teilungen in seiner vollen Länge zu bewahren. Das Centromer, die Mitte des
Chromosoms, ist nötig, damit die Chromosomen während der Zellteilung richtig
verteilt werden.

Es gibt bereits künstliche Chromosomen, die in Bäckerhefe vermehrt wurden.
Künstliche Hefechromosomen, bekannt als „YACs" (*yeast artificial chromosomes*), sind
sehr einfach. Sie enthalten nicht sehr viel mehr als zwei Telomere und ein Centromer.
Trotzdem kann man in ihnen große DNA-Abschnitte klonieren. Baut man die YACs
in eine Hefezelle ein, werden sie in sämtlichen Tochterzellen dieser Stammzelle exakt
kopiert.

Bisher gibt es keine künstlichen Chromosomen des Menschen. William Brown
vom Department of Biochemistry in Oxford hat jedoch ein menschliches Telomer
erfolgreich isoliert und kloniert. Das menschliche Centromer ist sehr umfangreich
und ließ sich nur schwer klonieren, aber irgendwann wird man mit Sicherheit alle
für seine Funktion erforderlichen Komponenten herausgefunden haben. Kann man
sich erst einmal auf die künstlichen menschlichen Chromosomen verlassen, wird die
Gentherapie sicherer und raffinierter werden. Es wird ausgeklügelte Verfahren geben,
weil man in dem künstlichen Chromosom sämtliche komplexen Kontrollen für die
Genfunktion in der richtigen Reihenfolge zusammenstellen kann.

Was wir sehen, sind deshalb nach den erfolgreichen Genstreifzügen gerade mal
erste Ansätze neuer Therapieformen. Zweifellos werden wir am Ende besser dastehen.
Wir müssen jedoch darauf gefaßt sein, daß die Entwicklung neuer Therapien bis dahin nicht immer geradlinig verlaufen, sondern auch mit Rückschlägen gepflastert
sein wird.

Außerdem ist es wichtig, sich klarzumachen, daß aufgrund der neuen Genetik
solche Gene verschwinden werden, die eine Veranlagung für eine Krankheit enthalten. Einige dieser Gene sind allgemein verbreitet und könnten Vorteile beinhalten,
die wir noch nicht kennen. Der Genschwund wird sich in dem Maß beschleunigen,

in dem neue Krankheitsgene gefunden werden. Diese Verringerung unseres genetischen Repertoires wird uns nicht aufgezwungen, sie geschieht vielmehr, weil die Eltern es so wollen. Diese Wahl wird nur noch schwer zu kontrollieren und aufzuhalten sein. Wir sollten aber auch bedenken: Wenn wir uns schon dazu entschlossen haben, keine Krankheitsgene in unserer Bevölkerung zu dulden, was machen wir dann mit den Genen, von denen wir annehmen, daß sie sich positiv bei uns auswirken?

Kapitel 14

Müssen wir mit einer neuen Eugenik rechnen?

Viele sind mittlerweile der Meinung, die Genetiker könnten mit den ihnen heute zur Verfügung stehenden Mitteln restlos entschlüsseln, wie das Leben funktioniert. So wie es möglich war, Gene für komplexe Erbkrankheiten zu lokalisieren und zu sequenzieren, soll es auch gelingen, sämtliche Eigenschaften eines Menschen zu kartieren und zu analysieren. Schon glaubt man fest daran, ganze Charakterzüge kartieren zu können, die wir für typisch menschlich erachten, und sucht die Gene für unser Verhalten und unsere Intelligenz. Wie stark werden diese Eigenschaften von Genen beeinflußt? Wird das, was uns Menschen ausmacht, durch die Entdeckung all unserer Gene demnächst nüchtern auf gerade mal 100 000 Proteine re- duziert?

Gegen Ende des Viktorianischen Zeitalters behauptete man, Charakter und Intelligenz seien vollkommen erblich. Das war eine Sicht, die ganz der politischen Rechten entsprach. Denn sie bestätigte, daß die Aufteilung der Gesellschaft in Klassen unveränderlicher Ausdruck dieser angeborenen Unterschiede sei. Die obere Klasse war damit ihrer Verantwortung gegenüber sozial Schwächeren enthoben. Diese Sichtweise herrschte auch im nächsten halben Jahrhundert. In meiner Studentenzeit konnte man in Büchern die Behauptung lesen, der menschliche Charakter entspräche zu Beginn des Lebens einem unbeschriebenen Blatt. Auf diesem Blatt würden die Eltern erste Anweisungen für die Persönlichkeit ihres Kindes niederschreiben. Das entsprach der Psychologie der Linken: Alle Männer und Frauen werden gleich geboren.

Bis zur Geburt meiner eigenen Kinder glaubte ich, diese Bücher hätten recht. Heute scheint mir klar zu sein, daß der Charakter von Kindern schon von Geburt an weitgehend festgelegt ist. Es kann immer sein, daß Eltern oder die Umstände die Natur eines Kindes verderben, ich glaube aber nicht, daß sie ein Kind von Grund auf verändern können. Sollten Sie an der Erblichkeit von Charaktereigenschaften zweifeln und sich selbst etwa im Alter von 30, 40 oder auch etwas darüber befinden, dann schauen Sie einmal in den Spiegel. Sie werden dort nicht nur die Gesichter Ihrer Eltern, sondern auch deren Eigenheiten erkennen. Die Art, wie Sie sich am Ohr kratzen oder im Stuhl sitzen, wenn Sie müde sind: Ist das nicht ganz der Vater oder die Mutter?

Natürlich kann man nicht sämtliche Verhaltensweisen innerhalb einer Familie auf die Gene zurückführen. Schließlich zeichnet sich unsere Spezies durch ihre Lernfähigkeit aus. Wieviel ist also von Natur aus vorgegeben, wieviel anerzogen? Auch nach einer mittlerweile hundertjährigen Debatte läßt sich diese Frage immer noch nicht sicher beantworten. Mit Gewißheit können wir leider nur sagen, daß die Diskussion um die genetischen Grundlagen von Persönlichkeit und Intelligenz immer von Vorurteilen und Borniertheit geprägt war.

Seit Darwin müssen wir anerkennen, daß man offensichtlich Parallelen zwischen unserem Verhalten, unserer Persönlichkeit und der Tierwelt ziehen kann. Darwin hat darauf aufmerksam gemacht, daß wir uns nicht so stark von anderen Tieren unterscheiden, wie wir das gerne hätten. Darwin stellte den Menschen, ein Geschöpf nach Gottes Ebenbild, in eine Reihe mit Pavianen und Schimpansen; er wurde deshalb von zahlreichen Leuten diffamiert. Erst die Schriften von Konrad Lorenz und Desmond Morris versöhnten uns mit unserem tierischen Erbe; seitdem beginnt es uns sogar Spaß zu machen. Hat man erst einmal akzeptiert, daß wir unsere genetische Ausstattung mit den Tieren teilen, ist es nicht mehr weit bis zu der Einsicht, daß wir uns aufgrund unserer Gene auch wie sie verhalten.

Robert Plomin von der Pennsylvania State University hat versucht, ein bißchen Licht in das wissenschaftliche Dunkel der genetischen Grundlagen menschlichen Verhaltens zu bringen. Er weist darauf hin, daß das Verhalten der Tiere eindeutig genetisch bedingt ist und daß wir schon seit Tausenden von Jahren Tiere auf erwünschte Verhaltensweisen hin züchten. Ungerührt hat die Wissenschaft Mäuse mit verschiedenen Eigenschaften gezüchtet, zum Beispiel solche, die zur Krebsbildung neigen oder gegenüber einer Infektion immun sind. So weit, so gut; wenn man aber die Liste der Verhaltensweisen, von denen man weiß, daß sie in Mäusen genetisch bedingt sind, genauer unter die Lupe nimmt, findet man unter anderem „Neugier", „Nestbau", „Vorlieben", „Abneigungen" und „Aggressivität". Wir werden noch auf die Bedeutung dieser sonderbaren Eigenschaften zurückkommen. Im Augenblick sollten wir akzeptieren, daß sie für die Untersuchung ausgewählt wurden, weil sie meßbar sind.

Beim klassischen Versuch, Mausstämme mit hohen und niedrigen Werten für eine bestimmte Eigenschaft zu kreuzen, schlägt der Einfluß der Gene auf jede dieser Verhaltensweisen mit 50 Prozent und weniger zu Buche. Die Psychologen haben in den letzten 60 Jahren bedenkenlos von hochspezialisierten Handlungsweisen der Mäuse in Labyrinthen auf menschliche Emotionen und Ambitionen geschlossen. Doch selbst, wenn wir nur das Verhalten der Maus verstehen wollten, wären solche Schlußfolgerungen äußerst unklug – genauso wie es dumm wäre, aus einer Studie über Gefängnisinsassen generell auf das menschliche Verhalten zu schließen. Die Zuchtversuche an Mäusen beweisen nur, daß einige wenige Verhaltensweisen der Maus genetisch vorprogrammiert sind.

Anhand der Kreuzungsversuche läßt sich die Anzahl der Gene abschätzen, die bei vererbten Eigenschaften eine Rolle spielen. Die Experimente zeigen, daß diese Verhaltensweisen eher von mehreren als nur von einem oder zwei Genen bestimmt werden. In Anbetracht der enggesteckten mathematischen Grenzen dieser Versuche kann allerdings „mehrere" jede beliebige Zahl zwischen drei und 50 sein.

Wollen wir mehr über uns erfahren, als daß wir wie alle Tiere Verhalten erben können, müssen wir den Menschen ins Zentrum solcher wissenschaftlicher Studien stellen. Die erste Schwierigkeit besteht in dem Versuch, einen Charakter zu messen. Freud und Jung waren die ersten, die die Natur des Menschen klassifiziert haben. Liest man ihre Bücher, so begreift man, was für ein Riesenspaß es sein kann, das Verhalten in Kategorien einzuteilen, die nur Eingeweihten zugänglich sind. Nach ihnen kam eine Psychologengeneration, die versuchte, menschliches Verhalten und Intelligenz zu messen. Viele dieser Vorkämpfer hatten offensichtlich unselige Ansichten zum Thema „Rasse".

Hans Eysenck gilt als ein Führer dieser Generation. Er unterschied bei der Beschreibung einer Persönlichkeit drei grundlegende Größen, die er Neurotizismus, Extroversion und Psychotizismus nannte. Die Liste wurde später noch um die beiden Begriffe Verständnisbereitschaft und Gewissenhaftigkeit erweitert. Zusammen ergeben sie ein Schema, das den hochtrabenden Namen „Fünf-Faktor-Modell" erhielt. Hilft uns das weiter? In Wahrheit ist es wahrscheinlich unerheblich, ob es drei oder fünf Faktoren sind. Neurotizismus, Extroversion und Psychotizismus gehören zu einer Fachsprache, die auf der Couch des Psychoanalytikers entstanden ist. Man kann zwar erläutern, daß Neurotizismus etwa der Fähigkeit zu Gefühlsreaktionen und Extroversion der Fähigkeit, in Gesellschaft zu leben, entspricht. Doch trotz aller Erklärungsversuche haben diese Begriffe eine so spezielle Bedeutung, daß die meisten Menschen nichts damit anfangen können. Sobald man versucht, das Verhalten, das man selbst oder der Ehepartner beim Abendessen an den Tag legt, mit Eysencks Modell zu erfassen, wird sofort klar, daß unsere Motivationen und Handlungen dabei hoffnungslos vereinfacht werden müssen. Selbst auf noch naive Kinder angewandt reicht es nicht aus, um das Gewirr von Hoffnungen und Intrigen, das man jeden Tag auf dem Schulhof erleben kann, zu beschreiben.

Das beste, was man über Eysencks Begriffe und andere dieser Art sagen kann, ist, daß sie meßbar sind, oder zumindest scheinbar mit Hilfe von Fragebögen gemessen werden können, und daß diese Messung reproduzierbar ist – also bei verschiedenen Gelegenheiten bei derselben Person zum gleichen Ergebnis führt. Offenbar liegt der Gewinn dieser Zahlen darin, daß man sie für Statistiken nutzen und darauf Forschungsarbeiten über die Vererbbarkeit von Persönlichkeit aufbauen kann.

Robert Cloninger von der Washington University School of Medicine hat neuere Verhaltensmodelle vorgeschlagen. Cloninger hofft, die Gene für die Persönlichkeit mit Hilfe genetischer Kopplung finden zu können. Nach seiner Hypothese beeinflussen die vererbten Anteile der Persönlichkeit die „Aktivierung", „Aufrechterhaltung" und „Hemmung" des Verhaltens. Seiner Ansicht nach zeigt sich die Aktivierung des Verhaltens in einer Suche nach Neuem; demnach wird das Verhalten „aufrechterhalten", solange man auf Belohnung hofft, und „gehemmt", wenn es gilt, Verletzungen zu vermeiden. Diese Kennzeichnung entspricht weitgehend dem, was wir selbst in der Welt erfahren; das erleichtert es uns, sie zu verstehen. Mir scheint sie jedoch ganz grundlegende Verhaltensanreize wie Hunger, Aggression und Libido außer acht zu lassen, die von Individuum zu Individuum starken Schwankungen unterworfen sind. Wie Kreativität, Musikalität, Wahrnehmen von Schönheit oder Liebe in solche Schemata passen sollen, bleibt ohnehin unverständlich.

Das heißt nicht, daß ich diese Forschung abwerten möchte; ich will nur auf die damit verbundenen Probleme hinweisen. Wichtig ist vielleicht, daß man aufgrund von Persönlichkeitsmessungen mathematische Modelle für das Verhalten aufstellen kann – vergleichbar in ihrer Komplexität mit unseren Wettermodellen. Läßt man einmal die Frage nach der Zuverlässigkeit solcher Modelle außer acht, so ist gut möglich, daß sie eine Basis für die Suche nach den Genen des Verhaltens liefern. Trotzdem bin ich froh, daß jemand anderes dieses Gebiet erforscht und nicht ich!

Die meisten von uns werden behaupten, Intelligenz sei die einzigartige Gabe, durch die wir uns von anderen Tieren unterscheiden. Wer ehrgeiziger ist, wird sich gar darauf berufen, daß wir aufgrund der Intelligenz Gott ähnlicher sind. Der hohe Stellenwert der Intelligenz ist vielleicht der Grund, weshalb diejenigen, die sich selbst für außerordentlich intelligent halten, bei dem Versuch, die scheinbar weniger Begabten wissenschaftlich zu untersuchen, so überheblich auftreten.

Erforscht man die Intelligenz, stößt man auf dieselben Probleme wie bei der Untersuchung der Persönlichkeit. Es läßt sich nur sehr schwer genau definieren, was Intelligenz ist. Wir kennen alle den Intelligenzquotienten, IQ, der mittlerweile durch den Ausdruck „allgemeine Erkenntnisfähigkeit", „g", ersetzt wurde. Der IQ ist eine Zahl, die angibt, wie groß die Fähigkeit ist, logisch zu denken oder mathematische Rätsel zu lösen.

Der Engländer Sir Peter Medawar, der für seine immunologischen Forschungen den Nobelpreis erhielt, hatte in seinen späteren Jahren großen Erfolg als Wissenschaftsphilosoph. In zahlreichen seiner Schriften und öffentlichen Äußerungen hat er die Idee des IQ angegriffen und die unheilvolle Art des Denkens, der damit Vorschub geleistet wird, angeprangert. Er schrieb über den IQ:

> Wir müssen uns als erstes einmal der Illusion bewußt werden, die in dem Anspruch steckt, komplexe Größen mit einem einzigen Zahlenwert beschreiben zu wollen.

Er erläuterte, daß die Beschreibung der intellektuellen Fähigkeiten eines Menschen mit einer Zahl wie dem IQ dem Versuch gleichkomme, mit einer einzigen Zahl die Bodenbeschaffenheit eines Feldes wiedergeben zu wollen. Eine einzige Zahl kann nichts aussagen über die Partikelgröße des Bodens, seinen Feuchtigkeitsgehalt oder ob er für den Anbau von Nutzpflanzen geeignet ist. Sie kann unmöglich Auskunft darüber geben, inwieweit auf diesem Boden verschiedene Pflanzen oder dieselbe Pflanze, je nach Wetterverhältnissen oder Jahreszeit, gedeihen können oder wie er auf Dünger reagiert. Um all das über ein Feld aussagen zu können, braucht man viele Zahlen. Nur wenn wir akzeptieren, daß unsere Persönlichkeits- oder Intelligenzmessungen bloße Schatten sind, die ein viel komplizierteres und bunteres Gebilde wirft, können wir ihre Beweiskraft für die Erblichkeit dieser Anlagen einschätzen.

Das meiste, was wir über die Vererbbarkeit menschlichen Verhaltens wissen, verdanken wir Zwillingen. Eineiige Zwillinge sind genetisch identisch. Aufgrund eines Fehlers bei der Zellteilung entstehen aus einer befruchteten Eizelle zwei Föten und zwei Kinder. Zweieiige Zwillinge haben denselben Verwandtschaftsgrad wie Bruder und Schwester: Sie haben die Hälfte ihrer Gene gemeinsam. Vergleicht man die Ähnlichkeit eineiiger und zweieiiger Zwillinge, so läßt sich abschätzen, in welchem Ausmaß sie genetisch bedingt ist.

Unter bestimmten Umständen läßt sich bei Zwillingen nachweisen, wie sich ihre Erziehung ausgewirkt hat. So haben Zwillinge beispielsweise mehr gemeinsame Kindheitserfahrungen als andere Geschwister. Diese zusätzlichen Gemeinsamkeiten kann man beobachten und messen. Die besten Versuchsbedingungen bieten allerdings die seltenen Fälle, in denen eineiige Zwillinge bei der Geburt getrennt und von verschiedenen Adoptiveltern großgezogen worden sind. Ihre Erziehung verläuft dann völlig unterschiedlich, zumal sie jeweils von den Persönlichkeiten der Eltern, die die Kinder adoptiert haben, beeinflußt wird. Es gibt zweifelhafte Geschichten von eineiigen Zwillingen, die von Geburt an getrennt waren, als Erwachsene denselben Beruf ergriffen, Frauen mit demselben Namen heirateten und dieselbe Sorte Bier tranken. Andere Zwillingstudien zeigen, daß Alkoholkonsum und Alkoholismus sowie die Tendenz zu Scheidungen eine genetische Komponente haben. Diese Untersuchungen übertreiben im allgemeinen den genetischen Anteil des Verhaltens und vereinfachen die Ergebnisse zu sehr.

Robert Cloninger und seine Mitarbeiter haben die Persönlichkeit von Zwillingen gemessen. Sie berichten, daß für Neurotizismus, Extroversion und Psychotizismus genetische und umweltbedingte Faktoren etwa gleich wichtig sind und daß die genetische Komponente dieser Persönlichkeitsaspekte zwischen 40 und 60 Prozent liegt. Im Gegensatz dazu waren Verständnisbereitschaft und Gewissenhaftigkeit kaum genetisch bedingt: Gewissenhaftigkeit ließ sich bis auf 20 Prozent auf Umwelteinflüsse zurückführen. Das ist nicht leicht zu erklären; es ist jedoch möglich, daß diese Messungen eben bestimmte Aspekte des Verhaltens aufdecken, die mehr oder weniger genetisch oder umweltbedingt sind.

Es gibt zahlreiche Intelligenzstudien von Zwillingen. Plomin hat sie alle zusammengefaßt. Seinen Berichten zufolge zeigen die Ergebnisse von über dreißig Zwillingsstudien mit mehr als 10 000 Zwillingspaaren, daß „g" zu etwa 50 Prozent genetisch bedingt ist. Bevor man jedoch die 50 Prozent für bare Münze nimmt, sollte man sich an den Fall von Professor Cyril Burt erinnern. Burt war ein hochangesehener Erziehungspsychologe, der in den 40er Jahren mehrere Studien zur Intelligenz von Zwillingen veröffentlichte. Er kam dabei zu dem entscheidenden Schluß, daß mehr als 80 Prozent der Intelligenz vererbt wird. Medawar behauptet, daß die Aufnahmeprüfung für die weiterbildenden Schulen in England unter dem Einfluß von Burts Überlegungen eingeführt wurde. Dahinter stand unausgesprochen die Idee, begabte und unbegabte Kinder schon früh voneinander zu trennen. In den 70er Jahren wurde die wissenschaftliche Glaubwürdigkeit Burts heftig angegriffen, da sich herausstellte, daß viele seiner Daten unzureichend erhoben oder gar gefälscht waren. Da er so sicher war, recht zu haben, fühlte er sich nicht verpflichtet, die Gesetze wissenschaftlichen Arbeitens genau einzuhalten.

Plomin, Cloninger und ihre heutigen Kollegen sind sorgfältig arbeitende Wissenschaftler, die im Gegensatz zu der von Standesdünkel geprägten Generation von Burt keine Vorurteile haben. Ihre Arbeiten zeigen eindeutig, daß sowohl Intelligenz als auch Persönlichkeit eines Menschen wesentlich von genetischen Faktoren bestimmt werden. Sie zeigen aber genauso deutlich, daß das Umfeld, in dem die Kinder groß werden, für ihre Fähigkeiten letztlich genauso wichtig ist wie die Gene. Das steht in offenkundigem Gegensatz zu Eigenschaften wie der Körpergröße, bei der über 90 Prozent der Bandbreite innerhalb der Bevölkerung auf genetische Einflüsse zurückgeht. Unter widrigen Umständen wie etwa Kinderkrankheiten können Umwelteinflüsse jedoch die genetische Vorgabe zur Körpergröße vollkommen außer Kraft setzen. Dasselbe gilt, nur in sehr viel stärkerem Maße, auch für die Intelligenz und andere psychische Fähigkeiten.

Da nun Gene erwiesenermaßen zu Persönlichkeit und Intelligenz beitragen, muß man zum besseren Verständnis als nächstes die Anzahl der beteiligten Gene bestimmen. Man kann mathematische Analysen zu Familien und Zwillingen benutzen, um abzuschätzen, wieviele Gene eine bestimmte Eigenschaft beeinflussen. Wie bei den Kreuzungsversuchen mit Mäusen lassen sich auch mit Hilfe dieser als Segregationsanalyse bekannten Methode ein oder zwei dominierende Gene nachweisen. Wie viele Gene darüber hinaus beteiligt sind, weiß man einfach nicht. Diese Art der Analyse von Persönlichkeit und IQ-Wert läßt keine größeren genetischen Einflüsse erkennen. Alles was man sagen kann, ist, daß man einen hohen IQ oder ein bestimmtes Verhalten – obwohl sie zur Hälfte genetisch bestimmt sind – nicht nur einem oder zwei Genen verdankt.

Um sich eine Vorstellung von der Anzahl der Gene und ihrem jeweiligen voraussichtlichen Einfluß zu machen, ist es vielleicht sinnvoll, sich analog die Gene, die unser Immunsystem bestimmen, vor Augen zu führen. Das Nervensystem, das die materielle Grundlage für Intelligenz und Persönlichkeit bildet, wird oft mit dem Immunsystem verglichen. Beide müssen auf eine sich permanent verändernde, bedrohliche Umwelt reagieren. Beide brauchen ein hoch entwickeltes Gedächtnis, um funktionieren zu können.

Das Immunsystem wird von Hunderten von Genen kontrolliert. Viele von ihnen sind polymorph und treten in verschiedenen Varianten auf. Polymorphismus ist wichtig, da Vielfalt ein entscheidender Vorteil im ständigen Kampf ist, den alles Lebendige gegen seine Umwelt führt. Eine große Bandbreite ermöglicht eine jeweils angemessene Reaktion. Die Teile des Immunsystems, die direkt mit der Außenwelt in Berührung kommen, sind am vielgestaltigsten. Die Gene für die Antikörper und die Rezeptoren der weißen Blutkörperchen sind so gebaut, daß sie nahezu unendlich viele Variationen von Proteinen erzeugen können; daher kann beinahe jeder eindringende Erreger als fremd erkannt und attackiert werden.

Ein weiteres Charakteristikum des Immunsystems ist seine hochgradige „Redundanz". Das heißt, zahlreiche Teile des Systems überlappen funktionell. Redundanz bedeutet, daß – von einigen bedeutenden Ausnahmen abgesehen – das Immunsystem nicht insgesamt zusammenbricht, wenn eines seiner Elemente oder Gene ausfällt. Erst wenn viele Elemente versagen, kommt es zu einem signifikanten Funktionsverlust. Als dritte Eigenschaft ist der komplexe Aufbau des Immunsystems zu nennen. Es verfügt nicht nur über einen oder zwei, sondern über viele Mechanismen, um mit Infektionen fertig zu werden: vielleicht über mehr als fünfzig.

Diese drei Eigenschaften – Redundanz, Komplexität und Polymorphismus – sind wahrscheinlich auch in den Genen vorprogrammiert, die unser Verhalten und unsere Intelligenz beeinflussen. Wir können deshalb vermuten, daß das Verhalten von sehr vielen Genen geprägt wird, daß diese Gene in komplexer Weise miteinander wechselwirken und daß der Polymorphismus eines Gens sich auf das Verhalten insgesamt nicht wesentlich auswirkt. Das alles will bedacht sein, wenn wir herausfinden wollen, was passiert, wenn wir tatsächlich Gene identifizieren, die Persönlichkeit und Intelligenz unter ihrer Kontrolle haben.

Höchstwahrscheinlich wird man solche Gene finden; doch wird dies enorme Anstrengungen erfordern. Aller Voraussicht nach wird man Tausende von Familien oder mehr untersuchen müssen, um ein Gen zu lokalisieren und damit fünf Prozent eines bestimmten Persönlichkeitsmerkmals zu erklären. Man hat für Krankheiten, bei denen sich die Immunität verändert wie beispielsweise bei juvenilem Diabetes, organisierte Genomuntersuchungen durchgeführt. Sie waren mit großen Schwierigkeiten verbunden und haben bisher zur Isolation einiger weniger Gene geführt, die lediglich für ein paar Prozent all dieser Krankheitsfälle verantwortlich sind.

Diese ungeheuren Probleme haben nicht verhindern können, daß weitere Versuche unternommen wurden, Verhaltensgene zu finden. Im Juli 1993 beschrieb ein Artikel in *Science* die Entdeckung eines Gens für Homosexualität. Die Autoren arbeiteten unter der Leitung von Dr. Dean Hamer an den National Institutes of Health in Bethesda, Maryland. Zu Beginn ihrer Forschungsarbeit untersuchten sie die Familien von 76 homosexuellen Männern. In der unmittelbaren Familie entdeckten sie mehr Homosexuelle, als man bei einer zufälligen Verteilung erwarten konnte. Außerdem sah es so aus, als seien Homosexuelle eher in der mütterlichen als der väterlichen Linie zu finden. Diese Beobachtungen führten die Forscher zu der Annahme, daß Homosexualität möglicherweise genetisch bedingt sei und über die Mutter übertragen werde. Obwohl man eine solche Häufung in den Familien auch mit Faktoren aus dem persönlichen Umfeld wie einem dominierenden Einfluß der Frauen erklären könnte, scheinen auch andere Untersuchungen darauf hinzuweisen, daß Homosexualität teilweise genetisch bedingt ist.

Da Homosexualität allem Anschein nach über die Mütter übertragen wird, kamen Hamer und sein Team zu dem Schluß, daß sie eventuell wie Hämophilie oder Muskeldystrophie X-gekoppelt sein könnte. Sie begannen, das X-Chromosom nach einem Gen abzusuchen, das für die Veranlagung zur Homosexualität verantwortlich sein könnte. Sie untersuchten 40 Männer, die eindeutig homosexuell waren, sowie deren ebenfalls definitiv homosexuellen Brüder, ob sie von ihren Müttern ganz oder teilweise dasselbe X-Chromosom geerbt hatten. Sie fanden offenbar, daß 33 der 40 Brüder denselben Abschnitt des X-Chromosoms besaßen.

Gegen dieses Ergebnis lassen sich jedoch Einwände hinsichtlich des Verfahrens erheben. Meist wurden die Eltern der homosexuellen Brüder nicht untersucht, so daß Hamer nur Vermutungen darüber anstellen konnte, mit welcher Wahrscheinlichkeit ihr X-Chromosom übereinstimmte. In Fällen, in denen die Mutter zwei X-Chromosomen besaß, die sich in dem Bereich, in dem sich vermutlich das Gen befand, glichen, oder in denen das X-Chromosom des Vaters aussah wie das der Mutter, wären die Vermutungen hinfällig. Die Art der Analyse ist vollkommen korrekt, vierzig Geschwisterpaare liegen jedoch an der unteren Grenze dessen, was eine genaue Analyse an Probandenzahlen erfordert. Sind nur fünf Annahmen falsch – was einem Fehler von zwölf Prozent entspricht – verringern sich die gemeinsamen Chromosomenabschnitte von 33 auf 23 von 40.

Meinen Gefühl nach sprechen die Fakten gegen eine Kopplung. Das soll nicht heißen, daß keine Gene für eine Veranlagung zur Homosexualität existieren. Im Gegenteil, es gibt Hinweise dafür, daß es sie gibt. Auch bedeutet das nicht, daß man die Gene für Homosexualität nicht finden wird. Es heißt nur, daß eine solche Untersuchung äußerst kompliziert ist. Zumindest erfordert Hamers Forschung einen enormen Aufwand, um unter Umständen die Gene identifizieren zu können. Voreingenommen wie ich bin, gehe ich trotzdem davon aus, daß solche „schwulen" Gene höchstwahrscheinlich nicht mehr als ein paar Prozent zur Homosexualität des Einzelnen beitragen. Mit der Zeit und zusätzlichen Forschungsarbeiten werden wir es erfahren.

Der Medienrummel nach Hamers *Science*-Paper war verfrüht; denn der Fall war – wie Hamer selbst sich Mühe gab zu betonen – alles andere als erwiesen. Die Intensität sowie der Ton der Medienberichterstattung gab John Maddox, dem Herausgeber von *Nature*, Gelegenheit, über das „vorsätzliche Mißverstehen der Genetik" zu wettern. Maddox übersah jedoch die eigentliche Botschaft: Es waren die Ergebnisse selbst, die die Ängste der Öffentlichkeit vor der Genetik anheizten. Auf der einen Seite befürchtete man, die Existenz eines Schwulengens könne bedeuten, daß in Zukunft Homosexualität wie eine Krankheit behandelt würde. Auf der anderen Seite wurde argumentiert, Eltern wären nun von der Sorge befreit, ihre genetisch heterosexuellen Kinder könnten von homosexuellen Lehrern verdorben werden. Größtenteils unausgesprochen blieb die Befürchtung, es könnte – wenn schon ein so komplexes Phänomen wie die Homosexualität von einem einzigen Gen bestimmt würde – auch der Rest des menschlichen Verhaltens so einfach zu erklären sein.

Zwei Wochen, bevor *Science* die Möglichkeit eines Homosexualitätsgens in die Welt posaunte, war im *American Journal of Human Genetics* ein Artikel erschienen, der ebenso wichtig war und seine Konsequenzen genauso ernst; doch anscheinend nahm in keiner zur Kenntnis. Der Artikel stammte von Han Brunner und seinen Mitarbeitern am Universitätskrankenhaus in Nijmegen in den Niederlanden. Sie beschrieben eine große holländische Familie, in der etwa die Hälfte der Männer krankhaft gewalttätig und aggressiv waren. Außerdem lag ihre Intelligenz unter dem Durchschnitt. Auch dieser Charakterzug schien den Männern über die nicht betroffenen Frauen vermittelt zu werden, was nahelegte, daß er durch einen Defekt auf dem X-Chromosom zustande kam. Tatsächlich wurde das Gen eindeutig auf dem X-Chromosom lokalisiert und schließlich auf eine Mutation im Monoaminoxidase-A-Gen zurückgeführt.

Monoamine gehören zu den Neurotransmittern, den chemischen Substanzen, die im Gehirn Signale von einer Nervenzelle zur anderen übertragen. Zu ihnen zählen Adrenalin und Dopamin, chemische Stoffe, die normalerweise Erregung oder auch das bei Angst einsetzende „Kampf- beziehungsweise Fluchtverhalten" auslösen. Monoaminoxidasen sind Enzyme, die Monoamine abbauen. Das anomale Gen bewirkt bei den Männern, daß ihr Gehirn ständig einem Übermaß von Adrenalin ausgesetzt ist.

Diese Befunde zeigen, daß sich das Verhalten aufgrund eines einzelnen Gens enorm verändern kann. Wie läßt sich das mit Theorien in Einklang bringen, die den Einfluß von Genen auf die Persönlichkeit für so vielfältig erachten? Um das zu beantworten, müssen wir uns vor Augen führen, daß ein Gen mit einer Mutation wirklich nicht mehr funktioniert. Ist ein Bein gebrochen, stellen wir fest, daß die Knochen für die Fortbewegung unerläßlich sind; wir lernen jedoch kaum etwas über die anderen Faktoren, die es uns ermöglichen, uns zu bewegen, zu laufen oder Fußball zu spielen. Für die meisten von uns hängt der Einfluß der Gene auf unser Verhalten nicht von defekten Genen ab, sondern eher von verschiedenen Spielarten normaler Gene. Genauso wie die Vielfalt bei den Nasen auf geringfügigen Änderungen in den Nasen-Genen beruhen, entstehen unsere verschiedenen Persönlichkeiten durch feine Variationen unserer Verhaltensgene.

Es ist nicht bekannt, ob bei manisch-depressiven Psychosen oder Schizophrenie jeweils nur ein einziges Gen betroffen ist oder ob bei diesen Erkrankungen verschiedene Gene so zusammenwirken, daß das Verhalten in die Grenzbereiche des normalen Verhaltensspektrums abdriftet. Sollte sich letztlich doch herausstellen, daß diese Krankheiten von einzelnen Genen verursacht werden, dann wird man vermutlich auch bei ihnen feststellen, daß sie durch Mutationen zerstört wurden. Sobald man diese Gene identifiziert hat, wird man erkennen, daß ihre normale Variante das Verhalten beeinflußt, doch mit ziemlicher Sicherheit wird ihr Einfluß nicht besonders hoch sein. Die Unterscheidung zwischen verschiedenen Spielarten normaler Gene und mutierten Genen ist ebenso wichtig, wenn wir an die Intelligenz denken. Man kennt mindestens hundert Gene, die in mutierter Form zu einer unterdurchschnittlichen Intelligenz führen. Sie sind natürlich erforderlich, damit das Gehirn normal funktionieren kann; doch kein einziges von ihnen würde seinem Träger in einer anderen Form zu einer hohen Intelligenz verhelfen.

Der entscheidende Punkt bei der unterschiedlichen Beurteilung einer normalen Variante und einer Mutation wird deutlich, wenn wir uns eingestehen, wovor wir wirklich Angst haben: Wenn es Gene für Verhalten und Intelligenz gibt, könnten wir in Versuchung kommen, dieses Wissen für eugenische Zwecke zu nutzen.

Um zu verstehen, was sich hinter der sogenannten „wissenschaftlichen" Eugenik verbirgt, lohnt es sich, ihren Erfinder, Francis Galton, näher kennenzulernen. Galton war Engländer und lebte zu Zeiten der Herrschaft von Königin Viktoria und König Edward VII. Er zeigte eine bemerkenswerte Neugier gegenüber vielen Dingen, und man kommt nicht umhin, die Kraft seines Intellekts und viele seiner Leistungen zu bewundern. Doch trotz allem hing seine Einstellung gegenüber der Vererbung, die er mit solchem Erfolg vertrat, wie eine dunkle Wolke über der ersten Hälfte unseres Jahrhunderts. Seine Karriere vermittelt uns eine Vorstellung, wie sehr die Beobachtungen eines Wissenschaftlers von der Gesellschaft gefärbt sein können, in die er hineingeboren wurde. Sie lehrt uns darüber hinaus, wieviel Unrecht geschehen kann, wenn ein Wissenschaftler sich nicht bemüht, seine Grenzen und Vorurteile zu überwinden.

Galton wurde 1822 – nach einer Pause von sechs Jahren – als neuntes Kind einer Quäker-Familie geboren. Sein Vater war Bankier. Als Kind wurde er verwöhnt. Seine

Erziehung lag weitgehend in den Händen seiner ihn abgöttisch liebenden älteren Schwester. Im folgenden Brief wird ein Stück seiner Kindheit lebendig:

> Liebe Adele,
>
> ich bin vier Jahre alt und kann jedes englische Buch lesen. Ich kann alle lateinischen Substantive, Adjektive und aktive Verben aufsagen und außerdem 52 Zeilen lateinischer Lyrik. Ich kann jede Summe zusammenzählen und zusätzlich mit 2,3,4,5,6,7,8,,10 malnehmen.
>
> Ich kann auch die Penny-Tabelle auswendig, lese ein bißchen Französisch und kenne die Uhr.
>
> Francis Galton
>
> 15. Februar 1827

Allein aufgrund dieses Briefes hat ein amerikanischer Psychologe namens Terman Galtons IQ bei 200 und den Briefschreiber als ein Genie eingestuft. Galton schrieb diesen Brief jedoch einen Tag vor seinem fünftem Geburtstag. Die Fähigkeiten, die er dort aufzählt, sind durchaus nichts Ungewöhnliches bei Kindern dieses Alters, wenn sie viel Unterricht bekommen haben. Vor allem sollte nicht unerwähnt bleiben, daß Terman um die Jahrhundertwende lebte, aus Kalifornien kam und selbst katastrophale Ansichten über Rasse und Intellekt vertrat. Auch in der amerikanischen Gesellschaft sympathisierten zu dieser Zeit viele mit der Anschauung, daß Arme, geistig Behinderte und Kriminelle aufgrund ihrer Vererbung so geworden seien. „Im Kalifornien von 1918", schrieb L.J. Kamlin in *The Science and Politics of IQ,*

> durfte den Schwachen zwar das Himmelreich zukommen. Wenn es jedoch nach denjenigen ging, die die geistigen Fähigkeiten testeten, dann durfte den Waisen, Landstreichern und Armen auch nicht das geringste Stückchen Kaliforniens gehören. Das kalifornische Gesetz von 1918 sorgte dafür, daß Zwangssterilisationen von einem Gremium genehmigt werden mußten, zu dem auch ein „promovierter klinischer Psychologe" gehörte. Das war ein beredtes Zeugnis für Professor Termans Einfluß in seinem Heimatstaat.

Bei Termans Frohlocken über Galtons Intellekt ist nicht zu verstehen, wieso es Galton nicht gelang, sein medizinisches Studium erfolgreich abzuschließen, und warum er sich in Cambridge so abquälte, einen Abschluß in Mathematik zu machen. Galton entfloh seinen unseligen Studienerfahrungen, um Afrika zu erforschen. Aufgrund dieser Erfahrungen schrieb er das Buch *Die Kunst des Reisens oder Tips und Tricks für Abenteuerreisen.* Es enthielt einige Weisheiten:

> Ist ein Reisender krank und hilflos, so kann er sich mit dem Sprichwort trösten „Es ist zwar ein großer Unterschied zwischen einem guten und einem schlechten Arzt, aber kaum ein Unterschied zwischen einem guten und keinem Arzt."

aber auch viel Unsinn:

> Führe [das Pferd] eine steile Böschung entlang und stoße es dann plötzlich von der
> Seite ins Wasser: Wenn du es richtig in Bewegung gesetzt hast, spring selbst hinein,
> ergreife seinen Schwanz und laß dich ans andere Ufer ziehen.

oder

> Hast du die Möglichkeit, die Ärmel deines Hemdes hochzukrempeln, dann denke
> daran, daß man dabei die Aufschläge nicht zuerst von innen nach außen umschlägt,
> sondern von außen nach innen...

Das Buch hatte acht Auflagen. Ich nehme an, seine Popularität beruhte auf seinem Unterhaltungswert für all diejenigen, die nicht die geringste Absicht hatten, England je zu verlassen. Der Gedanke allerdings an einige rotgewandete Untertanen, die die Seiten nur nach dem richtigen Rat für den Fall durchforsteten, daß der zügellose Zulukaffer draußen vor der Umzäunung wütete – dieser Gedanke ist mir verhaßt.

Ich vermute, Galton hätte kaum Spuren im Buch der Geschichte hinterlassen, wäre da nicht das Werk, mit dem er nach seinem 40. Lebensjahr begonnen hat. Die intellektuellen Zeitvertreibe, denen er nachging, hatten eine bewundernswerte Bandbreite. Er besaß einen gewissen Ruf als Amateur-Erfinder, obwohl die meisten seiner Erfindungen nur auf dem Papier existierten. Zur Erweiterung seiner geographischen Interessen begann er systematisch das Wetter aufzuzeichnen. Dieser typisch englische Zeitvertreib regte ihn zum Gebrauch und zur Erfindung statistischer Techniken an.

Sein Biograph D.W. Forrest nimmt an, daß die Kinderlosigkeit seiner Ehe Galtons Interesse an der Vererbung weckte. Ich behaupte, daß dieses Interesse eher seinem Charakter zuzuschreiben ist. Er war ein verwöhntes Kind aus einer wohlhabenden Familie, nicht an die Gesellschaft gleichaltriger Kindern gewöhnt und unfähig, leicht Freundschaften zu schließen. Deshalb konnte er sich nur durch die Fassade intellektueller Überlegenheit vor einer Welt schützen, die sich seiner Empfindlichkeit gegenüber abgestumpft und gleichgültig zeigte. So gesehen war es nur natürlich, daß er seine Abkapselung von den meisten Menschen durch seine Überlegenheit und die seiner Klasse zu rechtfertigen suchte.

> Es liegt am höchst niveaulosen Stil, daß ich mich Ansprüchen auf naturgegebene
> Gleichheit widersetze. Die Erfahrungen aus dem Kindergarten, der Schule, der
> Universität und aus beruflichen Karrieren sind sich nahtlos aneinander reihende
> Beweise für das Gegenteil.

Galton scheute nicht die Auseinandersetzung. Als er einen zynischen Artikel über das Beten verfaßte, hielt er sich streng an die Schriften, um der Ansicht Ausdruck zu verleihen, man solle im Gebet um geistliche und weltliche Segnungen bitten. Seinen Ausführungen zufolge sollte man sich allerdings bei der Beurteilung der Wirkungen seines Gebets eher von einem Blick auf den Durchschnitt als von speziellen Beispielen leiten lassen. Das ist, übertragen auf weltlichere Dinge, ein sehr vernünftiges wissenschaftliches Prinzip. Wie Galton zeigte, gab es keinen Beweis dafür, daß Menschen, die viel beteten, im Fall einer Krankheit besser dran waren als Menschen, die nicht beteten. Aufgrund einer Auflistung biographischer Daten fand er heraus, daß die bedeutendsten Geistlichen, Rechtsanwälte und Ärzte etwa alle im gleichen Alter starben – mit 66,42, 66,51 und 67,04 Jahren. Er wies darauf hin, daß das durchschnittliche Todesalter der Mitglieder des Könighauses trotz des üblichen Gebets für die Gesundheit der Königlichen Familie bei 64,04 Jahren lag. Missionare starben bekanntermaßen oft jung, obwohl sie im Dienste Gottes arbeiteten. Der Herausgeber des *Fortnightly Review* schrieb:

> Ihr Artikel ist verdammt schlüssig und anstößig; er wird bestimmt in ein Wespennest stechen.

Galton wird sich wohl über die darauf folgende Kontroverse sehr gefreut haben. Sie lenkte ihn jedoch nur kurz von seinem Hauptwerk ab. Drei oder vier Jahre vor seiner Gebetskritik, hatte Galton mit einer Untersuchung über hochbegabte Männer begonnen. Er veröffentlichte seine Ergebnisse in einem Buch, das unter dem Titel *Hereditary Genius* erschien.

In seiner Untersuchung ging Galton von den Todesanzeigen der *Times* aus dem Jahre 1868 aus. Er hatte sich überlegt, daß die Verstorbenen in diesen Anzeigen die Besten der britischen Rasse verkörpert hatten. Er fand heraus, daß in der *Times* auf eine Million Menschen in mittleren Jahren 250 Todesanzeigen kamen. Das bedeutete, daß eine außergewöhnlich begabte Person auf 4 000 „normale" Menschen kam. Dann untersuchte er, wie bedeutend die verschiedenen Verwandten waren. Es ist nicht allzu verwunderlich, daß sich in den Familien der großen und edlen Männer noch weitere Würdenträger fanden: Die „herrschenden Klassen" waren schließlich im wahrsten Sinne des Wortes die herrschenden Klassen. Galton führte mit diesen Daten einige mathematische Analysen durch. Diese waren sehr einfach und erlaubten ihm, die Daten seinem Vorurteil entsprechend zu interpretieren. Dennoch hat er mit seiner Verwendung von Durchschnittswerten für den Vergleich verschiedener Personengruppen die Grundlagen für die moderne Statistik gelegt. Seine Schlußfolgerungen gingen etwa in folgende Richtung:

> Es gibt ein Kontinuum geistiger Fähigkeiten, das von einem bekannten Maximum bis zu einem kaum zu beschreibenden Minimum herabreicht. Ich schlage vor, ... Menschen nach ihren natürlichen Fähigkeiten einzuordnen.

Hinweise auf Armut, Ernährungslage und unterschiedliche Erziehung ließ er nicht gelten.

> Die Menschen klagen zu gern über ihre ungenügende Erziehung .... Doch wenn sie zu dem Zeitpunkt, an dem sie ihren Wunsch nach mehr Wissen entdecken, nicht mehr die Kraft zum Lernen haben, dann waren ihre geistigen Fähigkeiten wahrscheinlich ohnehin nicht sehr groß ....

Dieser ersten Arbeit ließ er eine Untersuchung an 286 Richtern und ihren Familien folgen, bei der er zu denselben Ergebnissen kam. Wenn er von seinen Befürchtungen in bezug auf die Fortpflanzungsgewohnheiten innerhalb der niederen Klassen sprach, konnte man schon die Eugenik erahnen.

> Es mag einem ungeheuerlich erscheinen, daß die Starken die Schwachen verdrängen, aber noch entsetzlicher wäre es, wenn Taugenichtse, Kränkelnde und Kleinmütige die Rassen verdrängten, die am besten geeignet sind, ihren Part auf der Bühne des Lebens zu spielen.

Galton war alles andere als allein mit solchen Ansichten. Sein Zeitgenosse W.R. Greg konnte im *Fraser's Magazine* schreiben:

> Die leichtsinnigen, schmutzigen und wenig ehrgeizigen Iren vermehren sich wie die Kaninchen. Die genügsamen, vorausschauenden, selbstbewußten, ehrgeizigen Schotten, die streng moralisch und ganz in ihrem Glauben leben, voller Scharfsinn und im Denken geschult – sie verbringen ihre besten Jahre in Ehelosigkeit und Kampf. Sie heiraten spät und haben nur wenige Kinder. Nimmt man ein Land, das ursprünglich von tausend Sachsen und tausend Kelten bewohnt ist, so werden nach einem Dutzend Generationen fünf Sechstel der Bevölkerung aus Kelten bestehen, doch fünf Sechstel des Vermögens, der Macht und der Intelligenz werden dem einen Sechstel Sachsen gehören, das noch übrig ist. Im ewigen „Kampf ums Überleben", würde sich also die niedere und weniger begünstigte Rasse durchsetzen – und zwar nicht aufgrund ihrer Vorzüge, sondern aufgrund ihrer Fehler.

Obwohl Darwin, der bedeutendste Wissenschaftler des viktorianischen England, entscheidenen Anteil am Umsturz der in dieser Zeit vorherrschenden Idee von der natürlichen Ordnung der Dinge hatte, war seine eigene Evolutionstheorie ebenfalls vom Denken der herrschenden englischen Klasse und einer Geringschätzung anderer Rassen geprägt. John C. Grenn schrieb dazu in seinem Buch *Science, Ideology and the World View*:

> Es ist eigentümlich, daß alle oder fast alle Männer, die in der ersten Hälfte des neunzehnten Jahrhunderts etwas Neues zur natürlichen Selektion vorgelegt haben, Briten waren. Es scheint angesichts des internationalen Charakters der Wissenschaft seltsam, daß die Natur eines ihrer tiefsten Geheimnisse nur Bewohnern Großbritanniens enthüllt haben sollte. Und doch war es so. Das läßt sich offenbar nur so erklären, daß die britische Wirtschaftspolitik, die auf der Idee beruhte, auf dem Markt könne nur der Beste überleben, sowie ihre vom Wettbewerb bestimmte Lebenseinstellung die Briten generell dazu prädestinierte, bei Theorien über Pflanzen, Tieren und Menschen in Begriffen von Konkurrenzkampf zu denken.

Obwohl Darwins Denken ebenfalls von solchen Vorurteilen geprägt war, war er ein zu genauer Beobachter, um sich vollkommen von ihnen einnehmen zu lassen. Galton war Darwins leiblicher Vetter. Nach der Veröffentlichung von *Hereditary Genius* schrieb Darwin an Galton; er bekundete dabei seinen Respekt vor der Arbeit, verschwieg jedoch nicht seinen eigenen Standpunkt.

> Ich war immer der Ansicht, daß sich die Menschen, Narren ausgenommen, in ihrem Intellekt nicht sehr voneinander unterscheiden, sondern nur durch ihren Fleiß und ihren Arbeitseifer; und ich halte dies immer noch für ein äußerst wichtiges Kriterium.

1871 schrieb Galton einen Artikel über das „Herdenleben beim Vieh und beim Menschen". Er ging von der Beobachtung aus, daß es unter den zahlreichen Ochsen vergleichsweise wenige Leitochsen gibt, denen die anderen Tiere bereitwillig im Zuggeschirr folgen. Er schätzte, daß auf 50 Ochsen ein Leittier kommt, und stellte die Hypothese auf, daß dieses Verhältnis erforderlich sei, um die Herde auf einer optimalen Größe zu halten. Dann führte er aus, daß Unterwürfigkeit und Führungsqualitäten beim Menschen in gleicher Weise verteilt seien. Das ist eine interessante Beobachtung, aber Galton sprach sich sofort dafür aus, diese Unterwürfigkeit aus einer Nation herauszuzüchten. Nach Ablauf eines weiteren Jahres verkündete er dann in aller Deutlichkeit die Lehrsätze der Eugenik:

> Es kann unter Umständen zur höchsten Pflicht werden, den zu langsamen, doch unerbittlichen Prozeß der natürlichen Selektion vorwegzunehmen. Um das zu erreichen, müßte man sich bemühen, Anlagen für eine schwächliche Konstitution sowie niedrige, gemeine Instinkte herauszuzüchten und stattdessen Menschen heranzuziehen, die kräftig, edel und sozial sind.   .

Galtons Pläne zur selektiven Züchtung sind nicht brauchbarer als sein Vorschlag, sich an den Schwanz eines Pferdes zu hängen, um einen reißenden Fluß zu durchqueren. Die Folgen dieser Art des Denkens waren jedoch wesentlich gravierender: Sie bescherten nicht nur feuchte Kleider, sondern führten letztlich zu Konzentrationslagern.

Galtons Wißbegierde erlahmte nicht. Sein Interesse galt unter anderem Fingerabdrücken, Wortassoziationen als Mittel, sich selbst zu verstehen, sowie der Untersuchung von Zwillingen. 1888 erfand er das statistische Hilfsmittel der Korrelation. Dieses Maß sagt aus, wie sehr zwei oder mehr Größen, wie etwa Höhe und Gewicht, zueinander in Beziehung stehen. Er benutzte die Korrelation als Maß für Verwandtschaft und ließ damit bereits 70 Jahre vorher das Werk von Newton Morton anklingen. Durch seine gesamten geistigen Aktivitäten zieht sich wie ein roter Faden die Ansicht, daß

> mir die Verbesserung unseres Geschlechts eine der höchsten Aufgaben zu sein scheint, für deren Erfüllung es sich zu arbeiten lohnt.

Mit diesem erklärten Ziel gründete Galton um die Jahrhundertwende in London die Eugenics Society. Es ist beruhigend, daß die Gesellschaft von der Öffentlichkeit niemals richtig ernst genommen wurde, und wir können Galton nicht die Urheberschaft für die unheilvollen Thesen über Rassen und Klassen anlasten, mit denen sein Name verbunden ist. Sie waren überall in Europa verbreitet und in etwas anderer Form auch in den Vereinigten Staaten geläufig. Wir können ihm aber vorwerfen, ihnen den Anstrich wissenschaftlicher Glaubwürdigkeit verliehen zu haben.

Galtons Schüler, Karl Pearson, war ein hervorragender Mann, der aus Galtons noch nicht ausgereiften Methoden des Vergleichs und der Korrelation ausgefeilte statistische Verfahren machte, die auch heute noch überall angewandt werden. Pearson teilte viele Vorurteile Galtons ebenso wie die Wissenschaftler, die seine Statistiken in der Anthropometrie und Psychologie benutzten. Es könnte heilsam sein, sich zu Beginn der neuen Ära der Genetik daran zu erinnern, aus welch trübem Wasser sich diese Wissenschaften entwickelten.

Am eugenischen Denken beziehungsweise dem Kampf dagegen hat sich auch mit der neuen Genetik nichts geändert. Wenn man entdeckt, daß 50 Gene für eine hohe Intelligenz verantwortlich sind, so wird es dadurch nicht einfacher, diese Gene in irgendeiner noch unbekannten wissenschaftlichen Art und Weise in Kindern zu selektionieren. Nehmen wir an, eine solche Selektion sei möglich. Dann wird man schätzungsweise in 50 Jahren 50 polymorphe Gene für Intelligenz und Charakter identifiziert haben und nach diesen Genen suchen können. Aufgrund der Verherrlichung, die die eugenische Bewegung in Nazideutschland erfahren hat, sowie ihrer entsetzlichen Folgen ist es zwar unwahrscheinlich geworden, daß die Regierung eines technisch entwickelten westlichen Landes die Bevölkerung derartigen Zwängen aussetzen wird. Diese Voraussetzung kann jedoch irgendwann einmal hinfällig werden, hierüber haben dann aber nicht Wissenschaftler zu entscheiden. Augenblicklich sind es eher einzelne Personen als Staaten, die das Wissen um die Gene nutzen wollen, um ihren Kindern ein Maximum an Begabung zu sichern. In Kalifornien ist es schon soweit, daß Mütter allen Ernstes viel Geld für ein Gefäß mit Samen von Nobelpreisträgern zahlen – also für eine Packung Intelligenzgene. Natürlich kann durch diese Art der Selektion niemals ein Mangel an Intelligenz seitens der Mutter kompensiert werden.

Man könnte aber den Embryo auch auf die 50 wünschenswerten Varianten von Intelligenzgenen hin untersuchen. Das ist jedoch alles andere als einfach. Zuerst müßte man die Eltern testen, um sicherzugehen, daß sie – genetisch gesehen – aus dem richtigen Holz geschnitzt sind. Dann müßte ein Ei befruchtet werden – und zwar nicht auf natürlichem Wege, sondern am besten in einem Reagenzglas. In auf Befruchtung spezialisierten Kliniken ist die Entnahme von Eizellen bereits Routine. Zu diesem Eingriff gehören Hormoninjektionen und ein Krankenhausaufenthalt, bei dem unter Anästhesie durch die Bauchwand verschiedene Schläuche von jeweils einem Zentimeter Durchmesser eingeführt werden. Die Prozedur muß normalerweise mehrmals wiederholt werden. Frauen bringen nur dann die Kraft auf, all das durchzustehen, wenn sie sich wirklich verzweifelt wünschen, eigene Kinder zu haben und zu lieben.

Ist die Eizelle befruchtet und etwa einen weiteren Tag lang im Reagenzglas herangewachsen, kann man dem Embryo eine Zelle entnehmen und diese Zelle daraufhin untersuchen, ob sie die richtigen Gene enthält. Entspricht der Embryo genetisch nicht den Erwartungen, kann man ihn verwerfen; andernfalls pflanzt man ihn in die Gebärmutter ein.

Diese Art, Embryonen zu testen, ist noch diejenige, bei der der Mensch am wenigsten eingreift. Sie wird wahrscheinlich benutzt werden, wenn man auf Erbkrankheiten testet; denn sie ist etwas weniger traumatisch, als einen Fötus zu testen und anschließend eventuell abzutreiben. Werden allerdings komplexere Eigenschaften wie Intelligenz verlangt, hätte es nicht viel Sinn, darauf zu warten, bis alle Gene, die man sich wünscht, zufällig in einem Embryo vorhanden sind. Da käme man schneller ans Ziel, wenn man eine befruchtete Eizelle gentechnisch verändern würde. Dahinter stünde die Absicht, eine Gentherapie durchzuführen, bei der mittelmäßige durch bessere Gene ersetzt würden.

Für ein einzelnes Gen ist das gerade noch möglich. Da die Gene bei der Gentherapie nicht gezielt ausgetauscht werden können, müssen Tausende von Zellen behandelt und anschließend jede Zelle einzeln getestet werden, bis man eine Zelle gefunden hat, bei der das Gen an der richtigen Stelle sitzt. Der Embryo steht am Beginn seines Lebens. Das bedeutet, daß nahezu jedes seiner 100 000 Gene nach und nach angeschaltet wird, während er zu einem Baby heranwächst und dann erwachsen wird. Wir haben bereits erfahren, daß bei der Gentherapie in der Regel mehrere Kopien eines Gens ins Genom eingebaut werden. Werden bei den Embryonen versehentlich Gene an falschen Stellen integriert, würde das zwangsläufig einen hohen Tribut an anomal entwickelten Föten fordern und vermehrt zu Erbkrankheiten führen.

Um zwei Gene zu ersetzen, braucht man eine Million Eizellen, viel mehr als eine Frau in ihrem ganzen Leben bilden kann. Teilt man den Embryo, könnte man die Zahl der Zellen, mit denen man experimentieren kann, erhöhen. Aber eine Zahl von einer Million gleicher Embryonen liegt wahrscheinlich selbst für die entschiedensten Befürworter der Eugenik jenseits ihres Vorstellungsvermögens. Um drei Gene auszutauschen, benötigte man eine Milliarde Embryonen. Das wird glücklicherweise nie machbar sein.

Deshalb ist es allein aus technischen Gründen höchst unwahrscheinlich, daß Eizellen und Embryonen auf breiter Basis genetisch manipuliert werden. Die ethischen Fragen, die mit einer solchen Behandlung verbunden wären, sind schon fast zu schwerwiegend und verwickelt, um sie angemessen diskutieren zu können. Eines ist jedoch jetzt bereits klar: Es ist vertretbar, bei einem Kranken die Funktion eines Gens wiederherzustellen; wenn er oder sie schließlich stirbt, ist das künstliche Gen verloren. Ersetzt man jedoch ein Gen in einem Embryo, so bedeutet das, daß das künstliche

Gen in allen Zellen des Menschen, der aus dem Embryo heranwächst, vorhanden sein wird – einschließlich seiner Spermien oder Eizellen. Man sagt dann, das künstliche Gen befindet sich in der „Keimbahn". Ist das künstliche Gen einmal in die Keimbahn integriert, kann es über Generationen hinweg übertragen werden und seine Wirkungen entfalten. Allein aus diesem Grund sind sich die Genetiker einig, daß Versuche mit Genen in menschlichen Embryonen geächtet werden sollten.

Abwegige Manipulationen wie diese sind deshalb auch bereits verboten. Beruhigender ist allerdings, daß es nahezu vollkommen unmöglich ist, mit ihnen wünschenswerte Eigenschaften zu schaffen oder zu selektionieren. Es gibt zuverlässigere Methoden, um seinem Nachwuchs Gene für Intelligenz oder eine hochmotivierte und überdurchschnittlich leistungsfähige Persönlichkeit auszusuchen. Anstatt sich in einem zweifelhaften Laden eine künstlich aufbereitete Eizelle aus dem hintersten Regal herauszufischen, ist es sicherlich besser, sich einen Menschen zu suchen, den man sich als Gefährten oder Gefährtin vorstellen kann – mit all den Fähigkeiten, die man sich erträumt – und ihn dann zu überreden, gemeinsam Kinder zu zeugen.

Die meisten von uns haben ihren Ehepartner auf diese Weise gefunden. Wir haben Kinder mit Personen, bei denen uns bestimmte Charakterzüge gefallen. Dieses Verfahren erfreut sich großer Beliebtheit, seit es Menschen gibt, und die Geschichte der Menschheit zeigt, daß diese Methode allen Versuchen, sie zu lenken und zu überwachen, widerstanden hat: Liebe überwindet letztlich alle Schranken. Unsere Kenntnisse der Genetik werden sicher an dieser grundlegenden und völlig direkten Art, Gene auszuwählen, die sich in der nächsten Generation zu unseren eigenen gesellen, nichts Entscheidendes ändern.

Ein weiterer Vorschlag der Eugenik geht dahin, Gene oder genetische Varianten unerwünschter Merkmale aus der Bevölkerung herauszuzüchten. Gegen eine solche Auffassung spricht vor allen der beunruhigende Gedanke, es könnte einen bestimmten Grund für die Existenz dieser Gene geben – wie für jeden genetischen Polymorphismus, den man bei mehr als einem Prozent der Menschen findet. Erst seit kurzem haben wir die Bedeutung der genetischen Vielfalt, die sich in den Myriaden von Lebensformen auf unserem Planeten ausdrückt, schätzen gelernt. Es wäre deshalb sehr unklug, nun unsere eigene genetische Variationsbreite einzuschränken. Eugeniker hatten nie den leisesten Zweifel daran, daß sie in der Lage seien, die richtigen Eigenschaften auszuwählen, die vermehrt werden sollten. In unserem Jahrhundert war beispielsweise lange Zeit unter den britischen Pädagogen eine Art Galtonscher Verachtung für Macher und Pragmatiker sehr verbreitet. Was sich daraus hätte ergeben können, ist allen klar. Hätten die Eugeniker freie Hand gehabt, wäre aus uns eine Monokultur aus prüden, pedantischen Individuen mit akkurat geschnittenen Bärten und makellos gebundenen Krawatten geworden, die bis aufs Blut miteinander um einen Platz im Club der Superhirne kämpfen würden, während die Industrie zusammenbrechen und die Ernte auf den Feldern verrotten würde.

Um die Nutzlosigkeit der Eugenik ganz zu begreifen, müssen wir zuletzt auf die noch verbleibende Hälfte unseres Charakters zu sprechen kommen, die von unserer Umgebung geprägt wird. Unser Umfeld kann vieles auf vielerlei Weise beeinflussen. Zu Galtons Zeiten waren Leute niederen Standes bekanntermaßen sehr viel kleiner als die Mitglieder der gebildeten Stände oder der Aristokratie. Man vermutete, daß dafür die minderwertigere genetische Herkunft verantwortlich wäre. Tatsächlich ergab sich die geringere Körpergröße zwangsläufig aus der schlechteren Ernährung. Aufgrund des allgemeinen Ernährungsstandards sind Personen aus der arbeitenden Klasse und der Aristrokatie heute gleich groß. Gegenwärtig liegt der Unterschied eher darin, daß die Aristokratie aufgrund ihrer selektiven Heiratsstrategien manchmal bei den Genen für die Intelligenz zu kurz gekommen zu sein scheint.

Die Gesellschaft schätzt Personen mit außergewöhnlichen Fähigkeiten. Es gibt eine Reihe wissenschaftlicher und pseudowissenschaftlicher Studien über außergewöhnlich begabte Personen. Diese gehen immer von einer genetischen Komponente der Begabung aus, weisen jedoch auch häufig darauf hin, wie wichtig für den späteren Erfolg im Leben das Umfeld in der Kindheit ist. Menschen, die Großes leisten, haben entweder eine außerordentlich glückliche Kindheit gehabt oder so gelitten, daß sie gezwungen waren, all ihre Fähigkeiten zu entwickeln. Außergewöhnliche Begabung ist in der Regel gepaart mit dem Antrieb und der Motivation, die Fertigkeiten auszuprobieren und zu verbessern. Daß dieser Antrieb nicht angeboren ist, kann man Studien entnehmen, die zeigen, daß erfolgreiche Menschen sehr oft als erste geboren wurden. Die ersten amerikanischen Astronauten beispielsweise waren alle entweder Einzelkinder oder erstgeborene Söhne. Sie wurden ausgewählt, weil sie mit überraschenden Situationen und Notfällen gut zurecht kamen. Die Betreffenden verdankten diese auffallende Fähigkeit anscheinend allein der glücklichen Fügung, daß sie in einer entscheidenden Lebensphase völlig im Zentrum der elterlichen Aufmerksamkeit standen. Ausgeglichenheit und Selbstsicherheit sind deshalb wohl kaum genetisch bedingte Charakterzüge.

Die neue Genetik wird keinen neuen Rassismus auslösen und keine neue Welle von Vorurteilen gegenüber Personen, die als genetisch benachteiligt angesehen werden. Sie wird im Gegenteil in zahlreichen Fällen zeigen, wie irrational solche Vorurteile sind. Versuche, das genetische Repertoire der Menschheit abzuändern, werden auch in Zukunft nicht erfolgreicher sein als in der Vergangenheit. Wenn man akzeptiert, daß es genetische Unterschiede zwischen den Menschen gibt, läßt man sich nicht auf gefährliche und dümmliche eugenische Experimente ein, um das Beste aus den Genen herauszuholen. Stattdessen sollte man daran gehen, unsere Gesellschaft so umzugestalten, daß wirklich jeder die Chance hat, seine oder ihre angeborenen Fähigkeiten maximal zu entwickeln.

Da es Gene für Intelligenz und Charakter gibt, können wir nicht verhindern, daß sie entdeckt werden, auch wenn sie jetzt noch zu unbekannten komplexen Systemen gehören. Selbst wenn jeder genetische Polymorphismus nur einen kleinen Teil des Ganzen ausmacht, bleibt doch angesichts der heranbrausenden Flut genetischen Wissens die Befürchtung, daß wir nur noch als Summe unsere Gene betrachtet werden; und daß wir vollkommen unseren Sinn für Moral verlieren, wenn wir erst einmal erkannt haben, daß all unsere Taten ausschließlich von den Basenpaaren der DNA bestimmt werden.

An diesem Punkt können wir nun die Wissenschaft außer acht lassen. In unserem genetischen Code ist zwar viel von dem niedergeschrieben, was uns ausmacht; die meisten Werke in der Literatur, Kunst und Geschichte befassen sich jedoch immer wieder mit der Fähigkeit des menschlichen Geistes, sich über die Grenzen, die ihm vorgegeben sind, zu erheben. Das, was das Wesen des Menschen ausmacht, was uns wahrhaft menschlich sein läßt, ist nicht in verschiedenen genetischen Polymorphismen zu finden, sondern in unserer Fähigkeit zu lernen und zu lehren. Peter Medawar schrieb in seinem Essay „Popper's Third World" über „außergenetische Vererbung". Er erfand diesen Ausdruck, um die Weitergabe von Wissen und Kultur zu beschreiben, die unabhängig von unseren Genen erfolgt. Schuhe anfertigen zu können, ist nicht angeboren; es wird vielmehr von Generation zu Generation weitergegeben. Jede Generation kann die Form der Schuhe verbessern oder ein Fahrrad erfinden, mit dem wir uns besser fortbewegen können. So ist eine Evolution entstanden, die nicht von Genen abhängig ist. Diese Evolution findet in unseren Institutionen statt, so daß in dem Maße, in dem der Prozeß der Zivilisation fortschreitet, Gesetzgebung, Rechtsprechung und Demokratie entstanden sind. Wir selber sind es, die die außergenetische Vererbung kontrollieren. Und wir müssen auch die Last auf uns nehmen, zu entscheiden, wie sie sich fortentwickeln soll.

Die Genetik wird letztlich den Menschen entmystifizieren – damit endet dann ein Prozeß, der mit Darwin begonnen hat. Wir sind nur wenige Schritte vom Ziel dieser Reise entfernt, die uns von der Vorstellung, wir seien Geschöpfe nach Gottes Ebenbild in die Gesellschaft von Affen geführt und jetzt mit einem nicht sehr würdevollen, einfachen Code aus drei Buchstaben konfrontiert hat. Die Demut, die wir aufgrund dessen entwickeln sollten, wird uns nicht schaden. Am Ende dieser Reise wird es uns gelingen, zahlreiche Krankheiten zu verhindern oder zumindest hinauszuzögern. Wir werden vielleicht besser verstehen, wer wir wirklich sind. Aber nach wie vor werden wir die schwerwiegende Verantwortung dafür tragen, mit unseren ererbten Anlagen nach ethischen Grundsätzen umzugehen.

Glossar

Aminosäuren Kleine Moleküle, die als Grundbausteine der Proteine dienen; dafür werden etwa zwanzig Aminosäuren verwendet.

Autoradiogramm Röntgenfilm, mit dessen Hilfe radioaktiv markierte DNA-Fragmente sichtbar gemacht werden.

Basen Grundbausteine der DNA. Bekannt unter den Namen Adenin, Cytosin, Guanin und Thymin, kurz A, C, G, T. Sie werden auch als Nucleotide bezeichnet, da sie aus dem Zellkern (*nucleus*, lat.: Kern) stammen. Unter **Basenpaaren** versteht man die gepaarten Basen der beiden DNA-Stränge. Dabei paart A immer mit T, und C mit G. Die Länge der DNA-Fragmente wird oft in Basen oder Basenpaaren angegeben.

Centromer Zentrale Struktur im Chromosom, die erforderlich ist, damit die Chromosomen bei der Zellteilung verdoppelt werden.

Chromosom Bündel von Genen. In Bakterien befinden sich nahezu alle Gene auf einem Chromosom. Kernhaltige Zellen besitzen häufig mehrere Chromosomen, die normalerweise paarweise zusammengehören. Der Mensch besitzt – neben den Geschlechtschromosomen X und Y – 22 Chromosomenpaare.

Codon Drei Basen des genetischen Codes ergeben ein Wort, das einer bestimmten Aminosäure des Proteins entspricht. In diesem Code aus jeweils drei Buchstaben (Tripletts) sind aufgrund der potentiellen Kombinationen der Basen A, C, G und T 64 Codons möglich. Nicht alle Kombinationen werden auch verwendet. Jedes Gen beginnt mit einem **Startcodon** und endet mit einem **Stoppcodon**.

Cosmid Künstlicher DNA-Ring, in den man fremde Gene einsetzen kann. Eine Art Vektor, in dem klonierte Fremdgene in Bakterien vermehrt werden können.

Crossover Anderer Ausdruck für Rekombinationsereignis.

Cytoplasma Teil der Zelle, der die Stoffwechselmaschinerie enthält und vom Kern, der die DNA enthält, getrennt ist.

DNA Molekül, das die primäre genetische Information enthält. Tritt normalerweise in Form von zwei Strängen auf. Besteht aus einem Zucker-Rückgrat aus Desoxyribose und einer internen Sequenz von Nucleotidbasen. Diese Basen bilden den genetischen Code.

Eukaryont Organismus aus Zellen, die einen Kern enthalten. In diesem befindet sich die DNA; sie ist daher vom Cytoplasma getrennt.

Exon Eine DNA-Sequenz innerhalb eines Gens, die in die Proteinform übersetzt wird. Exons können von Introns unterbrochen sein. Diese werden vor ihrer Translation ins Protein aus der m-RNA herausgeschnitten. Im Anschluß daran werden die Exons miteinander verbunden, so daß eine vollständige Gensequenz entsteht (*siehe auch* Intron).

Gen Grundeinheit der Vererbung. Sequenz von DNA-Basen, die ein Protein codiert.

Genbank Repräsentative Anzahl von DNA-Klonen, die von einem bestimmten Ausgangsmaterial – etwa dem Chromosom 11 des Menschen oder der Lunge der Ratte – stammen.

Genom Gesamtheit aller Gene, Chromosomen sowie des gesamten anderen genetischen Materials eines bestimmten Organismus.

Genotyp DNA-Sequenz eines bestimmten Gens.

Imprinting (Genomisches Imprinting) Markierung eines Gens innerhalb der Eizelle oder des Spermiums, die es für die restliche Lebenszeit des betreffenden Organismus inaktiviert. Wurden Gene vom Vater in dieser Weise markiert, sind nur die entsprechenden von der Mutter vererbten Gene aktiv.

Intron DNA-Sequenz innerhalb eines Gens, die in die Form der m-RNA (siehe RNA) übersetzt, aber wieder herausgeschnitten wird, bevor die RNA in die Proteinform überschrieben wird (*siehe auch* Exon).

Klonierung Einfügen eines Gens oder einer genetischen Sequenz in ein Trägermolekül, den sogenannten Vektor. Man läßt solche Vektoren in Wirtszellen wie Bakterien oder Hefen wachsen, um so die klonierte DNA oder das entsprechende Proteinprodukt unbegrenzt vermehren zu können. Als Klon bezeichnet man einen speziellen DNA-Abschnitt in einem bestimmten Vektor.

Komplementäre Sequenz Sequenz auf dem zweiten DNA-Strang, der sich mit dem ersten Strang paart. Ein G auf dem zweiten Strang paart mit einem C auf dem ersten, und A paart mit T.

Kopplung Lokalisierung eines Krankheitsgens oder anderer genetischer Elemente auf einem bestimmten Chromosomenabschnitt. Man erkennt eine solche Kopplung, wenn man Familien untersucht, die Marker für bestimmte Chromosomenbereiche besitzen.

Lod-Wert Eine Statistik, die angibt, mit welcher Wahrscheinlichkeit eine Krankheit mit einem bestimmten Chromosom assoziiert ist. Dabei gilt ein Wert über 3 als Beweis für eine solche Kopplung.

Marker DNA-Sequenz, die benutzt wird, um einen bestimmten Punkt eines bestimmten Chromosoms auf der Karte zu identifizieren. Zu den Markern gehören Sonden, VNTRs und Mikrosatelliten.

Mikrosatellitenwiederholung Moderner Chromosomenmarker. Wird benutzt, um eine Genkarte zu erstellen.

Nucleotid Anderer Name für Base.

Onkogen Gen, das mit Krebs assoziiert ist.

Phage (Abkürzung für „Bakteriophage") Virus, das Bakterien befällt. Kann in veränderter Form auch für die Klonierung von Genen benutzt werden.

Phänotyp Sichtbare Wirkung eines bestimmten Gens.

Plasmid Vom Hauptchromosom unabhängiger DNA-Ring in Bakterien. Man kann in Plasmide und andere Vektoren fremde Gene einsetzen; diesen Prozeß bezeichnet man als Klonierung.

Polymorphismus Variables genetisches Merkmal.

Positionsklonierung *Siehe* reverse Genetik.

Prokaryont Eine Zelle, die so einfach aufgebaut ist wie ein Bakterium und keinen Zellkern enthält.

Protein Kette von Aminosäuren. Proteine sind die Grundbausteine der Organismen. Als Enzyme erledigen sie zahlreiche Aufgaben innerhalb der Lebewesen. Jedes Protein wird von einem eigenen Gen codiert.

Restriktionsenzym Enzym eines Bakteriums, das die DNA an bestimmten Sequenzen schneidet; es wird bei der Klonierung und Kartierung von Genen benutzt.

Reverse Genetik Prozeß, durch den man in Familien das Krankheitsgen in der DNA identifiziert. Ausgangspunkt dafür ist eine genetische Kopplung zwischen einer Krankheit und einem bestimmten Chromosomenbereich. Auch bekannt unter dem Namen Positionsklonierung.

RFLP Eine Art chromosomaler Marker. Wurde benutzt, um die ersten Genkarten zu erstellen.

RNA Molekül, das genetische Information trägt. Im Gegensatz zur DNA besteht ihr Zuckerrückgrat aus Ribose. RNA liegt häufig einzelsträngig vor. Sie ist flexibler als DNA und hat vereinzelt enzymatische Wirkung. Die Boten- oder m-RNA (*messenger*-RNA) transportiert den genetischen Code eines Gens vom Zellkern zu den Orten, an denen die Proteine zusammengesetzt werden. Die t-RNA (Transfer-RNA) schleppt die Aminosäuren zur r-RNA (ribosomale RNA); diese übersetzt den genetischen Code in die Proteinform.

Sequenz   Reihenfolge der Basen in der DNA oder RNA.

Sonde   Eine Form von Marker, der für einen bestimmten Bereich des Chromosoms charakteristisch ist.

Telomer   Ende eines Chromosomenarms.

Transposon   DNA-Sequenz, die sich selbst aus der DNA herausschneiden und an anderen Stellen wieder ins Genom hineinspringen kann.

Vektor   DNA-Molekül, mit dem man fremde Gene zur Klonierung übertragen kann. Zu den Vektoren gehören Plasmide, Cosmide, Phagen und künstliche Hefechromosomen. Ein **Expressionsvektor** ist ein Vektor, der das in ihm klonierte Gen „exprimieren", das heißt in ein Protein umwandeln, kann.

VNTR   (*variable numbers of tandem repeats*): variable Anzahl unmittelbar hintereinander angeordneter Wiederholungen.

Zellkern   Bereich im Zellinnern, der durch eine Membran vom Rest der Zelle getrennt ist; er enthält die Chromosomen.

Register

Fritz Haber

Chemiker,
Nobelpreisträger,
Deutscher,
Jude.

Eine Biographie
von Dietrich Stoltzenberg

1994. XIV, 671 Seiten mit 93 Abbildungen und
8 Tabellen. Gebunden. ISBN 3-527-29206-3

Die lange erwartete umfassende Biographie des
genialen und zugleich umstrittenen Chemikers.
Dieses Buch ist ein 'Muß' für Historiker
und Naturwissenschaftler sowie für alle, die sich
für die Geschichte Deutschlands im frühen
20. Jahrhundert interessieren.

VCH